Georg Christoph Lichtenberg

Aphoristisches zwischen Physik und Dichtung

Facetten der Physik

Physik hat viele
Facetten: historische, technische
soziale, kulturelle, philosophische und
amüsante. Sie können wesentliche und
bestimmende Motive für die Beschäftigung
mit den Naturwissenschaften sein. Viele
Lehrbücher lassen diese „Facetten der
Physik“ nur erahnen. Daher soll
unsere Buchreihe ihnen
gewidmet sein.

Prof. Dr. Roman Sexl
Herausgeber

Eine Liste der erschienenen Bände
finden Sie auf der 3. Umschlagseite

Georg Christoph Lichtenberg

Aphoristisches zwischen Physik und Dichtung

Ausgewählt und herausgegeben
von Jürgen Teichmann

Mit 5 Bildern

Friedr. Vieweg & Sohn Braunschweig/Wiesbaden

CIP-Kurztitelaufnahme der Deutschen Bibliothek

Lichtenberg, Georg Christoph:
Aphoristisches zwischen Physik und Dichtung/
Georg Christoph Lichtenberg. Ausgew. u. hrsg.
von Jürgen Teichmann. – Braunschweig;
Wiesbaden: Vieweg, 1983.
(Facetten der Physik; Bd. 13)
ISBN 978-3-528-08527-8 ISBN 978-3-322-88797-9 (eBook)
DOI 10.1007/978-3-322-88797-9
NE: GT

1983

Umschlagphoto: Deutsches Museum, München
Satz: Lengericher Handelsdruckerei, Lengerich

ISBN 978-3-528-08527-8

Inhaltsverzeichnis

Einführung

„Der Witz ist der Finder und der Verstand der Beobachter" (S. 113). So pointierte Georg Christoph Lichtenberg, Professor der reinen und angewandten Mathematik in Göttingen (seit 1770), Astronom , dann Professor der Physik mit einem berühmten Kolleg in Experimentalphysik, Entdecker der Lichtenbergschen Entladungsfiguren (1778), Gutachter in Blitzableiter- und Maschinenfragen, populärwissenschaftlicher Schriftsteller, scharfsinniger Spötter und Kritiker, verborgener Dichter zwischen Aufklärung, Sturm und Drang und beginnendem romantischen Idealismus. Er verstand Witz viel umfassender als heute: als Verschmelzung weitgetrennter Bereiche zu einer originellen Einheit, im naturwissenschaftlich/technischen Bereich etwa Salpeter und Schwefel zu Schießpulver (S. 189) oder – schon von der Naturwissenschaft weg: Hoftitel und Blitzableiter zu „Königlicher Hofblitzableiter – ein Titel" (S. 68). Das ist einer seiner vielen Aphorismen, zu seinen Lebzeiten unbekannt, aber entscheidend für seinen Nachruhm als großer Dichter deutscher Sprache. Er selbst nannte diese Aphorismen „weggeworfene" Bemerkungen, „Pfennigwahrheiten" – nur ein einziges Mal verwendet er selbst den Ausdruck Aphorismus. Er schmierte diese Bemerkungen in seine „Sudelbücher" wie die englischen Kaufleute ihre kurzen privaten Notizen:

„Die Kaufleute haben ihr Wastebook (Sudelbuch, Klitterbuch glaube ich im Deutschen), darin tragen sie von Tag zu Tag alles ein was sie verkaufen und kaufen, alles durch einander ohne Ordnung, aus diesem wird es in das Journal getragen, wo alles mehr systematisch steht, und endlich kommt es in den Leidger at double entrance nach der italiänischen Art buchzuhalten. In diesem wird mit jedem Mann besonders abgerechnet und zwar erst als Debitor und dann als Creditor gegenüber. Dieses verdient von den Gelehrten nachgeahmt zu werden. Erst ein Buch worin ich alles einschreibe, so wie ich es sehe oder wie es mir meine Gedanken eingeben, alsdann kann dieses wieder in ein anderes getragen werden, wo die Materien mehr abgesondert und geordnet sind, und der Leidger könnte dann die Verbindung und die daraus fließende Erläuterung der Sache in einem ordentlichen Ausdruck enthalten" (Lichtenberg, E 48).

Lichtenberg war auch einer der ersten anglophilen Intellektuellen Deutschlands, nicht nur Bewunderer Newtons und Shakespeares, sondern der gesamten englischen Lebensart und Kultur. Konsequent verurteilte er auch die amerikanische Unabhängigkeitsbewegung. Benjamin Franklin wurde für ihn zum Erfinder der „Disharmonica" zwischen England und Amerika (S. 48). Der große, auch von ihm bewunderte amerikanische Physiker und Schriftsteller Franklin, Erfinder von Blitzableiter und Glasharmonika, war ihm als revolutionärer Politiker unheimlich geworden. Auch die Französische Revolution erzeugte bei ihm Abscheu. Allerdings gibt es in seinen Sudelbuchnotizen auch differenziertere Stellungnahmen.

Über Lichtenbergs Bedeutung als Poet urteilte der romantische Dichter Jean Paul, noch bevor er irgend etwas vom Inhalt der ‚Sudelbücher' wußte: „Ein wenig von britischer und mathematischer Einseitigkeit festgehalten, stand (er) doch mit seinen humoristischen Kräften höher als er wohl wußte, und hätte bei seiner astronomischen Ansicht des Welttreibens und bei seiner witzigen Überfülle vielleicht etwas höheres der Welt zeigen können als zwei Flügel im Äther, welche sich zwar bewegen, aber mit zusammengeklebten Schwungfedern."

„(Humoristisch . . .) wird der edle Lichtenberg genannt, dessen vier glänzende Paradiesesflüsse von Witz, Ironie, Laune und Scharfsinn immer ein schweres Registerschiff prosaischer Ladung tragen, so daß seine herrlichen komischen Kräfte nur von der Wissenschaft und dem Menschen ihren Brennpunkt erhalten, nicht vom poetischen Geist." (Aus: Vorschule der Ästhetik, zitiert nach Mautner: Lichtenberg 1968).

Betrachten wir heute – nur von kühler Naturwissenschaft herkommend – Lichtenbergs Veröffentlichungen allein, könnten wir das Urteil umkehren: Zuviel von dichterischer und humoristischer Fülle, zuviel Schnörkel am Instrument seines Witzes, zu wenig prosaische Fertigung von Wissenschaft. In seinen rund 400 Arbeiten sind weniger als 10% originär wissenschaftlich, darunter die zwei Arbeiten zu den Entladungsfiguren 1778; ca. 50% sind populärwissenschaftlicher Art, aus dem Göttinger Taschenkalender, den er herausgab, und aus anderen Magazinen. Der Rest ist literarischer und sonstiger Natur. Aber sicher ist auch dieses Urteil über Lichtenberg falsch, wie noch viele andere, die seit Jean Paul versuchten, Lichtenberg auf bestimmte Facetten seines Wesens festzulegen, mit Hilfe der Psychologie, der Philosophie, der Germanistik. Wenn wir Lichtenberg wieder verfälschen, ihn zum Naturwissenschaftler verkürzen würden, hätten wir zumindest die Berechtigung, gegen die geisteswissenschaftliche Tradition eine andere ganz bedeutende Seite Lichtenbergs bekannt zu machen. Doch wäre das zu kurzsichtig. Zwar sind seit der ersten Auflage seiner Werke 1800–1805, schon mit Auszügen aus den Sudelbüchern, 170 Jahre vergangen, bis wieder eine Werkausgabe von Germanisten naturwissenschaftliche Arbeiten Lichtenbergs berücksichtigte und sogar die Sudelbücher – aber nur diese – vollständig edierte (ab 1967). Doch haben sich andererseits Naturwissenschaftler wenig um die poetische Seite Lichtenbergs gekümmert. Seit Mautners Biographie von 1968 kann man wirklich von einer Darstellung der Gesamtpersönlichkeit Lichtenbergs sprechen, auch wenn eine profunde und umfassende Würdigung der Bedeutung des Physikers und Hochschullehrers Lichtenberg noch immer fehlt. Das kann und soll hier nicht versucht werden. Vielleicht hat einer der Leser daran Interesse? Er setzt sich aber der Skepsis von Lichtenberg selbst aus: „Ich glaube, man treibt in unsern Tagen die Geschichte der Wissenschaften zu minutiös, zum großen Nachteil der Wissenschaft selbst . . . Es ist fast als wie Vorlesung aus einem Kochbuch, wenn man hungert . . . Was das Traurigste bei der Sache ist, so findet man, daß, so wie die Neigung an literärischen Untersuchungen in einer Wissenschaft wächst, die Kraft zur Erweiterung der Wissenschaft selbst abnimmt, allein der Stolz auf den Besitz der Wissenschaft zunimmt. Solche Leute glauben sich mehr im Besitz der Wissenschaft selbst zu sein, als die eigentlichen Besitzer ..." (S. 117).

In den ausgewählten Beiträgen naturwissenschaftlich/technischer Art aus seinen Aufsätzen, Briefen und Sudelbüchern sollen der Mensch, der Forscher, der populärwissenschaftliche Schriftsteller und der Dichter Lichtenberg deutlich werden. In glücklichen Fällen findet man alle Eindrücke gleichzeitig, und in den meisten sieht sich unsere Gegenwart gespiegelt.

Über den Menschen und Dichter maße ich mir nicht an, zuviel „literärisch" zu reflektieren. Doch zum Forscher und populärwissenschaftlichen Schriftsteller soll noch einige Hilfestellung gegeben werden. Lichtenberg stand zeitlich zwischen Albrecht von Haller, dem großen Physiologen, Begründer der Akademie der Wissenschaften in Göttingen, berühmtem Dichter der Aufklärung, den Lichtenberg uneingeschränkt bewunderte, und Johann Wolfgang von Goethe, der als Dichter im „Sturm und Drang" begann mit „Werthers Leiden", das Lichtenberg wegen seines Gefühlsüberschwangs ablehnte. Goethe entwickelte später umfassende Naturvorstellungen zwischen Kunst, Psychologie, Physiologie, Physik, etwa in seiner Farbentheorie, die Lichtenberg sehr begrüßte (S. 148) bis vorsichtig zurückwies (was ihre Polemik gegen Newton betraf!). Das galt für ihre Polemik gegen Newton! Über die wachsende Altersskepsis an den Erkenntnismöglichkeiten der Naturwissenschaft und über seine Begeisterung für Immanuel Kant näherte sich Lichtenberg immer mehr den grundsätzlichen Ansichten von Klassik und Idealismus im Gegensatz zur Aufklärung. Ein wichtiger Aspekt dieses Gegensatzes kommt in der folgenden Gegenüberstellung zweier Gedichte von Haller und Goethe zum Ausdruck.

Albrecht von Haller: Die Falschheit menschlicher Tugenden

Erscheine, großer Geist, wann in dem tiefen Nichts
Der Welt Begriff dir bleibt und die Begier des Lichts,
Und laß von deinem Witz, den hundert Völker ehren,
Mein lehr-begierig Ohr die letzten Proben hören!
Wie unterscheidest du die Wahrheit und den Traum?
Wie trennt im Wesen sich das Feste von dem Raum?
Der Körper rauhen Stoff, wer schränkt ihn in Gestalten.
Die stets verändert sind und doch sich stets erhalten?
Den Zug, der alles senkt, den Trieb, der alles dehnt,
Den Reiz in dem Magnet, wonach sich Eisen sehnt,
Des Lichtes schnelle Fahrt, die Erbschaft der Bewegung.
Der Teilchen ewig Band, die Quelle neuer Regung.
Dies lehre, großer Geist, die schwache Sterblichkeit.

Worin dir niemand gleicht und alles dich bereut!
Doch suche nur im Riß von künstlichen Figuren,
Beim Licht der Ziffer-Kunst, der Wahrheit dunkle Spuren;
Ins Innere der Natur dringt kein erschaffner Geist,
Zu glücklich, wann sie noch die äußre Schale weist!

1730. A. von Haller: Die Alpen und andere Gedichte. Stuttgart 1968. Verse 273–290. Siehe hierzu auch Richter, K.: Literatur und Naturwissenschaft. Eine Studie zur Lyrik der Aufklärung. München 1972.)

Johann Wolfgang von Goethe: Allerdings (Dem Physiker)

„Ins Innre der Natur" –
O du Philister! –
„Dringt kein erschaffner Geist."
Mich und Geschwister
Mögt ihr an solches Wort
Nur nicht erinnern!
Wir denken: Ort für Ort
Sind wir im Innern.
„Glückselig, wem sie nur
Die äußre Schale weist!"
Das hör ich sechzig Jahre wiederholen.
Ich fluche drauf, aber verstohlen;
Sage mir tausend tausendmale:
Alles gibt sie reichlich und gern;
Natur hat weder Kern
Noch Schale,
Alles ist sie mit einem Male.
Dich prüfe du nur allermeist,
Ob du Kern oder Schale seist.

(Veröffentlicht 1819/20. J. W. Goethe: Gesamtausgabe, Band 2, München 1961 [dtv].)

Doch kann man Lichtenberg auch hier nicht in Teile auseinanderinterpretieren, etwa in einen jugendlichen Aufklärer und in einen späten Klassiker. Für ihn hatte auch bis zum Lebensende die Natur Schale und Kern, gab es Skepsis über die Erforschbarkeit des letzteren. Aber Natur war auch wieder „alles in allem":
„Sollte nicht den Planeten abwärts von der Sonne immer etwas ankleben, also in der Nachtseite, so wie die Schweife an den Kometen? Nämlich nach meiner Regel es ist alles in allem!" (Lichtenberg, J 1604).
Arbeiten, die den Zweifel an der Möglichkeit menschlichen Erkennens überhaupt dichterisch gestalteten, kann man, selbst in seinen letzten Lebensjahren, immer Äußerungen gegenüberstellen, die die Natur für wissenschaftlich erforschbar hielten. Warum soll uns im übrigen das Alter immer Wichtigeres sagen als die Jugend?

Zieht man unvorsichtig schnell Schlüsse aus einem Aphorismus Lichtenbergs: „Swiften mögte ich zum Barbier, Sterne zum Friseur, Newton beim Frühstück, Hume beim Kaffee gehabt haben“ (S. 104), kommt man zu einem Verhältnis 2 : 1 : 1 für seine Beschäftigung mit Literatur, Naturwissenschaft, Philosophie. Doch unabhängig von der Schwierigkeit, Frühstück und Barbier gegeneinander abzuwägen, bleibt das Problem, Augenblicksvorstellungen Lichtenbergs mit der Vielfalt seines Lebens zu vergleichen. Auf jeden Fall ist es falsch, den Graben, den das ganze 19. Jahrhundert zwischen Natur- und sogenannten Geisteswissenschaften aushob, auf das 18. Jahrhundert zu übertragen und quantitativ faßbare Grenzen zu bestimmen. Sowohl die eine Seite, die das Zuviel an exakter Wissenschaft bei Lichtenberg beklagte, wie die andere, der der Dichter übermächtig wurde, übersehen die Bedeutung, die er gerade auch für die Gegenwart durch seine unbequeme Mittlerstellung erhielt.
Sein einziger bedeutender Beitrag an der Front der Forschung in den Naturwissenschaften waren zweifellos die Entdeckung und Untersuchung der später sogenannten Lichtenbergschen Figuren (S. 156), d. h. Gleitentladungen an Isolatoroberflächen, durch aufgestreutes Pulver sichtbar gemacht. Das hatte ästhetische und naturwissenschaftliche Gründe. Lichtenberg war zumindest ab 1776 – wie Franklin, wie Volta, wie de Luc – vor allem Experimentalphysiker. Experimentalphysik hieß aber nun, der Nachvollzug bekannter und die Suche nach neuen Phänomenen interessierten vor der exakten Messung, auch wenn diese immer Programm blieb. Die mathematische Physik (Mechanik, geometrische Optik) gehörte zur angewandten Mathematik, nicht zur Physik. Arbeiten, die Gebiete der Experimentalphysik auf hohem mathematischen Niveau zu behandeln versuchten, stießen auf weitgehendes Unverständnis der Zeitgenossen. Das gilt auch für Lichtenberg. Bei seiner Liebe zum Experiment mögen didaktische und erkenntnistheoretische Absichten mitgespielt haben: die Bevorzugung der praktischen Erfassung der Natur vor der abstrakten theoretischen Beschreibung, das heißt auch die Neigung zu Einzelheiten gegenüber dem Ausbau von Systemen. Das alles führte zu seiner Hauptbeschäftigung mit damals sprunghaft sich entwickelnden Wissenschaften (ab 1776 Elektrizität, ab 1782 mehr Chemie, dazwischen oft Astronomie ohne mathematische Behandlung). Die Meteorologie als ständiges Interessengebiet paßt ebenfalls in diese Erklärung. Da sie schon früh für Lichtenberg wichtig war (bei seinen hauptsächlich astronomischen Beschäftigungen bis 1775), kann es sogar sein, daß die Bedeutung von Elektrizität und Gaschemie für das Wetter einen wesentlichen Grund für Lichtenbergs Neigung zu diesen Sachgebieten abgab. Der Elektrophor – ein Vorläufer der Influenzelektrisiermaschinen des 19. Jahrhunderts, nur ohne Drehbewegung – bot ab 1775, durch Volta nacherfunden und verbreitet, neue Möglichkeiten zur Elektrizitätssammlung (bzw. Spannungserhöhung) und zum Testen der vorhandenen qualitativen Elektrizitätstheorien.
Letzteres war für Lichtenberg ebenfalls wichtig, da seine Bevorzugung der Franklinschen Theorie in der Schreibweise (Plus- und Minuselektrizität), aber sein Zulassen von zwei Fluida in der Sache (S. 140, S. 141) die Erklärung der Funktionsweise

sehr erleichterte. Diese Vorsicht vor Benennungen hängt wohl eng mit seinem Mißtrauen gegen die verführerische Wirkung der Sprache zusammen. Der Elektrophor bot Lichtenberg ferner eine weitere Möglichkeit, sein Lieblingsmotiv, Erkenntnis durch Verkleinerung und Vergrößerung über das Normale hinaus, in die naturwissenschaftliche Praxis umzusetzen (S. 43, 54, 55). Er mußte sofort zugeben, daß auch kleinere Elektrophore die Erscheinungen ebenso gut zeigten, doch kann die Herstellung seines großen Elektrophors wirklich ein Plus für die Entdeckung gewesen sein, da durch das Abhobeln des großen Harzkuchens sehr viel Staub entstanden war, der, zum geringen Teil per Zufall auf den Kuchen gefallen, zunächst recht schwache Figuren bildete.

Diese Suche nach kleinsten und größten Dimensionen als Leitmotiv bei der experimentellen Forschung läßt sich in der Elektrizitätsgeschichte der damaligen Zeit bei vielen Forschern nachweisen (empfindlichste Elektroskope – sehr große Elektrisiermaschinen). Sie hängt eng mit der Bedeutung zusammen, die die Elektrizität – als Symbol weit über die Physik hinaus – durch die Erklärung des Blitzes mit Hilfe quantitativer Extrapolation erhalten hatte. Volta zum Beispiel war aufgrund der gleichen Schlußweise schon 1792, noch bevor er direkt etwas Elektrisches an den galvanischen Erscheinungen beweisen konnte (wegen der für Elektroskope sehr geringen Spannung eines chemischen Elements), von der rein elektrischen Funktionsweise der galvanischen Elemente überzeugt. Hier spielte allerdings seine große begriffliche Klarheit (die Unterscheidung von Spannung und Ladungsmenge) eine mitentscheidende Rolle. Lichtenberg nahm diese Entwicklung des Galvanismus nicht mehr aktiv zur Kenntnis – so sehr er doch Volta bewundert hatte. Es gibt bei ihm v. a. Hinweise auf Luigi Galvani, Alexander von Humboldt und Johann Wilhelm Ritter, also auf die romantische Entwicklung dieses Problems, die schließlich Physiologie, Chemie, Physik als untrennbares Eines behandeln wollte. Hier war naturgemäß die Elektrizität als überall auftretendes Agens von wesentlicher Bedeutung. Das kam Lichtenberg entgegen, der bei der Verlagerung seines wissenschaftlichen Hauptinteresses auf die Gaschemie ab 1782 mit der neuen antiphlogistischen Theorie in Konflikt geraten war und unter Hinweis auf die dort vernachlässigte eventuelle Bedeutung der Elektrizität bei allen Prozessen seinen Standpunkt häufig zu decken versuchte (S. 55).

Lichtenberg bezeichnete nach 1793 die Elektrizitätslehre als eine „Heerstraße", die „abgetreten und abgesucht" sei. Aber er blieb bei diesem Urteil nicht stehen (wie die Fachwelt am Ende des 19. Jahrhunderts häufig bei ähnlichen Urteilen über die gesamte Physik):

„. . . man muß querfeldein marschieren, und über Gräben setzen. Diese Methode, die man wohl die unmethodische nennen könnte, ist überhaupt nebenher sehr zu empfehlen" (S. 62).

Daß er selbst die Abzweigungen von der Heerstraße nicht mehr fand, ist ihm nicht vorzuwerfen, das ging auch anderen berühmten Wissenschaftlern in ihrem Alter so

(z. B. Volta bei seiner Weigerung, elektrische und chemische Phänomene zur Erklärung der galvanischen Stromerzeugung zusammen zu sehen).
Es gab nun Probleme, die Lichtenbergs Austarieren der Bereiche Literatur – Philosophie und Mathematik – Naturwissenschaften immer schwieriger machten. Da war die Abkehr von Nützlichkeitsprinzip und objektiver Ratio der Aufklärung zu einer neuen Literatur und Philosophie. Da war das beängstigend schnelle Stoffwachstum in den Einzelwissenschaften und damit der zunehmende Trend zu ihrer Verselbständigung. Das war übrigens ein Hauptgrund, der eine romantische Naturwissenschaft zur Reaktion veranlaßte (z. B. Ritter). Dazu kam die zunehmende Mathematisierung zumindest der physikalischen Wissenschaften, so daß es nicht mehr so einfach war, daß durch „die planlosen Streifzüge der Phantasie ... Wild aufgejagt" werden konnte (S. 113).
Lichtenbergs Beschäftigung mit der Mathematik zeichnet letztere Schwierigkeit für ihn deutlich nach. Hatte er zunächst sogar ein Extraordinariat für reine und angewandte Mathematik als erste Stelle erhalten (1770), so zeigt schon seine Programmabhandlung zur Vorlesung, daß ihn mathematische Fragen um so stärker interessierten, je mehr Kontakt sie zu nichtmathematischen Problemen hatten, hier zu der Aufgabe, Gewinnhoffnungen beim Würfelspiel bei unterschiedlichen Vermögensvoraussetzungen mathematisch zu formulieren. Doch referierte er nur fremde Beiträge und wertete zwischen ihnen. Sonst gibt es keine wissenschaftlichen mathematischen Arbeiten von ihm. Allerdings hat er bei seinen astronomischen Tätigkeiten (Längen- und Breitenbestimmungen im Herzogtum Hannover, das ja in Personalunion dem englischen König unterstand; Herausgabe der Werke Tobias Mayers) die praktische Bedeutung der Mathematik (Algebra, Trigonometrie) kennengelernt – auch für Fehlerbestimmungen bei seinen Instrumenten. Diese praktische Verwendung der Mathematik sah er als Kind des Nützlichkeitsdenkens der Aufklärung als Hauptaufgabe an. Die Hochachtung vor der Mathematik in seinen Bemerkungen ist so groß, die wirkliche Beschäftigung auch in physikalischen Anwendungsgebieten so gering, daß man merkt, wie viele Schwierigkeiten sein Wesen mit diesem Fach hatte. Er beherrschte sie jedoch trotz Klagen besser als mancher erfolgreichere Experimentalphysiker seiner Zeit (S. 32).
Mathematik ist per definitionem systematisch und der Umgangssprache ganz entzogen, im Gegensatz zur damaligen Experimentalphysik und noch viel mehr den anderen Naturwissenschaften. Die Wechselwirkung zwischen beiden Sprachen ist schwer für einen, der gerne in sinnlichen Bildern denkt. Daß auch ein anderes Verhältnis zur Mathematik möglich ist, beweisen spätere Dichter (Paul Valéry, Hermann Broch). Doch gibt es bei Lichtenberg viele allgemeine Bemerkungen, die zeigen, daß ihm der Vergleich Umgangssprache – Wissenschaftssprache fruchtbar erscheinen konnte. Er näherte sich dann modernen wissenschaftstheoretischen Anschauungen über das Problem der Sprache bei Fragen nach dem Wahrheitsgehalt einer Aussage. Bei seiner zum Teil kritischeren Einstellung zur Mathematik spielte seine Hinwendung zum Idealismus Kants eine wichtige Rolle, doch auch immer

wieder die Betonung seiner didaktischen Aufgabe (S. 139). Zu unterscheiden hiervon ist seine Einstellung zum Typus der Mathematiker, deren Arroganz bezüglich ihrer Erkenntnishöhe er mit dem Anspruch der Theologen auf besondere Verwandtschaft zu Gott verspottete (S. 37).

Die Astronomie bewunderte Lichtenberg wegen der so vollständigen Anwendung der Mathematik auf die Natur, d. h. als Symbol für menschliche Verstandsgröße und als Symbol für die Verlorenheit des Menschen. Doch wußte er auch um die Grenzen dieses Vorbildes und verfiel nicht in einfachen Positivismus (S. 24). Zwar hatte er sich bis 1775 sehr intensiv mit ihr beschäftigt, doch schien ihm später – trotz der grandiosen Entdeckungen eines Herschel, die ihn tief beeindruckten – das mühselige, systematische Beobachten in den Nächten zu anstrengend.

Lichtenbergs Verhältnis zur Naturwissenschaft und insbesondere zu den elektrischen Figuren von 1778 ist aber auch durch seine ästhetischen Neigungen geprägt. Das muß nicht unbedingt nur auf den Dichter Lichtenberg hinweisen. Auch bei Naturwissenschaftlern reineren Wassers, z. B. bei Woldemar Voigt viel später, einem der Väter der Festkörperphysik, findet man 1910 in seinem berühmten Lehrbuch der Kristallphysik die Betonung der ästhetischen Faszination. Es war zunächst ein Zufall, der Lichtenberg die ersten schwachen, elektrischen Figuren bescherte – genau wie die erste Entdeckung Galvanis, die erste von Röntgen ein Zufall waren. Aber schon das Festhalten des Zufalls ist nur erklärbar mit einem spielerischen Vergnügen Lichtenbergs an der Vielfalt und Hübschheit dieser Figuren sowie seiner bisherigen intensiven Beschäftigung mit der Elektrizitätslehre, die ihm die Phänomene als neu und theoretisch interessant erscheinen ließ (etwa den Unterschied zwischen positiven und negativen Figuren).

Warum spielerisches Vergnügen? Genau wie Galvani bei seinen physiologischen Untersuchungen, genau wie Volta bei der rein physikalischen Erklärung der galvanischen Elemente, genau wie die Mehrheit der Chemiker bei der Betonung der chemischen Vorgänge zur Erklärung der Voltasäule ab 1800, sah auch Lichtenberg das, was er sehen wollte, das hieß für ihn: „ein angenehmes Schauspiel". Er beschrieb die Details mit verschiedensten Worten: „niedliche kleine Ästchen, denen nicht unähnlich, welche die Kälte an den Fensterscheiben erzeugt", „prächtigste Sonnen", „die zartesten Ellipsen" usw. (S. 156). Diese farbige Schilderung ist um so bemerkenswerter, da sie ja nicht den ersten Eindruck Lichtenbergs darstellt, sondern Teil von zwei sachlichen Abhandlungen vor der Göttinger Akademie ist (die zweite Abhandlung ist allerdings wesentlich trockener angelegt). So sehr also die Figuren gerade deshalb Lichtenbergs berühmtester Beitrag zur Naturwissenschaft wurden, weil er in deren Untersuchung am konsequentesten und strengsten sich den nüchternen Forderungen der Wissenschaft beugte (und weil der Zufall das komplexe Problem bis heute aktuell hielt), so sicher wären sie nicht von ihm entdeckt und untersucht worden, wenn er nicht als Ästhet an ihnen Gefallen gefunden hätte. Daß er auch hier ständig zwischen ästhetischen und aufklärerisch-wissenschaftlichen Neigungen schwankte, zeigt eine Reihe von Bemerkungen dazu. Zwar wehrte

er sich als strenger Wissenschaftler gegen das Weitertreiben von Analogien, die er selbst angedeutet hatte (s. obige Zitate): man versuche nun mit Elektrophoren das „Gefrieren der Fensterscheiben nach Hrn. Prof. Lichtenberg zu erklären" (Lichtenberg, Ph 8, S. 175). Dann könne man auch einen anderen Vergleich mit Schachtelhalmen von ihm benutzen, um die Entwicklung der Pflanzen elektrisch zu erklären. Aber an anderen Stellen zeigte er wieder, daß ihn gerade das Bildhafte an den Figuren besonders faszinierte: „Wenn ich mit meiner Hand auf meine Augen drücke, so sehe ich Sonnen und elektrische Figuren und den schönsten Drell" (S. 78).
Auch an weiteren Untersuchungen und Stellungnahmen von ihm läßt sich die Bedeutung des „Vergnügens" für jedes Engagement nachweisen. So beschrieb er etwa die Versuche, in denen er Eisenfedern in Sauerstoff verbrannte, als „die schönsten, die ich in meinem Leben gesehen habe", oder „es sind die herrlichsten Schauspiele", ähnlich die Versuche, in denen er modernes Elektroschweißen vorwegnahm (S. 132, 134). Sein Enthusiasmus war sogar so stark, daß man auch hier vermuten könnte, diese und ähnliche Versuche waren hauptverantwortlich für seine Hinwendung zur Gaschemie. Abgeschwächt gilt dies auch für Stellungnahmen zu Chladnis Klangfiguren. Voltas Instrumente stufte er, wohl nicht ohne Stolz auf seine eigenen kunstvollen Apparate, als „Schlosserarbeit" ein (S. 139). In Franz Ferdinand Wolffs Briefen, der im Jahrzehnt 1780–1790 einer seiner Hauptkorrespondenten war, machte ihm „jederzeit außerordentlich Vergnügen" – nach Swift –, daß immer „eine Schicht utile" und „eine Schicht dulce" einander abwechselten (S. 138). Auch die Briefe Lichtenbergs an jenen, aber auch seine übrige Korrespondenz, schließlich seine populärwissenschaftlichen Aufsätze und seine Streitschriften, sind mit Scherzen durchsetzt – vom tiefsinnigen über den lockeren bis zum derben, oder umfassender, mit Witz in seinem Sinne als der originellen Verknüpfung getrennter Sachgebiete – vom „soliden" über den „superfiziellen" bis zum „linearen" (S. 30/31). Witz als Forschungsinstrument, diese Vorstellung stammte bei ihm sogar aus den Naturwissenschaften. Sein Hauptmittel bei diesem Forschungsinstrument waren Analogien. Deshalb fiel es ihm so schwer, bei seinen Figuren naheliegende, da ästhetisch eindrucksvolle, Vergleiche zurückzudrängen.
Man kann sagen, daß dieses Instrument ihm half bei der Erläuterung und Kritik der vorhandenen Wissenschaftsentwicklung, bei seinen psychologisch-erkenntnistheoretischen Einsichten, bei dem Sprung aus der Wissenschaft ins Literarische, im sonstigen aktiven Wissenschaftsprozeß jedoch kaum. Meist sind seine Analogien nur kurze Fragen, Mutmaßungen, wissenschaftliche Aphorismen also, und es ist vielleicht nicht sehr fruchtbar, Lichtenbergs Vorahnung moderner Ergebnisse darin nachzuweisen. Es gibt, vom heutigen Standpunkt aus betrachtet, ebenso viele falsche Vermutungen (z. B. über den Zusammenhang zwischen Elektrizität, Magnetismus und Gravitation (S. 67). Für eine naturwissenschaftliche Entdeckung ist nicht die allgemeine Fragestellung entscheidend, etwa das erste Verknüpfen bisher ganz unverknüpfter Sachgebiete, sondern die Zerlegung einer solchen Fragestel-

lung in Einzelschritte, die ganz konkrete Untersuchungen experimenteller oder theoretischer Art ermöglichen. Diese können wiederum die Zerlegung bestätigen oder aufheben oder eine Modifizierung nötig machen. Und das ist natürlich um so einfacher, je mehr Berührungspunkte die Gebiete schon haben, die die Analogie verknüpft. Das kann dann wesentlich nützlicher sein, als in einem Sachzweig isoliert zu forschen, etwa die Meßgenauigkeit weiter zu erhöhen. So war die Analogie, die Volta sofort (1792) zwischen der Reibungselektrizität und den galvanischen Erscheinungen zog, viel fruchtbarer als sein ständiger Versuch, Elektrometer für exakte Messungen zu eichen. Sogar nach späterem Wissen falsche Teile dieser Analogie: z. B. die Erzeugung auch der galvanischen Elektrizität durch reinen Kontakt, waren für die damalige Entwicklung, zunächst wenigstens, nützlich. Ähnlich hätten zum Beispiel konkrete Überlegungen Lichtenbergs über den Zusammenhang zwischen Elektrizität und Magnetismus – durchaus auf seiner naturphilosophischen Grundlage des „alles in allem“, wie es ja bei Ritter und Oersted später auch der Fall war – viel mehr Erfolg haben können als der weite Griff nach der Gravitation.

Lichtenberg verfiel auch häufig der Macht seiner eigenen Sprache, etwa um aufklärerisches Pathos zu formulieren. Oder es waren traditionelle wissenschaftliche Positionen, die er gegen Neuerungen verteidigte – wie beim Eintreten für das Phlogiston in der Gaschemie (für die Lehre also, daß bei der Verbrennung ein Stoff, das Phlogiston, den Körper verlasse und ihn damit leichter mache) gegen die Lavoisiersche Theorie der Oxydation. Hier näherte er sich allerdings gegen Ende seines Lebens vorsichtig der letzteren Auffassung. Es ist typisch, daß seine Skepsis v. a. gegenüber der neuen Nomenklatur, d. h. der Sprache in der Wissenschaft (Oxygen etc.), ihn nicht hinderte, in der gleichen Sache mit glänzenden Analogien zu spielen. Er verglich Lavoisier mit Copernicus, doch mit der Nebenabsicht, die Bedeutung einzuschränken. Bei Copernicus gäbe es viele „Absurditäten“, die erst ein Kepler beseitigte. Zwar hätte noch niemand Lavoisier so etwas nachgewiesen, aber Skepsis sei durchaus angebracht (S. 92).

In seiner Verteidigung der Korpuskulartheorie des Lichtes gegen die Wellentheorie (die sich bekanntlich bald nach 1800 gegenüber der Korpuskulartheorie durchsetzte, bevor sie Anfang des 20. Jahrhunderts eine erneute Einschränkung mit der Quantentheorie erfuhr) verwendete er schlagende Bilder gegen die Einführung des Äthers als Träger der Wellen: man habe es auch aufgegeben, „Poltern, Krachen, Schleichen, Leuchten“ durch „ätherische Wesen“, das heißt „Gespenster“ zu erklären. Zwar hatte Lichtenberg recht mit der Behauptung, daß die Wellentheorie noch nichts experimentell beweisen konnte, aber sein Glaube, „den sinnlichen Schein für uns“ zu haben, stand auf den gleichen schwachen Füßen wie der Glaube der Wellenverfechter. Auch hier wäre seine Methode, skeptisch zwischen Gegensätzen zu vermitteln, wie bei den Elektrizitätstheorien, am Platz gewesen. (Allerdings räumte er an anderer Stelle auch der Wellentheorie Möglichkeiten ein.) Unreflektierte Verehrung Newtons ließ ihn im eben zitierten Schreiben (Lichtenberg,

Ph 9, S. 361) zu einem literarisch brillanten Anwalt der alten Theorie werden, brillant vor allem auch dort, wo er aus der wissenschaftlichen Argumentation ganz ausbrach und die Hypothese seines Gegners mit den Mitteln des Schalks aus den Angeln zu heben versuchte.

Seine Feindschaft gegen den Äther ist übrigens ein Beispiel dafür, wie vorsichtig man sein soll, Parallelen in der Geschichte zu ziehen, ohne Zwischenentwicklungen zu berücksichtigen. Natürlich könnte man auch hier Lichtenbergs Eintreten gegen den Äther als Vorahnung moderner Entwicklungen (der speziellen Relativitätstheorie) betrachten, doch war damals ein Rückschritt, nämlich die Annahme des Äthers, nötig, damit ein aus heutiger Sicht begrenzter, aber notwendiger Fortschritt, die Wellentheorie des Lichtes, Fuß fassen konnte.

Nicht nur gegenüber der Phlogistontheorie, auch gegenüber wissenschaftlichen Analogien des Biologen Linné kritisierte Lichtenberg die verführerische Macht der Sprache. In den Aussagen „die Steine wachsen, die Pflanzen wachsen und leben, die Tiere wachsen, leben und empfinden", hätte die gleiche Metapher „wachsen" bei Steinen und Lebewesen unterschiedliche Bedeutung (S. 69). An anderen Stellen ging er allgemeiner auf die Gefahr der Verfälschung der Wahrheit durch die Sprache ein. Den Polen Sprachkritik und Sprachgläubigkeit ist er also ebensowenig eindeutig zuzuordnen, wie den Gegensätzen Literatur und Wissenschaft. Das zeigen auch die Äußerungen, in denen er einerseits die „Schönheit" der mathematischen Gesetze in der Natur bewunderte und Analogien zwischen Sprache und Mathematik zog, andererseits, mitunter in den gleichen Äußerungen, Bewunderung und Metapher wieder einschränkte (S. 36/37).

Vieles, auch die Polemiken gegen Phlogistontheorie und Wellentheorie des Lichtes zeigen, daß sein Forschungsinstrument Witz vor allem nützlich bei der Kritik der vorhandenen Wissenschaftsentwicklung war, auch wenn er selbst die Grenzen, die er mitunter andeutete, nicht einhielt. Seine Skepsis gegenüber Hypothesen und Systemen gewann dadurch stark an Überzeugungskraft. Doch wußte er auch hier deren Nutzen gut abzuwägen (S. 50, 56).

Auch die zusammenfassende Erläuterung verschiedenster Entwicklungen gelang ihm mitunter überzeugend – etwa mit seinem Lieblingsmotiv, dem Erkenntnisgewinn sowohl durch Vergrößerung als auch durch Verkleinerung über das Normale hinaus. Für den Wert der Vergrößerung gab es viele Beispiele aus den Naturwissenschaften (Fernrohr, Mikroskop, größere Elektrisiermaschinen usw.), hier gewannen seine Beschreibungen mitunter fast kultisches Pathos. Auch für den Nutzen der Verkleinerung wußte er einiges anzuführen, vor allem den Abstand, den man von verwirrenden Einzelheiten bekam, zum Beispiel bei einer Gletscherbeobachtung, bei einer Beobachtung der Erde aus größerem Abstand (S. 43). Das führte bald über das Wissenschaftstheoretische ins allgemein Erkenntnistheoretische: „Man hat bisher geglaubt, wir seien das Werk der Dinge außer uns, von denen wir denn doch nichts wußten und wissen konnten, als was unser Ich uns angab. Wie also, wenn es gerade die Natur unseres Wesens wäre, was diese Welt eigentlich macht? Hier ist

Umlauf und Umdrehung der Erde um die Achse dem Umlaufe der Sonne und des Sternenheeres um sie entgegengestellt" (Brief S. 151, der letzte erhaltene).
Damit sind wir beim zweiten Punkt, seinen psychologisch-erkenntnistheoretischen Einsichten. Das Experimentieren mit Ideen brachte ihm hier fruchtbare Einfälle. Die Analogien zwischen Weltbau und Mensch gingen auch in Einzelheiten: „Es denkt, sollte man sagen, so wie man sagt: es blitzt" (S. 60).
Die Übergänge von bewußt gesuchten Gesetzmäßigkeiten (d. h. der bewußten Abgewinnung allgemeiner Aussagen aus einzelnen Fällen) zu prägnant geschilderten Einzelbeobachtungen sind fließend. In letzteren wird die Phantasie des Dichters immer selbständiger und legitimer:
„Er konnte einen Gedanken, den jedermann für einfach hielt, in sieben andere spalten wie das Prisma das Sonnenlicht, wovon einer immer schöner war, als der andere, und dann einmal eine Menge anderer sammeln und Sonnenweiße hervorbringen, wo andere nichts als bunte Verwirrung sahen" (S. 51).
Das 18. Jahrhundert als fiktive Person ließ er zum 19. Jahrhundert sprechen:
„. . . ich habe den Blitz wie Champagner auf Bouteillen gezogen" (S. 170).
Die Metaphern zeigen, wie souverän Lichtenberg sowohl die Grundlagen der Wissenschaft als auch die Sprache beherrschte und damit einen Weg zur Versöhnung beider ging, der leider seit der Aufklärung in Deutschland verschüttet blieb. Sie zeigen gleichzeitig, wie lieb ihm das Spielen war – hier das Spiel mit der Sprache – ein Grund mehr für seine Abneigung gegen feste Systeme, sei es in der Wissenschaft, der Philosophie oder der Literatur.
Und wie war das Verhältnis Lichtenbergs zur Technik? Die Frage ist deshalb besonders interessant, weil in der Aufklärung der Grundstock für eine wissenschaftlich fundierte Technik gelegt wurde – auch wenn der Weg dahin noch weit blieb, ferner das Nützlichkeitsdenken ein spezifisches Kennzeichen der Aufklärungspädagogik war, das man auch bei Naturwissenschaftlern, die Lichtenberg hoch verehrte, antraf (z. B. bei Franklin, der seinen Blitzableiter gleich mit dieser Begründung konzipierte).
An einer systematischen wissenschaftlichen Fundierung der Technik beteiligte sich Lichtenberg nicht. Mathematische Arbeit lag ihm sowieso nicht – wie oben ausgeführt wurde –, und systematisches Untersuchen technischer Objekte und Prozesse fiel zunächst gar nicht in seinen akademischen Zuständigkeitsbereich und entsprach auch nicht seiner Neigung. Nützlichkeit der Wissenschaft war natürlich auch sein Programm als Aufklärer, obwohl er die Gründlichkeit genauso betonte (S. 104). Ferner ließ er sich leicht durch eindrucksvolle technische Schauspiele begeistern, da er mit allen Sinnen verstand zu genießen und weil für ihn Fortschritt identisch war mit wachsender Macht des Menschen über die Natur, durch Einsicht und Eingriff. Doch wurde dieser Optimismus häufig gebrochen. – Das alles führte mehr zu einer einfachen Rezeption vorhandener Technik und ihrer populären Aufbereitung, ferner zu visionären Träumen, meist in kurzen Aphorismen, aber kaum zu eigener Weiterentwicklung. Immerhin galt er in seiner Zeit als Fachmann auch für techni-

sche Bereiche und wurde häufig um Gutachten gebeten, etwa für die Errichtung von Blitzableitern, aber auch für den Bau von Dampfmaschinen und Wasserspielen. Auch als Mäzen trat er auf, der versuchte, Erfindern Ansehen zu verschaffen. Von seiner Englandreise brachte er das Staunen über die großen industriellen Erfolge durch Arbeitsteilung und Dampfmaschine mit, ohne jedoch dieses Staunen länger zu reflektieren (S. 128).

Als Pädagoge wußte Lichtenberg die Rückwirkung technischer Erfolge auf die Beliebtheit entsprechender wissenschaftlicher Untersuchungen zu schätzen und nutzte etwa die Luftballon-Begeisterung nach 1783 für seine gaschemischen Vorlesungsversuche aus. Dabei bedauerte er kräftig, daß ihn seine eigenen wasserstoffgefüllten Seifenblasen nicht zur technischen Nutzung geführt hätten. Das wissenschaftliche Spiel hatte ihn hier gefesselt, wie andere damals auch. Seine Forschungsmethode Vergrößerung war nicht aktiv geworden.

Andere technisch auswertbare Entdeckungen, wie das Zusammenschmelzen von Uhrfeder und Messerklinge in reinem Sauerstoff (Elektroschweißen), zeigen ebenfalls, wie sehr ihm zunächst das Schauspiel und der prinzipielle Nachweis der Macht über die Natur genügten. Anstatt technische Möglichkeiten zu besprechen, wanderte er schnell in ironische Erklärungen des biblischen Alters der Urväter ab, die vielleicht mit viel mehr Sauerstoff in der Atmosphäre gelebt hätten (S. 134). Auch sonst wurden bei ihn faszinierenden nichttechnischen Vorgängen, wie bei seinen Figuren, technische Möglichkeiten nur nebenbei angesprochen (S. 156).

Eine interessante Auffassung zum perpetuum mobile ist erwähnenswert, weil sie damals von vielen Wissenschaftlern geteilt wurde. Zwar war die Unmöglichkeit eines mechanischen perpetuum mobile keine Streitfrage mehr. Aber der allgemeine Energieerhaltungssatz wurde erst im 19. Jahrhundert aufgestellt. Ein nichtmechanisches perpetuum mobile, getrieben etwa von einer elektrischen „Kraft", konnte man sich noch vorstellen (S. 96), was auch Volta bei der Erklärung der elektrischen Stromerzeugung im galvanischen Element durch bloßen Metallkontakt ausnutzte.

Auch für die Technik, soweit sie Lichtenberg beeindruckte, gilt eingeschränkt das, was schon für seine Naturwissenschaft gesagt wurde – sie war in weitem Maß Anregung für originelle Sprachbilder in populärwissenschaftlichen Veröffentlichungen, Briefen und „weggeworfenen Bemerkungen".

Man hat bei Lichtenberg den beginnenden Widerstreit zwischen neuen Geisteswissenschaften und älteren Naturwissenschaften hervorgehoben (Requadt, Paul: Lichtenberg. Stuttgart 1964). Aber Lichtenberg ist in viele Traditionen einzuordnen. Und statt mit Wilhelm Dilthey an ihn heranzutreten, kann man es auch mit der Dialektik von Karl Marx tun, mit dem Positivismus von Ernst Mach oder mit der Psychoanalyse Sigmund Freuds. Die dadurch nachgewiesenen und noch andere einander widersprechende und ergänzende Facetten seines Lebens machen nur die Einheit eines großen Geistes deutlich, dessen Größe für unsere Gegenwart gerade in dem Versuch dieser Einheit liegt, bzw. den pädagogischen Folgen, die daraus wuchsen: Lichtenberg war einer der besten Lehrer seiner Zeit. Wenn auch Carl

Friedrich Gauß, ebenfalls ein Schüler des Physikers Lichtenberg, diesen Versuch in der Person Abraham Gotthelf Kästners, des Lehrers von Lichtenberg, verspottete: er sei der größte Mathematiker unter den Dichtern und der größte Dichter unter den Mathematikern gewesen, so hat doch Lichtenberg sowohl in der naturwissenschaftlichen Forschung als auch in der Dichtung höheres Niveau erreicht (wie auch Haller, wie Goethe). Sicher hatte das 18. Jahrhundert die wesentlichen Voraussetzungen dafür geliefert. Voraussetzungen, die unserer Gegenwart fehlen – wie der starke Glaube an die ethische Macht der Vernunft. Aber an verschüttete Traditionen kann man mitunter wieder anknüpfen, wenn neue, günstige Voraussetzungen die alten, wohl zu recht verschwundenen, ersetzen.

Zum populärwissenschaftlichen Schriftsteller Lichtenberg sei noch einiges gesagt. Hier verwischen sich die Grenzen zwischen dem wissenschaftlichen Lehrer und dem populären Wissensvermittler Lichtenberg. Physik war Teil der Philosophischen Fakultät und somit für alle Fachfakultäten (Medizin, Recht, Theologie) Teil des Vorstudiums. Sie war in der Aufklärung öffentlich interessant und mußte – als Experimentalphysik – noch nicht so spezialisiert gelehrt werden, daß sie nur für fachlich ausführlich Vorgebildete zugänglich war. Außerdem kam Experimentalphysik fast ohne Mathematik aus, hatte Lichtenberg aus Privatgeldern eine damals einmalige Experimentalausstattung zusammengetragen und verstand es, diese effektvoll einzusetzen. Kein Wunder, daß die Aufzeichnungen von Hörern seiner Vorlesungen ebensoviel vom sprühenden populärwissenschaftlichen Können Lichtenbergs ahnen lassen, wie seine Artikel im Göttinger Taschenkalender und in anderen Magazinen direkt vorführen. Auch Populärwissenschaft muß natürlich in dieser Zeit – wie bei Fontenelle über 100 Jahre vorher, wie bei Voltaire und mit der Person Lichtenbergs – weitergefaßt werden als heute. Naturwissenschaft war noch ungebrochenes Symbol für einen neuen lichtvollen Zugang zur Welt und zum Menschen. Mit den philosophischen und dichterischen Interessen und Fähigkeiten Lichtenbergs wurde daraus oft ein Verweis auf viel tiefere Zusammenhänge als „nur" Aufklärung eines öffentlichen und gehobenen Publikums über die Fortschritte der Wissenschaft. So können auch subtile Satiren auf die Wissenschaft Populärwissenschaft sein, wie der Erfolg von Swifts „Gullivers Reisen" Anfang des 18. Jahrhunderts beweist. Diese Erzählungen schätzte auch Lichtenberg hoch. Andererseits können populärwissenschaftliche Werke wie Fontenelles „Unterhaltungen über die Vielheit der Welten" von 1686 Sprachkunstwerke hohen Ranges werden.

Möchte man die Vermittlung von Fortschritten der Wissenschaft besonders bewerten, kann man eine Reihe von Eigenschaften eines guten Populärwissenschaftlers festhalten, die Lichtenberg alle in hohem Maße erfüllte:

- Möglichst gutes fachwissenschaftliches Verständnis des Autors;
- Einfühlungsvermögen auf das unterschiedliche Intelligenzniveau und die verschiedenen Denkwelten der anzusprechenden Zielgruppen;

- Fähigkeit zum Sehen übergeordneter Zusammenhänge, d. h. auch möglichst gute Kenntnis anderer fachwissenschaftlicher Sprachen und Denkwelten;
- Fähigkeit zur möglichst originellen sprachlichen oder sonstigen mediengerechten Gestaltung dieser Einfühlung und dieses Sehens;
- Fähigkeit zur methodisch-pädagogischen Gestaltung dieses Einfühlens und dieses Sehens.

Vielleicht müßte man im Lob für Lichtenberg bei der letzten Forderung die Einschränkung machen: Es fehlte ihm die systematische Geduld oder auch ein äußerer Druck, größere Aufgaben konsequent durchzuziehen. Er hätte sonst sicher das beste Lehr- oder Sachbuch zur Physik in seiner Zeit geschrieben. Vor hatte er so etwas öfters, aber es blieb dann doch bei der ausführlichen und ergänzenden Redaktion der verschiedenen Ausgaben von J. Ch. P. Erxleben: „Anfangsgründe der Naturlehre". Lichtenberg war Erxlebens Nachfolger in Göttingen.

Ausgewählt wurde in dieser Ausgabe aus seinen Sudelbüchern, seinen Briefen und Aufsätzen. Nicht berücksichtigt wurden seine Beiträge zu Erxlebens Naturlehre und seine Vorlesungsmanuskripte sowie die Nachschriften seiner Hörer. Es wurde versucht, vor allem Beiträge zu bringen, die von Naturwissenschaft/Technik ausgehend allgemein interessant sind. In einigen Beispielen wurde auch spezifisch Fachwissenschaftliches vorgeführt (z. B. seine Veröffentlichung 1778, die erste zu den „Lichtenbergschen Figuren"). Viel Fachliches v. a. in den Sudelbüchern und Briefen blieb jedoch unberücksichtigt. Die Aufsätze wurden aus zwei verschiedenen Ausgaben ausgewählt, aus den Vermischten Schriften, Bd. 1 bis 9, Göttingen 1800 bis 1806 (zitiert als Ph) und aus den Vermischten Schriften, Bd. 1 bis 8, Göttingen 1867 (zitiert als VS). Zwar ist die spätere Auflage gegenüber der ersteren erweitert worden, doch sind die spezifisch mathematisch/naturwissenschaftlichen Aufsätze nur in der ersten abgedruckt. Da auch in der Edition Schriften und Briefe, München ab 1967, nur eine Auswahl der Aufsätze vorgestellt wird, ferner die Ausgaben des 19. Jahrhunderts keineswegs als textkritisch gelten können und – gerade auch bezüglich der mathematisch/naturwissenschaftlichen Teile – weiter auf Vollständigkeit untersucht werden müßten, gibt es bis heute keine endgültige Zusammenstellung der Veröffentlichungen Lichtenbergs. In der vorliegenden Auswahl wurden viele Beispiele ausgewählt, die in neueren Publikationen nicht greifbar sind. Viele weitere für den Naturwissenschaftler interessante Aufsätze sind in der Ausgabe München ab 1967 vorhanden und wurden hier nicht aufgenommen.

Die Briefe Lichtenbergs liegen in einer (nicht sehr) vollständigen und textkritischen Edition von drei Bänden, Leipzig 1901 bis 1904, vor. Zwar sind in der Ausgabe München ab 1967 (hier Bd. 4) weitere Briefe hinzugekommen, doch wurden gerade naturwissenschaftlich interessante zum Teil wieder weggelassen. Die hier vorliegende Auswahl wurde anhand der Ausgabe 1901 bis 1904 getroffen. Es werden meist nur Bruchstücke aus Briefen wiedergegeben, um den Privatton Lichtenbergs an besonders eindruckvollen Stellen vorzustellen. Bei Aufsätzen und Briefen wurde darauf verzichtet, eine sachliche Gliederung vorzunehmen, da sich die behandelten Gegenstände zu oft intensiv mischen und damit gerade das Wesen Lichtenbergs unerlaubt zerteilt würde. Bei den Briefen ist außerdem eine zeitliche Ordnung selbstverständlicher.

Bei den „weggeworfenen Bemerkungen" wurde versucht, nach Sachgebieten wie Physik, Mathematik etc. einzuteilen, um für fachlich Interessierte den Einstieg zu erleichtern. Das geht oft ganz gut, da kurze Bemerkungen leichter auf ein bestimmtes Gebiet beschränkt bleiben, doch vielfach geht es auch nicht. So mußten verschiedene Aspekte in einer Gruppe zusammengefaßt werden. Man kann gegen diese Einteilung überhaupt sein, doch bleibt für jeden, dem die Probleme dabei unakzeptabel sind, die vollständige Edition der Sudelbücher in der Ausgabe München ab 1967 (hier Bd. 1, 1968, und Bd. 2, 1971), die zum ersten Mal alles vollständig, kritisch und in zeitlicher Ordnung präsentiert. Die vorliegende Auswahl stammt aus dieser Edition. Ein Problem bei der Sachgliederung war auch, daß die Bereiche Physik, Mathematik in der Zeit Lichtenbergs noch sehr viel weiter verstanden wurden als heute. So gehörte zur Physik auch (teilweise) die Chemie. In der Auswahl ist aber nach modernen Kriterien eingeteilt worden.

Die verschiedenen benutzten Vorlagen führten dazu, daß in den Aufsätzen und Briefen recht unterschiedliche Rechtschreibung zu korrigieren war (Groß-, Kleinschreibung, Trennung etc.). Hier konnte keine philologische Exaktheit angestrebt werden. Einheitlich wurde versucht, folgende moderne Angleichung in der Schreibweise zu erhalten: Thal zu Tal, bey zu bei, Classe zu Klasse, Aerzte zu Ärzte, deßwegen zu deswegen. In die Zeichensetzung wurde nur eingegriffen, wenn Mißverständnisse möglich schienen.

Es ist zu hoffen, daß jeder, der mit Naturwissenschaften und Technik zu tun hat: Lehrer, Ärzte, Ingenieure, Wissenschaftler, Studenten, den Dichter Lichtenberg auch als Teil seiner Welt erkennt. Zu wenig haben wir uns bisher um ihn gekümmert.

München, Januar 1983 *Jürgen Teichmann*

NS: Besonderen Dank schulde ich Frau Dagmar Beckmann für ihre ausführliche Hilfe bei der Zusammenstellung und der Redaktion.

Schriften von Lichtenberg (Auswahl)

1. *Lichtenberg, G. Ch.:* Schriften und Briefe. Herausgeber: Wolfgang Promies, München ab 1967 (vorhanden vier Bände und ein Kommentarband zu Bd. 3. Leider ist die angestrebte Vollständigkeit wegen Stoffülle nur bei Bd. 1 und 2 – Sudelbücher, Materialhefte, Tagebücher – verwirklicht worden. In Bd. 3 – Aufsätze etc. – ist nur eine Auswahl der naturwissenschaftlichen Arbeiten Lichtenbergs aufgenommen, bei Bd. 4 – Briefe – fehlen naturwissenschaftlich interessante).

Die Sudelbücher sind zitiert mit A–L, M (für Miszellen-Heft), UB (für undatierte und verstreute Bemerkungen), RA (für Reiseanmerkungen)

2. *Lichtenberg, G. Ch.:* Vermischte Schriften. Herausgeber: *Ludwig Christian Lichtenberg* und *Friedrich Kries.* Bd. 1–9, Göttingen 1800–1806 (Nachdruck Berlin 1972) – darin als Bd. 6–9 physikalische und mathematische Schriften.
   zitiert als Ph
3. *Lichtenberg, G. Ch.:* Vermischte Schriften. Herausgeber: *G. Ch. Lichtenberg* und *Ch. W. Lichtenberg.* Bd. 1–8, Göttingen 1867.
   zitiert als VS
4. *Lichtenberg, G. Ch.:* Briefe. Herausgeber: *Albert Leitzmann* und *Carl Schüddekopf.* Bd. 1–3, Leipzig 1901–1904.
5. *Lichtenberg, G. Ch.:* Briefwechsel. Herausgeber: *Albrecht Schöne.* Bd. 1–4 und 1 Registerband, München 1983–1986 (weitgehend vollständig, ca. 3 300 Briefe, die Hälfte unveröffentlicht).

Schriften über Lichtenberg (Auswahl)

1. *Mautner, Franz H.:* Lichtenberg. Geschichte seines Geistes, Berlin 1968.
2. *Promies, Wolfgang:* Georg Christoph Lichtenberg in Selbstzeugnissen und Bilddokumenten. Zweite Auflage, Reinbek 1979. (Rororo-Bildmonographie Bd. 90 – mit Bibliographie).
3. *Photorin,* Mitteilungen der Lichtenberg-Gesellschaft. Herausgeber: *Wolfgang Promies.* Seit 1979.
4. *Jung, R.:* Lichtenberg-Bibliographie. Heidelberg 1972 (darin auch die Schriften von Lichtenberg bibliographiert).

Sudelbücher · Materialhefte · Tagebücher

Astronomie

Parallaxe, davon ein Exempel an unserem eigenen Leib, man halte des Abends bei sternenhellem Himmel sein Gesicht so sehr in die Höhe, daß es beinah horizontal zu liegen kommt, schließe das eine Auge zu und sehe was für Sterne die Spitze der Nase berührt, alsdann schließe man das andere und betrachte nun, was für Sterne die Nase, durch das zuerst geschlossene Auge gesehen, bedeckt, der Boden des größten Zirkels zwischen den beiden Sternen ist die Parallaxe der Nasen-Spitze, trägt bei kurzen Nasen nicht leicht über 90° und bei großen niemals unter 40°. B [66]

*

Heute habe ich im de Lacaille etwas über die Theorie der Kometen nachgelesen, als ich mich etwas ermüdet fand stützte ich mich auf meinen Tisch, weil dieses die Lage ist in welcher ich gemeiniglich an mich selbst denke, so nahmen meine Gedanken jetzo diesen Zug wieder. In den Gedanken gibt es gewisse Passat-Winde, die zu gewissen Zeiten beständig wehen, und man mag steuern und lavieren wie man will, so werden sie immer dahin getrieben. Bei solchen November-Tagen, wie die jetzigen, streichen alle meine Gedanken zwischen Melancholie und Selbst-Verkleinerung hin, wenn übrigens kein besonderer Strom mich seitwärts treibt, und ich würde oft mich nicht mehr zu finden wissen, wenn nicht die beiden Kompasse, Freundschaft und Wein mich lenkten und mir Mut gäben *against a sea of troubles* zu kämpfen. Mein Verstand folgte heute den Gedanken des großen Newton durch das Weltgebäude nach, nicht ohne den Kützel eines gewissen Stolzes, also bin ich doch auch von dem nämlichen Stoff, wie jener große Mann, weil mir seine Gedanken nicht unbegreiflich sind, und mein Gehirn Fibern hat die jenen Gedanken korrespondieren, und was Gott durch diesen Mann der Nachwelt zurufen ließ wird von mir gehört, da es über die Ohren von Millionen unvernommen hinschlüpft. An diesem Ende folge ich der ehrwürdigen Philosophie, während als am andern Ende zwo Aufwärterinnen (die Stella mirabilis und der Planet) eben diesen Verstand, der sich so über die Erde zu schwingen glaubt, in einem Winkel nicht einmal für wichtig genug halten, allen ihren Witz gegen ihn zu gebrauchen, sondern, ohne ihn erst unter den focum desselben zu bringen, schon mit seinem gemeinen Licht schmelzen. Die Einbildungskraft, mit welcher ich der subtilsten Wendung einer Wielandischen Beschreibung folge, mir selbst meine eigene Welt schaffe durch die ich, wie ein Zauberer, wandele, und die Körner eines kleinen Leichtsinns in ganze Gefilde geistiger Lust aufblühen sehe, diese Einbildungskraft wird oft von einer fein gebogenen

Nase, von einem aufgestreiften gesunden Arm in ihrem schnellsten Schwung so heftig angezogen, daß von der vorigen Bewegung nicht ein flüchtiges Zittern übrig bleibt. So hänge ich in der Welt zwischen Philosophie und Aufwärterinnen-List, zwischen den geistigsten Aussichten und den sinnlichsten Empfindungen in der Mitte, taumelnd aus jenen in diese bis nach einem kurzen Kampf zur Ruhe meines beiderseitigen Ichs dereinst völlig geteilt hier faule und dort in reines Leben aufdunsten werde. Wir, Ich und mein Körper sind noch nie so sehr zwei gewesen als jetzo, zuweilen erkennen wir einander nicht einmal, dann laufen wir so wider einander daß wir beide nicht wissen wo wir sind. B [263]

*

Die Astronomie ist vielleicht diejenige Wissenschaft, worin das wenigste durch Zufall entdeckt worden ist, wo der menschliche Verstand in seiner ganzen Größe erscheint, und wo der Mensch am besten kennen lernen kann wie klein er ist. Vaezupahc. C [183]

*

Wenn ich etwas als Körper und dann als Geist betrachte, das macht eine entsetzliche Parallaxe. Er pflegte jenes den somatozentrischen und dieses den psychozentrischen Ast eines Dings [zu nennen]. Sarkozentrisch. D [202]

*

Einen Globus könnte man eine astronomische Rechenmaschine nennen. D [288]

*

Es muß jemand sein, dem die Zeit beim Umlauf der Kometen nicht so lange wird, als uns. D [385]

*

C. Jupiter, der so wenig Masse hat, könnte in einer hohlen Kugel stecken, wie Saturn in einem Ring. Er könnte kleiner werden. Er könnte einen Ring bekommen. Wir sitzen zuweilen unter Stücken einer hohlen Kugel, den Wolken. D [706]

*

C. In der Populären Astronomie kann ein eignes Kapitel von den Bewohnern eingerückt werden. Es ist immer gut zu wissen was die Vernunft davon sagt. Der Bauer hält die Planeten für Lichtchen, aus diesem Satz folgt daß sie nicht bewohnt sind, oder wenigstens nicht mehr als unsere Lichtflammen. Der Philosoph hält sie für große Kugeln jetzt wird es schon schwerer zu entscheiden. Wenn das was man [von] den Bewohnern der Planeten sagt auch an sich nicht viel Grund für sich hat so ist es doch immer angenehm es zu wissen, und unumgänglich nötig wenn man sie mit Vernunft bezweifeln will. Was Hugenus in seinem Cosmotheoros von der Bewegung der Geschöpfe sagt ist in der Tat vortrefflich. Gehen, hüpfen, kriechen, fliegen und schwimmen kurz alle Arten von Fortbewegung haben wir. Die Planeten sind rund, wie unsere Erde, von einigen wissen wir, daß sie sich um ihre Axe drehen, was sich über ihre Fläche erhebt, fällt wieder darauf wenn es nicht unterstützt wird. Gewitter sind möglich, Pendula. D [728]

*

Wenn man noch einen Planeten jenseits des Saturns findet, so müßte man ihn Minerva nennen. E [26]

*

Über die Fortrückung der Nachtgleichen und der Essenszeit. Die letztere zu untersuchen ist so wichtig für den Moralisten, als die erstere für den Astronomen. E [117]

*

Über die Fortrückung der Essenszeit. In England ißt man in der großen Welt um 5 zu Mittag. Viele Personen essen daher nicht mehr zu Nacht, aber dafür ein starkes Frühstück um 10, hier ist es also wo Suppieren nunmehro anfängt in Mittagessen überzugehen und sich in einer Mahlzeit (im Frühstück) zeigt, das vom Abendessen die Absicht und vom Mittagessen die Zeit borgt. E [119]

*

Schwätzt doch nicht. Was wollt Ihr denn? wenn die Fixsterne nicht einmal fix sind, wie könnt ihr denn sagen, daß alles Wahre wahr ist? E [139]

*

Ich bin einmal auf den Einfall gekommen ob nicht Saturn der mehr wie ein zerbrochener Orrery aussieht, als [wie] ein Planet, nicht wohl gar das Modell von unserem System gewesen sein könnte, welches nun, da es nicht mehr nützt, bei Seite geworfen worden ist. Diese Mutmaßung wurde beinah zur Demonstration, als ich bedachte daß Saturn 5 Trabanten hat, und grade so viel Hauptplaneten sind, wenn man den Saturn nicht mehr mit rechnet. Der Ring ist weiter nichts als eine dem Horizont an unsern astronomischen Rechenmaschinen ähnliche Vorrichtung vermutlich um Problemata aufzulösen, ja Short hat sogar die Zirkel gesehen die darauf gezeichnet sind. Diese meine Entdeckung einer so alten Urkunde für die Astronomen, wodurch man nunmehr die Tychonianer durch den Augenschein widerlegen kann, und die von dem größten Nutzen für die Astronomie sein wird, so bald die Ferngläser einmal zu der Güte gediehen sind, daß man die Charaktere auf dem Ring wird lesen können, machte mir eine ungemeine Freude. Ich wurde auch von Freunden aufgemuntert den Gedanken bekannt zu machen, weil ich aber im Erfindungs- und Genie-Stylo mich gar niemals viel geübt, so schlugen sie mir vor, den Aufsatz simpel zu machen und nichts in das Büchelchen hineinzubringen, als was nötig ist und nichts wegzulassen, als das Überflüssige, und [es] so gearbeitet nach [dem] bekannten Tollhaus zu schicken und es dort für ein Geringes bestreichen zu lassen. Dieses hab ich getan und ich muß bekennen, ich habe mein Werk nicht mehr gekannt, als es zurückkam, so wenig als die Leute ihre Schweine, wenn sie aus der Mastung kommen. Wo vorher das Gerippe beleidigend hervorsah, da war nun eine sanfte Wölbung von Speck und was sich vorher wie ein Würfel anfühlte fühlte nun die Hand angenehm wie eine Kugel, durchaus herrschte ein gewisser großer weissagender Ton, Gedanken wurden kühn gesagt und andere kühn verschwiegen, das Weggelassne ist so weggelassen daß man glaubt es wäre besser als das Hergesetzte so daß wenn man es oft liest man endlich glaubt man schwebe auf der Tiefe und könnte den Plato mit einem Wort aussprechen, und im Gedanken-Schwindel sich besser als alles was ist ewig ohne Ekel nach Gottes Zweck auf einmal genießen. Ich setze eine Probe daraus her:

Dort hängt es, hinausgerückt über die Kernschußweite des Lichts, wie groß! wie weggeworfen, das Model, Rumpelkammer dem Schöpfer, unerschöpfliches Museum für dich Mensch. Das Model einer Welt, selbst Welt – selbst vielleicht als Model bewohnt – nicht Pappdeckel nicht Messing sondern Model Gottes! – (Hier an ein Sandkorn angeschmiedet) Saturn – welche Hieroglyphe! *Coelus, Coelius,* den Griechen *Uranus, Uranie, Urarie, Orrery,* aller klar, nicht Wink sondern Fingerzeig, Wort-Hall in der Seele, Licht dem Menschen vom Schöpfer aufgesteckt und vom Menschen in Katheder-Nacht eingehüllt. Philosophieren können sie alle, sehen keiner.

Primus ab aethereo venit Saturnus Olympo Virgilius.

primus Planeta nicht *ultimus,* erster Model, Probe, zeigt Götter-Jupiter und mit wem vermählt? etwa mit der *Logica* oder *Arithmetica?* Nein mit der *Ops,* daher Optik, Astronomie, Erkenntnis des Allmächtigen. Vermählt Ops mit dem Saturn, und der Himmel steht euch offen. An ein Sandkorn Geschmiedeter, wenn du etwas hast, sag was hast du? Sinn also, sieh und starre mit entstartem Auge. Saturn! unter ihm die güldne Zeiten, morgenländische Philosophie. Bücher in einem Wort. Der Tod ist das Leben, ehe die Zeit war, war die güldne Zeit, kein Jammertal, keine Kopfsteuer, kein Zahnweh. Güldne Zeit keine Zeit, wie harmonisch und doch wie wahr, wie simpel und doch wie stark. Jungfräuliche ungeschändete Vernunft vermählt mit gesundem Ausdruck noch nicht durch den Pöbel und keine Akademie abgenutzt. Dort letzter Planet, Model, *Mikrosystema,* letztes Geschöpf, Mensch, Ebenbild Gottes, *Mikrokosmus.* Wo ist Analogie wenn hier keine ist? E [368]

*

Mai 1776.

♃ 2. Gehen keine Kometen um unsere Erde oder andere Planeten? hat man noch keine Trabanten um Kometen gesehen? F [29]

*

☽ 23. Im gemeinen Leben gebrauchen wir meistens mittlere Urteile, mittlere im astronomischen Verstand genommen, durch Äquationen findet man den wahren Mann, man könnte Tabellen dazu verfertigen. F [205]

*

♃ 26. Die besten Schriftsteller unter uns behandeln einen gewissen mittleren Menschen, mich eines astronomischen Ausdrucks zu bedienen, allein die gehörigen Äquationen in jedem gegebenen Fall zuzusetzen, besitzen sie nicht Beobachtungs-Geist genug, und ihre Epakten-Berechnung betrügt sie oft. F [208]

*

Beobachten wir den Mond mit umgekehrten Fernröhren, und machten aus dem Okular-Glas das Objektiv-Glas, so würden die Tafeln weit einfacher werden können, und doch den Beobachtungen ein Genüge leisten. F [209]

*

Die Meinung des Menschen, der zwar die Erde für rund hielt, aber glaubte wir gingen auf der konkaven Seite wie die Ochsen im Trett-Rade, verdient angemerkt zu werden. F [596]

*

Wenn man die Kometen betrachtet, so sehen sie völlig einem Körper ähnlich, der sich in einem Menstruo auflöset, dessen Boden die Sonne ist, und das wo nicht gegen die Sonne zu dichter wird, doch durch die Wärme eine stärkere Auflösungskraft erhält. Brennen ist auch eine Auflösung, die Kometen werden also vermutlich immer kleiner. F [922]

*

Die Erde wird dichter und die Sekunden-Pendula kürzer. F [924]

*

Er konnte nach keinem Stern sehen der über 45° hoch stund ohne zu niesen.
F [990]

*

Adams in seinen Astronomical Essays, wie er es glaube ich nennt, hat aus Herschelschen Beobachtungen nach einer ohnge[fähren] Schätzung die Anzahl der Fixsterne auf 75 Millionen gesetzt. J [259]

*

Eine ganze Milchstraße von Einfällen. J [344]

*

Milchstraße von Betrachtungen Physikalische Milchstraße ein prahlhafter Titul. J [437]

*

Es wäre sonderbar, wenn das wahre System der Philosophie, sowie des Weltgebäudes beide aus Preußen gekommen wären. Zum Berechnen der Finsternisse dienen beide, aber es sind doch gewiß weniger Epicycli in dem Kantischen. J [473]

*

Sie machten gerne die Welt zum Hospital-Planeten unter den 7 oder 8ten die um die ⊙ segeln. J [668]

*

Unser Weltsystem ist ein monarchischer Staat. Die Sonne hat ihren Hofstaat, sie hält aber doch die Großen etwas entfernt. Sie erlaubt ihnen aber ihre Neben-Planeten. Hieraus ließe sich vielleicht eine Fabel machen, die auf die jetzigen politischen Revolutionen passen [würde]. Die Satelliten rebellieren und wollen gerade um die ⊙ laufen. [858]

*

Es ist doch besonders, daß es in allen Ländern so viel Menschen gibt, die Weltmaschinen verfertigen. Auch in Boston sogar fand sich, wie Brissot erzählt, ein gewisser Pope, der eine verfertigte, an der er über 10 Jahre zugebracht hat. Eine unnützere Arbeit läßt sich wohl nicht gedenken. Vaucansons Flötenspieler, der die Flöte würklich bläst, geht weit darüber. Einen läppischern Gebrauch kann wohl der Mensch von seinen Seelenkräften nicht machen als wenn er die Weltmaschine durch ein Räderwerk darzustellen sucht, das immer zur Familie der Bratenwender gehört, und daran erinnert. Schon eine vergoldete Sonne, die auf einem Zapfen ruht, ist etwas Abscheuliges, und die Schwere durch Stangen zu repräsentieren, an die man die Planeten spießt, hat viel Ähnlichkeit mit dem Einfall des Bauren (?) beim Shakespear in einem Stück Pyramus und Thisbe betitult den Mondschein vorzustellen (nämlich durch seine Person). Wenn die großen Herrn, die doch nur allein dergleichen Possen bezahlen können, so etwas sehen wollen, so können sie ja auf einem freien Platz die Sache durch ihre Hofleute und Hoflakaien darstellen lassen, und die Rolle der Sonne selbst spielen. J [1228]

*

Dieses Planeten-Spiel könnte genützt werden. Die Neben-Planeten müßten reiten an der Longe, wie auf der Reitbahn. Unglücke die dabei passieren. Es kommen Hunde hinter des einen Trabanten Pferd; das eine ist ein Hengst und läuft nach einem Jupiters-Trabanten, dessen Pferd eine Stute ist. J [1229]

*

Was würde eine leuchtende unendlich entfernte Linie für eine Krümmung wegen der Aberration annehmen. Dieses könnte eine schöne Aufgabe werden, und auf die Form der Kometenschweife angewandt werden. J [1284]

*

Hiebei ist wiederum sehr auf die Analogie mit der Astronomie zu dringen, die Muster bei allen physischen Untersuchungen sein könn[t]e. Die Lehre gebietet außerdem durch ihre Erhabenheit, die im Grunde doch bloß subjektivisch ist. Man baut keine Paläste und umsegelt die Welt nicht um die Eigenschaften des Turmalins kennen zu lernen, der wohl vor Gott so viel gilt, als die Sonne. Es wird von unwissenden Menschen nichts mehr angestaunt als die Fortschritte der Astronomie. Man ist aber darin so weit gekommen, weil es so sehr leicht ist, und bei Bestimmung der Örter auf 100te von Meilen eben nicht ankömmt, und weil die Gesetze so sehr simpel sind. Daß hierbei Rechnungen nötig sind, die nur die wenigsten Menschen erlernen können und erlernen, beweist nichts für die Schwierigkeit. Es ist nur ein Beweis, daß die Verbindungen von simpeln Gesetzen, sehr verwickelte Erscheinungen gewähren können. Bei Dingen auf unserer Erde reichen alle jene Kenntnisse nicht zu. Man kann Durchgänge der Venus voraus sagen, aber nicht die Witterung und ob heute in Petersburg die Sonne scheinen wird. Mit einem Wort, eine Sache worin es der Mensch weit bringt, kann nicht sehr schwer sein. Die Astronomie wird auch durch das allgemeine Interesse befördert und durch die Natur der Gegenstände die zu gleicher Zeit so weit umher beobachtet werden können, und daß man in einer Winter-Nacht bei weitem den größten Teil des Himmels übersehen kann. – Jeder Teil der Physik hat seinen Sphärischen Teil, seinen Theoretischen und seinen physischen. Der Sphärische Teil [ist] eine genaue Erzählung der Phänomene, hierüber muß keine Uneinigkeit statt finden, wo welche ist, kann sie leicht ausgemacht werden. J [1522]

*

Es kommt nicht darauf an, ob die Sonne in eines Monarchen Staaten nicht untergeht, wie sich Spanien ehedem rühmte; sondern was sie während ihres Laufes in diesen Staaten zu sehen bekommt. K [151]

*

Die an den Untertanen meistern wollen, wollen die Fixsterne um die Erde drehen, bloß damit die Erde ruhe. K [166]

*

Ob der Mond bewohnt ist weiß der Astronom ungefähr mit der Zuverlässigkeit mit der er weiß wer sein Vater war, aber nicht mit der womit er weiß wer seine Mutter gewesen ist. L [31]

*

Kein Dichter, selbst in seinem größten Apogeo kann so etwas träumen. L [119]

*

Der Totenkopf eine Weltkugel. L [126]

*

Wenn unsere Theologie so fortfährt sich nach und nach in Theonomie zu verwandeln, so wie sich Astrologie in Astronomie verwandelt hat, so wäre doch die Frage ob es nicht besser wäre das *neue* Testament das mittlere zu nennen L [184]

*

Sind wir nicht auch ein Weltgebäude und eines, das wir besser kennen, wenigstens besser kennen sollten, als das Firmament? NB. L [305]

*

Den gestirnten Himmel für das Danziger Goldwasser ansehen, zumal in einem Tubo, wäre das sehr schicklich für einen Trinker? L [317]

*

Seine Taten wären wahrlich über und über genug für einen Kometen-Schwanz. Kein Kometen-Schwanz dürfte sich schämen so etwas getan zu haben. Einem Kometen-Schwanz Ehre zu machen. L [343]

*

Vor allen Dingen etwas gegen die jetzige Art die Astronomie zu behandeln. Es geht in der Tat zu weit. Ich frage Sie ob so viel daran liegt, einen Ort $^1/_2$ Meile falsch zu legen? Du gerechter Gott! Um wie viele Grade mögen unsere Staats-Verwaltungen falsch liegen? Und wie vieles mag noch nicht in den Städten berichtigt sein, deren geographische Lage man berichtigt hat? Kosten-Aufwand auf Observatoria. Wie viel würde nicht eine Schul-Anstalt von gleichem Aufwand bewirkt haben. Abrichtung von Tischler-Gesellen. L [604]

*

Der menschliche Geist wird immer gleichförmiger, je mehr er sich über das Körperliche erhebt. Je näher er aber diesem wieder kömmt, desto häufiger werden die Abweichungen gerade so wie ich bei den Planeten gesagt habe. L [618]

*

Man würde selbst die Sternschnuppen für Sterne halten, wenn sie nur Stand hielten. L [643]

Mathematik

Der große Kunstgriff kleine Abweichungen von der Wahrheit für die Wahrheit selbst zu halten, worauf die ganze Differential-Rechnung gebaut ist, ist auch zugleich der Grund unsrer witzigen Gedanken, wo oft das Ganze hinfallen würde, wenn wir die Abweichungen in einer philosophischen Strenge nehmen würden.

A [1]

*

Der Tod ist eine unveränderliche Größe, allein der Schmerz ist eine veränderliche die unendlich wachsen kann. Dieses ist ein Satz, den die Verteidiger der Folter zugeben müssen, denn sonst foltern sie vergeblich, allein in vielen wird der Schmerz ein Größtes und < der Tod. A [53]

*

Der berühmte Bauer Jedediah Buxton nicht weit von Chesterfield in Derbishire dessen im Gentlemans Magazin Febr: 1751 Erwähnung geschieht hatte ein so erstaunliches Gedächtnis und Einbildungskraft, daß er das Quadrat dieser Zahl 725958238096074907868531656993638851106 im Kopf machte, er brachte aber drittehalb Monate mit zu, wobei er lange ausruhte und dann wieder fortfuhr. Er fand sie 527015363459557385673733542638591721213298966079307524904381389499251637423236. Er hatte niemals schreiben gelernt und vermutlich würde er nicht so haben rechnen lernen, wenn er schreiben gekonnt hätte. Diesen Punkt sollten alle die Personen recht durchdenken, welche Leute zu einer gewissen Absicht erziehn wollen. A [55]

*

Das Leben kann als eine Linie angesehen werden, die mit verschiednen Krümmungen über einer Graden (der Grenze des Lebens) hinläuft. Der plötzliche Tod ist ein perpendikulärer Lauf nach dieser Linie, Krankheit auf Parallelen mit derselben.

A [115]

*

<Ein Narr, der sich einbildet, ein Fürst zu sein, ist von dem Fürsten der es in der Tat ist durch nichts unterschieden, als daß jener ein negativer Fürst, und dieser ein negativer Narr ist, ohne Zeichen betrachtet sind sie gleich.> A [117]

*

Es ist ein ganz unvermeidlicher Fehler aller Sprachen daß sie nur genera von Begriffen ausdrücken, und selten das hinlänglich sagen was sie sagen wollen. Denn wenn wir unsere Wörter mit den Sachen vergleichen, so werden wir finden daß die letzteren in einer ganz anderen Reihe fortgehen als die erstern. Die Eigenschaften die wir an unserer Seele bemerken hängen so zusammen, daß sich wohl nicht leicht eine Grenze wird angeben lassen, die zwischen zweien wäre, die Wörter, womit wir sie ausdrücken, sind nicht so beschaffen, und zwei aufeinander folgende und verwandte Eigenschaften werden durch Zeichen ausgedrückt, die uns keine Verwandtschaft zu erkennen geben. Man sollte die Wörter philosophisch deklinieren können, das ist ihre Verwandtschaft von der Seite durch Veränderungen angeben können. In der Analysi nennt man einer Linie a unbestimmtes Stück x, das andere nicht y wie im gemeinen Leben, sonder a−x. Daher hat die mathematische Sprache so große Vorzüge für der gemeinen. A [118]

*

Wenn zwei Flächen ad und eine ac zusammen gesetzt und beide z. E. Quadrate sind, die Linien zu finden in denen das Auge liegen muß, wenn es die beiden Flächen gleich groß sehen soll, sind die beiden Quadrate gleich groß, so wird dieses allzeit erfolgen, wenn sich das Auge in derjenigen Fläche befindet, die den Winkel, den die beiden mit einander machen halbiert. Ist aber das eine größer, als das andere, oder das eine ein Rectangulum, so wird die Linie krumm werden und zwar gar von einer doppelten Krümmung, diese Krümmung wird verschiedene Gestalten bekommen, nachdem sich die Voraussetzung ändert zum Ex. die beiden Quadrate immer so zu sehen, daß sich die Fläche des einen zu der Fläche des andern verhält wie 2 : 3 usw. A [142]

*

Jeder mathematische Körper ist ein eigentlicher Spiegel. A [153]

*

Der abacus pythagoricus ist eine artige sinnliche Vorstellung unserer Vernunftschlüsse. Wir sprechen z. E.: in dieser perpendikulären Reihe liegen alle Vielfache der Zahl 5, nun aber liegen in dieser Horizontal-Reihe das 6fache aller Ziffern von 1−9 also ist das 6fache der 5 da wo sich diese beiden Reihen einander durchkreuzen. Dieses ist die einfachste Zeichnung von der Vergleichung unserer Ideen. Und es würde eine Nachahmung dieser Einrichtung in andern Wissenschaft[en] sehr nützlich sein, wenn wir hier Grade bestimmen könnten, die nicht die Ausdehnung voraussetzen. A [157]

*

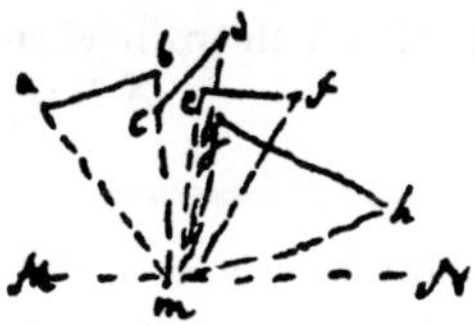

Wenn die Lage etlicher Linien ab, cd, ef, gh gegen sich selbst und gegen MN gegeben ist den Punkt auf der Linie MN zu finden, wo die Winkel amb, cmd, emf, gmh die größte Summe ausmachen. A [163]

*

Herr Beccaria in s[einem] schönen Buch dei Delitti e delle pence. sagt im Kap. vom Selbstmord. Dove i confini di un paese si aumentano in maggior ragione, che non la popolazione di esso, ivi il lusso favorisce il despotismo, si perche quanto gli uomini sono piu rari tanto e minore l'industria; e quanto e minore l'industria, è tanto piu grande la dipendenza della povertá dal fasto, ed è tanto piu difficile e men temuta la reunione degli oppressi contro li oppressori. Wenn also D den Despotism p die Volkreichigkeit L die Größe des Landes bedeutet, so wird sich D verhalten wie $\frac{L}{p}$ das ist $D = A\frac{L}{p}$ sein, wo A den bestimmten Zustand eines Landes bedeutet. Wird $p = o$ so wird der Despotismus unendlich, das heißt wenn ich allein in einem Land bin so kann ich anfangen was ich will und wird $L = o$ so wird die Unterwürfigkeit unendlich. Dieses ist eine Gleichung für den Bettelstand. A [186]

*

Eine Zahl die unter den Ziffern womit sie geschrieben ist, die größtmöglichste ist umgekehrt gelesen die kleinstmöglichste. A [189]

*

Wenn man die Gleichung für eine krumme Linie mit der Vorstellung zusammen hält, daß Linien durch Bewegungen von Punkten beschrieben werden, so läßt sich die Gleichung als die bestimmte Kräfte eines Punkts, wie eines Tiers betrachten, die in ihn gelegt sind und vermöge welcher er bald (wie der Ameisenfresser seine Spiralen) Zirkel bald Konchoide pp. beschreibt. A [191]

*

Wenn man ein Stücke Papier so falzt, daß dieselbe Ecke immer auf die Grenze des Papiers zu liegen kommt, so schneiden sich die Linien die durch das Falzen entstehen. Die Linie zu bestimmen in welcher alle diese Durchschnitts-Punkte in einer gegebenen Figur z. E. einem Quadrat liegen. A [248]

*

Herr Beguelin und Herr d'Alembert fragen immer an denen in meinem Programmate angeführten Stellen, welches denn die Grenzen von dem zu erwartenden [Gewinst] bei seltenen Fällen sei, wo man anfangen müsse sehr kleine Wahrscheinlichkeit für Gewißheit des Gegenteils zu erklären, oder wo die ganz verschwindende praktische Wahrscheinlichkeit sich in moralische Unmöglichkeit verliere. Diese

Frage wird sich so wenig beantworten lassen, als die wo die großen Zahlen angehen und wo die kleinen aufhören. A [250]

*

Wenn man von Flächen Linien und von Körpern Flächen abhobelte was für Linien würden die Hobelspäne beschreiben. A [251]

*

Wie läßt sich die Frage beantworten? Ich habe 10 Marken die auf einer Seite schwarz und auf der andren weiß sind alle mit der weißen Seite oben liegend auf einem Tisch gefunden, wieviel kann ich verwetten, daß sie jemand so gelegt und nicht etwa geworfen habe? Kann ich 10 gegen 1 verwetten, es fällt hier in die Augen, daß ich dieses nur alsdann verwetten kann, wenn die Frage ist ob sie jemand im ersten Wurf geworfen habe. Die Frage ist aber nur ob sie jemand überhaupt mit Vorsatz gelegt oder von ungefähr geworfen habe. Ist die Anzahl der Würfe unbestimmt, so scheint es gleich möglich zu sein und kein Grund warum ich das eine eher als das andere annehmen soll. Es ist zwar wahr es ist viel bequemer sie gleich zu legen, als sie zu werfen, aber von Bequemlichkeit ist hier die Rede nicht. Das was Herr Lambert in seinen Cosmol. Briefen p. 14 seqq. sagt beruht auf dieser Untersuchung. A [252]

*

Die Lehre von der Lage der Flächen und die Stereometrie auf Flächen vortragen zu wollen ist doch noch nicht so viel als, die Planimetrie auf einer Linie vorstellen zu wollen. A [257]

*

Der beständige Umgang den Kunkel mit Büchern von allerlei Art hatte, die Titel die er las und über welche er sprechen hörte und sich befragte, hatten in seinem Kopf eine Art von allgemeiner Enzyklopädie erzeugt, welche gedruckt zu sehen vielleicht des größten Betrachtungen-Sammlers nicht unwürdig wäre. Weil ich mich öfters mit ihm über mathematische Bücher besprochen habe, so kenne ich ihn von dieser Seite etwas gnauer. Seine Begriffe formierten sich ohngefähr so. Er sah Kästners Ruhm und Besoldung, 1ter *Schluß* also durch Mathematik kann man zu Ruhm und Brod kommen. Er sah eine Sprache in den mathematischen Büchern die sich von allen andern christlichen und heidnischen Sprachen unterschied, 2ter *Schluß* die Mathematik ist erschrecklich schwer. Einige Bücher gingen ihm beständig ab, andere blieben ihm stehen und beinah ewig stehen, 3ter *Schluß* einige Teile der Mathematik müssen also wohl Brod eintragen, allein sie wird doch nicht so recht getrieben. Er sah die Finsternisse voraussagen, und zwar daß wie er selbst sagte die Kalendermacher selten sich um ein paar Vaterunsers lang irrten, 4ter *Schluß* das ist etwas Außerordentliches um die Mathematik. Zusammengenommen sah seine Definition ohngefähr so aus: Die Mathematik ist eine Profession, wobei ein ehrlicher Mann alle seine 5 Sinne nötig hat, die Ehre und auch Brod einbringt, aber nicht viel getrieben wird, einige Teile davon müssen fast so brauchbar sein als die Pandekten; sie lehrt künftige Dinge vorhersagen und das auf eine erlaubte Art, die Mathematiker wissen vermutlich wenn unsereiner stirbt, aber sie tun wohl, daß die es uns vorenthalten, und Gott gebe, daß die Landsobrigkeit es ihnen niemals erlaubt etwas davon auszuplaudern. So viel ich hören und schließen konnte, so war seine Tafel der menschlichen Erkenntnis so geteilt

Wissenschaften bringen

Brod und Ehre	kein Brod und keine Ehre	Ehre und kein Brod	Brod und keine Ehre
Jurisprudentia	Metaphysica	Poesia	Advocatia
Medicina	Logica	belles lettres	Oeconomia
Theologia	Critica	Philosophia	Anatomia
Analysis infinitorum		Mathesis	Rechnen und Schreiben

B [145]

*

Gottfried Wilhelm von Leibniz hat die Infinitesimal-Rechnung erfunden
oder
Herr von Leibniz hat die Infinitesimal pp
sagt nicht um ein Haar mehr als
Leibniz hat die Infinitesimal-Rechnung erfunden
ausgenommen daß man sich beim ersteren nicht enthalten kann zu glauben sein Hofmeister habe ihm geholfen. Aber heutzutage läßt man es hingehen, da man sieht daß viele Leute von Verdienst sich hinter diese Präposition stellen, und das bloße Auslassen dieser Präposition auch kein Verdienst gewähren kann. B [153]

*

Es ist lächerlich zu sagen mathematische Methode, man sollte sagen natürliche, denn diese allein ist auf die Mathematik angewandt. Es ist eben, als wenn man sagen wollte, die Maurer beim Babylonischen Turmbau hätten auf die letzt nach der Ordnung der Pandekten gearbeitet. B [190]

*

Es ist zwar nicht zu leugnen, daß hier und da Spuren des Witzes anzutreffen sind. Aber er ist von einer Art, die ich meinem Leser unmöglich begreiflich machen kann ohne erst etwas unterzutauchen. Die Kritiker haben seit jeher (nämlich diejenigen darunter, die ich gelesen habe) dem Witz Dimensionen beigelegt, und zwar nur zwo, nämlich die körperliche und die nach der Fläche, sie sprechen von solidem und von superfiziellem Witz, von dem linearen, in welchem ihre neuern Brüder ganze Corpora und Theatra critica abfassen, haben erst unsere Zeiten hinzugetan. D [180]

*

Von der Verwandlung des Wassers in Wein vermittelst Zirkel und Lineal.
D [242]

*

Einer glaubte der Raum sei von dem Körper nur durch die 4te Dimension unterschieden. Der Punkt liegt an jener Grenze der bloßen Ausdehnung so wie der reagierende undurchdringliche Körper an dieser. D [435]

*

Der Satz muß noch mit einem Bruch multipliziert werden. D [466]

*

Ich kann nicht leugnen, daß mir als ich zum erstenmal sah, daß man nun in meinem Vaterland anfange zu wissen was Wurzelzeichen sind, mir die klaren Freuden-Tränen in die Augen gedrungen sind. D [514]

*

Lehrsatz auf den ich einmal anno 1763 gekommen [bin]: Wenn a eine ganze Zahl und A die Summe aller natürlichen Zahlen von 1 bis a ist, so ist

$a^3 = A + A + a + A + 2a + A + 3a \ldots + A + (a-1)\,a$

Diese arithmetische Reihe hat a Glieder, und ihre Summe ist

$$= \frac{2\,Aa + (a-1)\,a^2}{2} = a^3$$

also $a^3 = (2\,A - a)\,a$ oder

$a^2 = 2\,A - a$

Aus dem ersten Ausdruck ergibt sich folgendes, wenn ich die Zahlen so unter einander schreibe

1	2	3	4	5
2	3	4	5	6
3	4	5	6	7
4	5	6	7	8
5	6	7	8	9

so ist die Summe aller in dem Quadrat befindlichen Ziffern = dem Kubus der Zahl, die in der obern Ecke rechter Hand und in der linken unten steht.
Die Summe [der] Zahlen in den Diagonalen ist dem Quadrat derselben Ziffern gleich D [730]

*

Pascal, der Mann der in seinem 12ten Jahr die Sätze des Euklid für sich fand, und in seinem 16ten ein Werk über die Kegelschnitte schrieb, das seines gleichen seit Archimedes Zeiten nicht gehabt haben soll, glaubte in seinem 30ten in allem Ernst, daß eine Tränenfistul seiner Schwester Tochter durch eine Reliquie, einen heiligen Dorn geheilt worden sei. Pascal lebte 39 Jahr, diese können wir füglich = 80 setzen, denn er starb von Alter schwach und entkräftet. 30 sind also ohngefähr 61 Jahre, das ist schon ein Alter um etwas zu glauben. E [29]

*

Solche Leute sollte man Knöpfe mit dem Buchstaben Null tragen lassen, damit man sie kennte. E [263]

*

Ich habe oft bemerkt, daß wenn Leute einen mathematischen Satz von einer andern Seite her verstehn lernen, als durch die gewöhnliche Demonstration, so sagen sie gerne, *o ich seh es, es muß so sein*. Es ist dieses ein Zeichen, daß sie es sich aus ihrem System erklären. E [496]

*

♀ 21. Die unterhaltendste Fläche auf der Erde für uns ist die vom menschlichen Gesicht. F [88]

*

♃ 29. So wie man den Heiligen eine Nulle über den Kopf malt. F [167]

*

In der Lehre von den Parallelen halten nur zu oft Leute ihre Überzeugung für die Frucht der Erklärung und der Demonstration, wenn man die Erklärung jenes Grundsatzes Demonstration nennen kann. F [169]

*

Mir ist es unbegreiflich, warum der Zustand der unendlichen Herrlichkeit nicht lieber gleich angeht, da doch dieses Leben nur überhaupt ein verschwindender Punkt ist. G [42]

*

Bei dem studio der Mathematik kann wohl nichts stärkeren Trost bei Unverständlichkeiten gewähren, als daß es *sehr viel* schwerer ist eines andern Meditata zu verstehen, als selbst zu meditieren. J [9]

*

Die Mathematik hat die großen Fortschritte, die man in ihr gemacht hat, ihrer Independenz von allem, was nicht bloß Größe ist, allein zu danken. Also alles was nicht Größe ist, ist ihr völlig fremd. Da sie sich also nur mit dem allein beschäftigt, und keiner fremden Hülfe bedarf, sondern nur allein Entwickelung der Gesetze des menschlichen Geistes ist, so ist sie nicht allein die gewisseste und zuverlässigste aller menschlichen Wissenschaften, sondern auch gewiß die *leichteste*. Alles was zu ihrer Erweiterung dienen kann, ist alles in dem Menschen selbst. Die Natur richtet jeden klugen Menschen mit dem vollständigen Apparat aus, wir bekommen ihn zur Aussteuer mit. Eben dadurch wird sie die leichteste aller Wissenschaften in so fern, als wir in keiner andern so weit gehen zu können nur hoffen dürfen. Denn der, der den 47ten Satz im ersten Buch des Euklid beweisen kann, ist doch schon sehr viel weiter in der Entwicklung dieser Gesetze des menschlichen Geistes oder der Größe als man irgend in Physik gekommen ist. NB. Aber wer will hier Größe oder Skale festsetzen? Indessen scheint es denn doch, daß uns das Nützliche überall ziemlich nahe liege. Auf diese Weise müßte nunmehr die Gewißheit der menschlichen Wissenschaften untersucht werden. J [103]

*

Ein Kastellan des Königs Fridericus II. bezeichnete die Prinzen mit 1 und die Prinzessinnen mit 0. Er konnte nicht schreiben und versah seinen Dienst vortrefflich. J [298]

*

Wer weniger hat als er begehret, muß wissen daß er mehr hat als er wert ist (nicht πμ). J [304]

*

Flatt (Nein! Schwab) glaube ich hatte den Gedanken die Dreieinigkeit durch die drei Dimensionen des Raums zu erklären. J [533]

*

Es gibt so genannte Mathematiker, die sich gerne eben so für Gesandte der Weisheit gehalten wissen möchten, als manche Theologen für Gesandte Gottes, und eben so das Volk mit algebraischem Geschwätz, das sie Mathematik nennen, als jene mit einem Kauderwelsch hintergehen, dem sie den Namen biblisch beilegen. J [553]

*

Epitaph at Arlington near Paris.

Here lie
Two grandmothers with their 2 granddaugthers
Two husbands with their 2 wives
Two fathers with their two daughters

Two mothers with their two sons
Two maidens with their two mothers
Two sisters with their two brothers.
Yet but six corpse all lie buried here,
all born legitimate, from incest clear.

Dieses Rätsel, das mir von jemanden aufgegeben wurde, der die Auflösung selbst nicht wußte, löste ich so auf: Zwei alte Männer, die beide erwachsene Söhne [haben], wovon jeder eine unverheiratete Tochter hat, heiraten 2 junge Mädchen, die 2 Schwestern sind. Sie werden aber beide nach der Trauung krank und sterben vor der Vollziehung der Ehe. Nach ihrem Tode heiraten die beiden jungen Leute ihre Stiefmütter, die 6 letzten sind die hier Begrabenen. Denn hier liegen auch 2 Schwestern mit ihren beiden Brüdern, denn jede Frau nennt den Mann ihrer Schwester Bruder. J [599]

*

Bündige Auflösung des Rätsels im Taschen-Kalender für 1792.

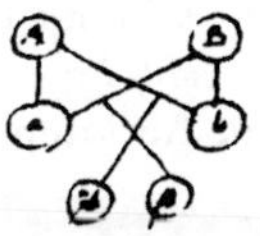

Von zwei Witwen A und B, die beide einen erwachsenen Sohn a und b haben, heiratet jede den Sohn der andern, A nämlich den b und B den a. Beide erzeugen in ihrer Ehe eine Tochter α und β. Diese sind die 6 Personen im Begräbnis.

2 Großmütter mit ihren 2 Enkelinnen
A und B mit α und β

2 Ehe-Männer mit ihren 2 Eheweibern
a und b mit A und B

2 Väter mit ihren Töchtern
a und b mit α und β

2 Mütter mit ihren 2 Söhnen
A und B mit a und b

2 Jungfern mit ihren 2 Müttern
α und β mit A und B

2 Schwestern mit ihren 2 Brüdern
α mit dem Stiefbruder a und β mit dem Stiefbruder b.

Gegen diese Auflösung wird mit Recht eingewendet, daß, wenn A den b geheiratet hat, a die Schwiegermutter seiner Mutter heiraten würde, doch könnte dieses gar wohl erlaubt sein, wenn z. B. die Heiraten zu gleicher Zeit geschähen, oder wenn in England keine Verbote gegen diese Heirat wären. Inzest ist es doch nicht, und von dem spricht bloß das Rätsel. (auch ist, wie ich höre der Grad nicht verboten.)

J [884]

*

Ein Mathematiker war er nicht, dazu besaß er zu wenig Kopf und gesunden Menschenverstand, aber ein sehr großer analytischer Sprachmeister, welches man gar wohl ohne jene Eigenschaften zu besitzen sein kann. J [924]

*

Jemand beschrieb eine Reihe Weidenbäume, die in gewissen Distanzen gepflanzt waren, so: erst stund ein Baum, alsdann keiner, dann wieder einer und dann wieder keiner. J [1007]

*

Ich habe einen Mann gekannt, der die seltsame Grille hatte nach Tische beim Obst, aus Äpfeln regelmäßige stereometrische Körper zu schneiden, wobei er immer den Abfall aufaß. Meistens endigte sich die Auflösung des Problems mit einer gänzlichen Aufzehrung des Apfels. J [1016]

*

In der Tübinger gelehrten Zeitung vom Oktober 1792, ich habe vergessen in welchem Stück, wird angemerkt, daß der Streit ob der Satz: Jeder gleichseitige Triangel ist ein gleichwinklicher, analytisch oder synthetisch sei eigentlich ein Wortstreit sei, [das] scheint mir sehr gegründet. *Kant* sagt, bloß aus den Begriffen von drei, Seite und Gleichheit läßt sich nichts von gleichen Winkeln folgern, der Begriff muß erst konstruiert werden. Wird aber das Drei-Eck konstruiert gedacht, so ist er ganz gewiß bloß analytisch. Wären jene Sätze *unkonstruiert* analytisch, so müßte sich die Folge von gleichen Winkeln aus dem Begriff von gleichen Seiten herleiten lassen, zwischen gleichen Seiten und gleichen Winkeln findet [sie] aber nur bei dem Drei-Eck und sonst bei keiner einzigen gleichseitigen Figur mehr statt. J [1091]

*

Er gehörte in der Mathematik nicht zu der produzierenden Klasse, sondern zu den retailers, die ellen- und pfundweis verkaufen. J [1129]

*

Ich glaube der beste Kopist und Zeichner würde einen Kopf oder eine Figur nicht gut treffen können, wenn sie ihm verkehrt vorgelegt würde, und unter der Bedingung weder das Original noch seine Kopie während der ganzen Arbeit je gerade vor sich hinzulegen. Man sieht also was der Künstler tut der ein Gesicht kopiert, er liest beständig im Ganzen, und mit dem Geiste dieses Ganzen vor Augen tut er manchen Strich in der augenblicklichen Begeisterung wenn ich so reden darf, wovon er nichts weiß, und so wird die Kopie ähnlich. Man wird finden, daß dieses Lesen, dieses Zusammennehmen derselben bei jedem Unternehmen nötig ist und den Mann von Genie zu diesem Unternehmen von dem gemeinen Kopf unterscheidet. So sind bei dem Kommando von Armeen, bei Anlagen großer mechanischer Werke, bei großen Finanzoperationen oft die tiefsten Theoretiker die elendesten Ausführer. Sie haben immer das Detail zu sehr vor Augen, und das *Ungemeine,* das von wenigen Erkannte, das *Neuentdeckte,* auch das *Schwere,* und vergessen darüber das leichte Alltägliche, das immer oder doch wenigstens in den meisten Fällen auch das Hauptsächlichste ist. Hier fällt mir der Mathematiker ein, der gegen eine Maschine, die den Weg des Schiffes auf der See zeichnen sollte, nichts einzuwenden hatte, als daß es wegen der Ausdehnung des Papiers trügen könne. J [1241]

*

Das hohe Alter mancher Mathematiker (Fontenelle, Euler, Leibniz) könnte eine Folge sein der Betrachtung ihrer selbst, des Subjektivischen bei den Körpern, weil das eigentlich Wiederholung ist. So könnte die Mathematik zu Verlängerung des Lebens beitragen. J [1280]

*

Ein tätiger Mann der aus Schulden *wachsend* zu nichts kömmt und dem Manne der aus einem großen Vermögen decrecendo dazu kömmt, bedenke ich nun noch daß Liederlichkeit und Industrie sehr dem Grade nach verschieden sein könnte so ergibt sich hieraus auch die Verhältnis der Differential und was das $0:0 = a:b = 2:3$ sagen will. So rechnet man auch im gemeinsten Leben mit Differentialen. J [1333]

*

Ich glaube doch auch, daß es im strengsten Verstand, für den Menschen nur eine einzige Wissenschaft gibt, und dieses ist reine Mathematik. Hierzu bedürfen wir nichts weiter als unsern Geist, uns selbst, und unsres Selbsts bedürfen wir ja so gar zu unserer Existenz. Allein zu glauben, daß deswegen Mathematik zur Physik absolut notwendig sei, ist Torheit, denn wo dieses würklich statt findet, hat der Mensch schon das Beste gefunden. Es dahin zu bringen, daß er es dem Mathematiker übergeben kann, das ist die Sache, und doch glaube ich wird von dem ursprünglich mathematischen Menschen *mehr* das Mathematische in den Dingen gesehen, als es würklich darin ist. Dieses ist dünkt mich auch eine Idee von Kant, doch weiß ich es nicht gewiß. J [1841]

*

Wir suchen in der Natur überall eine gewisse Bestimmtheit, aber das alles ist weiter nichts als Anordnung des dunkeln Gefühls unserer *eignen.* Alle mathematischen

Gesetze, die wir in der Natur finden, sind mir trotz ihrer Schönheit immer verdächtig. Sie freuen mich nicht. Sie sind bloß Hülfs-Mittel. In der Nähe ist alles nicht wahr. J [1843]

*

Ich habe jemanden gekannt der schrieb sich in 8 nehmen und Hoch8tung, einen ver8en, und er br8e anstatt er brachte. Ver9nen (falsch). K [2]

*

Die sogenannten Mathematiker von Profession haben sich, auf die Unmündigkeit der übrigen Menschen gestützt, einen Kredit von Tiefsinn erworben, der viele Ähnlichkeit mit dem von Heiligkeit hat, den die Theologen für sich haben. K [129]

*

Die Mathematik ist eine gar herrliche Wissenschaft, aber die Mathematiker taugen oft den Henker nicht. Es ist fast mit der Mathematik, wie mit der Theologie. So wie die der letztern Beflissenen, zumal wenn sie in Ämtern stehen, Anspruch auf einen besondern Kredit von Heiligkeit und eine nähere Verwandtschaft mit Gott machen, obgleich sehr viele darunter wahre Taugenichtse sind, so verlangt sehr oft der so genannte Mathematiker für einen tiefen Denker gehalten zu werden, ob es gleich darunter die größten Plunderköpfe gibt, die man nur finden kann, untauglich zu irgend einem Geschäft, das Nachdenken erfordert, wenn es nicht unmittelbar durch jene leichte Verbindung von Zeichen geschehen kann, die mehr das Werk der Routine, als des Denkens sind. K [185]

*

Von der Mairanischen Entdeckung z. E. 913 – 319 = 9n wird bei Gelegenheit von der neuen Ausgabe des Clemmischen Handbuchs in der Braunschw. Zeitung 1768 N° 129 gesagt. Herr Clemm hat den Beweis dieses Satzes in eine weitlauftige Buchstabenrechnung gehüllt, die hier gar nicht nötig war, weil der ganze Beweis auf der sehr leichten Bemerkung beruht, daß eine Zahl-Ziffer mit so viel Nullen als man will dahinter, durch 9 dividiert, zum erst[en] die Zahl-Ziffer läßt, und daß die Differenz zwei solcher Zahlen wie 913 und 319 sich noch mit 9 dividieren läßt, wenn hinter der einen oder der anderen, oder hinter beiden noch Nullen angehängt werden; daher der Satz auch von ihren Potenzen gilt. KA [170]

*

Man bat jemanden (erzählt Müller in seiner ersten Anmerkung zu Kopernikus Revolution) eine Definition von Gott zu geben: Gott ist, sagte er, eine Kugel, deren Mittelpunkt überall und Oberfläche nirgends ist. L [95]

*

Ich möchte wohl die Verhält[nis] der Zahlen sehen, die ausdrückte wie oft das Wort: Revolution in den 8 Jahren von 1781–89 und in den 8 Jahren von 1789–97 in Europa ausgesprochen und gedruckt worden ist, schwerlich würde die Verhältnis geringer sein als 1 : 1 000 000. L [286]

*

Im Jahr 1800 tritt die 8 wieder in die Stelle der Hunderter, die sie seit dem Jahre 899 nicht besessen hat und nicht ehe bis 2800 wieder einnehmen wird. Eine Anrede an die übrigen Ziffern könnte ein guter Kalender-Artikel für den Kalender von 1800 werden. – Alle 10 Jahre versieht sie eine Stelle unter den Einern nur auf ein Jahr, alle hundert Jahre versieht sie 10 Jahr den Dienst der Zehner ohne deswegen ihren Einer-Dienst in einem darunter aufzugeben. Sie könnte allerlei erzählen. Es müßte auf 888 gesehen werden. Sie ist ein doppeltes Quadrat und eine Kubikzahl, und zwar bin ich der Würfel eben der Zahl, deren *doppeltes* Quadrat ich bin, eine Eigenschaft deren sich keine ganze Zahl in der Welt mehr rühmen kann (Na: dieser Ruhm ist völlig in echt adlichem Stil). (Das alles muß sehr viel besser kommen.) Ich habe zu meinem Vorgänger die sonderbare *Sieben,* und mein nächster Nachbar ist wieder ein Quadrat. Meine nächste Zahl ist ein Quadrat. L [366]

*

Wenn [man] die sogenannten bescheidenen Zweifel mancher Weltweisen, als positive Wahrheit behandelt wissen will, so darf man ihnen nur mit etwas Geringschätzung widersprechen $\left(\frac{\pi\mu}{2}\right)$. L [664]

*

Ist es nicht sonderbar, daß man die Geometrie mit einem besondern Falle anfängt, mit der Lage der Linien auf *Ebenen.* Leicht mag dieses sein, ob es aber wissenschaftl. ist, ist eine andere Frage. Es müßte doch fürwahr die Möglichkeit einer Ebene erwiesen werden. Ich fürchte nur, wenn man die Philosophie der Mathematik zu weit treibt, und sie zu weit von dem gemeinen Menschenverstand wegrückt, so wird sie im ganzen verlieren. L [834]

Physik

Die Gesichter der Menschen sind oft bis zum Ekelhaften häßlich. Warum dieses? Vermutlich konnte die nötige Verschiedenheit der Gemüts-Arten nicht erhalten werden ohne eine solche Einrichtung; man kann dieses als eine Seelen-Charakteristik ansehen, welche zu lesen wir uns vielleicht mehr befleißigen sollten. Um einigen Grund in dieser schweren und weitläufigen Wissenschaft zu legen müßte man, bei verschiedenen Nationen, die größten Männer, die Gefängnisse und die Tollhäuser durchsehen, denn diese Fächer sind so zu reden die 3 Hauptfarben, durch deren Mischung gemeiniglich die übrigen entstehen. A [4]

*

So wie das Ohr Verhältnisse mißt, so berechnet vielleicht die Zunge Flächen von Körpern. A [15]

*

Man könnte die Gewohnheit eine moralische Friktion nennen, etwas das den Geist nicht leicht über die Dinge hinstreichen läßt sondern ihn damit verbindet, so daß es ihm schwer wird sich davon los zu machen. A [32]

*

Wenn an einem Winkelhake[n] abc ein Gewicht d herunter hängt knd die Stange ab

gedreht wird, so hebt sich das Gewicht d und oummt in die Lage m; wird die Bewegung stärker, so steigt es in n usw. bis es endlich bei der stärksten Bewegung so zu liegen kommt, daß es in die Verlängerung von ca fällt. Vielleicht könnte aus diesen Winkeln nca; mca; dca ein Maß der Geschwindigkeit von ab hergeleitet werden. A [147]

*

Die Schattierung der krummen Figuren kann mit vielem Vorteil der Analysis unterworfen werden. Wenn die Strahlen parallel einfallen, kurz Sonnenstrahlen sind

so fällt auf ab bc, bd, be gleich viel Licht, und wenn das einfallende Licht gleich ist, die Flächen aber ungleich so verhalten sich die Grade der Helle auf den Flächen verkehrt wie die Flächen, wenn nun ab weiß gelassen, das ist mit klarem Wasser angelegt wird, so gibt cx, dδ, eε das Verhältnis des Zusatzes von Dusch welcher untergemischt werden muß um die

Linie cb, db, eb, anzulegen. Die Anwendung auf die krummen Linien muß eben so gemacht werden, als wie die schiefe Fläche bei den isochlonnis pp A [150]

*

Zusatz zu dem letzten § auf der vorher gehenden Seite
Diese Theorie vom Schatten, so wenig sie auch anfangs den Malern nützlich scheinen mag, kann vielleicht vieles von den namenlosen Schönheiten aufklären, die wir so oft an Meisterstücken bemerken, denn diese sind oft nichts als Näherungen zu der einen Wahrheit, die wir nicht bestimmen können, aber dennoch allzeit merken, wenn sie nicht erreicht ist. A [151]

*

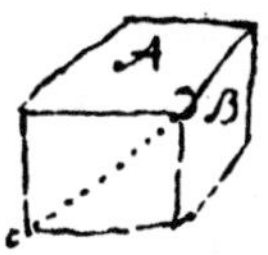

Wenn bei dem Würfel das Sonnen-Licht nach der Diagonale cd mit der Seite cd parallel einfällt, so wird A und B gleich stark erleuchtet, allein B muß heller angelegt werden, weil dem Auge die Fläche kleiner scheint als die A, aber einerlei Menge Licht, die kleinere Fläche ohnstreitig mehr erleuchtet. A [152]

*

a sei ein leuchtender Punkt cd eine horizontale Fläche die Linie zu finden, die der Punkt b beschreiben muß, damit die Geschwindigkeit seines Schattens so abnimmt, wie seine eigene zunimmt, man sieht leicht, daß einer von den Strahlen die Asymptote der krummen Linie werden wird. A [155]

*

Es gibt viele Verhältnisse in der Natur die nicht arithmetische und nicht geometrische sind, und die uns daher schwer werden anzugeben vielleicht könnten wir, wenn wir einige aufgesucht hätten, andere darauf reduzieren, und so wie man heutzutage sagt der Körper hat die Geschwindigkeit die [er] haben würde wenn er 5 Fuß hoch fiele und hernach sich gleichförmig bewegte, so könnte man sagen, ein gewisser Körper läßt sich mit immer gleichförmig vermehrten Kräften so zusammen drükken, daß sich die Räume in die er komprimiert wird so verhalten, als wie die Zahlen welche ausdrucken wie die Friktion zunimmt, bei einem gewissen Körper, wenn der andere der ihn reibt immer gleichförmig beschweret wird. A [156]

*

Herr Euler sagt Mem[oires]. de Berlin T. XI.p. 303 wo er vom Auge handelt, daß sich die Krümmung[en], die durchsichtige Körper begrenzen müssen, wenn sie alle Strahlen, von verschiedener Refrangibilität in einem Punkt bei einer großen Öffnung vereinigen sollen sich nicht durch alle Kräfte der tiefsten Geometrie finden, geschweige gar bei würklichen Körpern anwenden ließe[n]. Wäre würklich eine solche Linie im Auge, sollte sie nicht durch die heutige können bestimmt werden? Allein sie ist vielleicht eben deswegen nicht möglich die Natur bestimmt sie auf folgende Art, die Gestalt der brechenden Materien ist vermutlich unserem Willen unterworfen, und wir geben unwissend, diesen Materien in jedem Falle die schicklichsten Gestalten, oder wir geben ihnen verschiedene so schnell auf einander, daß gleichsam die Oberfläche in eine zitternde Bewegung gerät, die uns die Unrichtigkeiten, die aus der verschiedenen Farben-Brechung entstehen nicht empfinden läßt.

Überhaupt wenn AB eine Linse wäre c der Punkt, wo sich der violette Strahl vereinigt d, wo die roten so würden wir, wenn wir der Linse eine zitternde Bewegung geben könnten, so daß sie beinah zu gleicher [Zeit] an zwei Stellen wäre, die so weit als c und d von einander lägen, so würden wir diesen Fehler der aus der Farben-Brechung entspringt nicht merken können, bei der Natur können solche kleine Schwingung[en] wohl stattfinden. A [166]

*

Hat man wohl schon elektrische Versuche mit Eiern angestellt; die man hernach der Henne untergelegt? Mit Insekten? Eiern von Insekten? A [175]

*

Würde man wohl eine Wärme verspüren wenn man das Licht des Blitzes mit einem großen Brennspiegel auffinge? A [177]

*

Es ist noch vieles in der Verwandtschaft der Magnet[ischen]. Kraft mit der Elektrizität zu untersuchen, ob nicht der Magnet unter gewissen Verstärkungen seiner Kraft leuchtet, und wie er sich verhält, wenn er elektrisiert wird. Und in wie weit es mit dem Verbrennlichen in Verbindung steht, der Magnet ziehet das Eisen nicht mehr, so bald dem letzteren sein Verbrennliches entzogen worden ist, und eben dieses Verbrennliche findet sich im Bernstein und ist vielleicht der Grund seiner elektrischen Eigenschaften. Dieses sind lauter gegebene Punkte die aber die wahre Beschaffenheit noch nicht bestimmen. A [194]

*

Wenn ein Schacht durch den Mittelpunkt der Erde getrieben würde, so würde man ohne Hindernis hinein springen können, wenn sonst die Luft einen nicht tödete am Mittelpunkt der Erde würde man eine Geschwindigkeit haben mit der man wieder bis an die andere Öffnung des Schachts fiele und ganz gemächlich ankäme.

A [200]

*

Es kann vielleicht eine durchsichtig machende Materie in der Welt sein, die sich in die verschiedenen Körper zieht und die Schwingungen des Lichts annimmt und fortpflanzt. A [206]

*

Alle objecta werden durch das Mikroskop vergrößert, aber kein Winkel kann dadurch vergrößert werden. A [214]

*

Haller hält das Licht für andere Lichtteilchen penetrabel. Seine Gründe sind alt ich habe sie (Κέρας αμαλδ: p. 52) angeführt. Es heben sich im Licht noch unbegreifliche Eigenschaften auf, wir könn[en] das unendliche Durchkreuzen der Lichtteile nicht begreifen, aber so lang wir seine Subtilität noch nicht begriffen haben, so können wir noch immer auf sie rechnen. Man kann nämlich seine große Subtilität dartun, ohne sich auf Versuche zu berufen, die man für dessen Penetrabilität anführen könnte. Multipliziert man seine Masse mit dem Quadrat seiner Geschwindigkeit so begreift man leicht, daß der erste Faktor sehr klein sein muß, wenn wir den Stoß nicht empfinden sollen. Wenn sich das Licht penetriert so muß es nicht bei jeder Kraft angehen, sonst begreife ich das Brennen der Brenngläser und überhaupt das Sehen eben so wenig als ich es jetzo begreife. Es käme darauf an, einige Gesetze sich penetrierender Körper ausfindig zu machen. A [230]

*

Die Luftblasen in den Barometer-Röhren, hängen sich nicht sowohl an den Draht, als folgen ihm vielmehr, als wie das Wasser dem Stempel in einer Pumpe. Wenn ab die Blase, cd der Draht ist, der nun angezogen wird, so gibt es wegen der Kohäsion der Quecksilber-Teilgen ein Vakuum bei e das ist die Luft der Blase wird nun etwas verdünnt so daß das Quecksilber bei a nun nicht mehr so sehr von einander erhalten wird, sondern mehr zusammenfließt und so der Blase wieder ihre erste Dichtigkeit gibt, aber auch dafür sie gegen d zu drückt, wenn der Draht gegen d zu bewegt wird. B [62]

*

Physikalische Versuche. 1) die Blasen in den gläsernen Spritzen. 2) von den Polypen. 3) das Herausfliegen des Korks aus der Flasche in meinem Auditorio. 4) der Samenstaub des Huflattichs. 5) von Hyazinthen, die gegen das Fenster zu wuchsen. C [220]

*

Könnte es nicht brechende Mittel geben, durch die der ganze Lichtstrahl rot würde pp? C [304]

*

Schäffer rät in seiner Abhandlung vom Farben-Verein im Ernst: den Farben Namen von Gelehrten zu geben. Er zweifelt aber doch auch ob es Beifall erhalten werde. D [293]

*

Wo sich ein Körper bewegt, da ist Raum und Zeit, das simpelste empfindende Geschöpf in dieser Welt wäre also das Winkel und Zeiten messende. Unser Hören und vielleicht auch unser Sehen besteht schon in einem Zählen von Schwingungen. D [314]

*

Nach dem Mayerschen Farben-Triangel ließe sich ein Religionen-Triangel verfertigen. D [330]

*

Er erschrak und seine Gesichts-Farbe, die sehr viel Olivenfarbenes hatte, ging aus $b^1g^6r^1$ in b^1g^7 über. D [371]

*

In diesem Jahrhundert haben wir zuerst künstliche Magnete gemacht, zu Erfindung der Meereslänge große Schritte getan, und den deutschen Hexameter zur Vollkommenheit gebracht. D [378]

*

Außer den Eigenschaften, die er mit allerlei Tieren gemein hatte, hatte er auch noch einige mit Thermometern, Hygrometern und Barometern gemein. D [465]

*

Wenn Scharfsinn ein Vergrößrungs-Glas ist, so ist der Witz ein Verkleinerungs-Glas. Glaubt ihr denn daß sich bloß Entdeckungen mit Vergrößerungs-Gläsern machen ließen? Ich glaube mit Verkleinerungs-Gläsern, oder wenigstens durch ähnliche Instrumente in der Intellektual-Welt sind wohl mehr Entdeckungen gemacht worden. Der Mond sieht durch einen verkehrten Tubum aus wie die Venus und mit bloßen Augen wie die Venus durch einen guten Tubum in seiner rechten Lage. Durch ein gemeines Opern-Glas würden die Plejaden wie ein Nebelstern erscheinen. Die Welt, die so schön mit Bäumen und Kraut bewachsen ist, hält ein höheres Wesen als wir vielleicht eben deswegen für verschimmelt. Der schönste gestirnte Himmel sieht uns durch ein umgekehrtes Fern-Rohr leer aus. D [469]

*

A. Wenn ein Gewitter in der Nähe vorbei zieht, so weht immer ein kleiner Wind von daher, es ist ein Vergnügen in diesem Fall den Windfahnen zuzusehen, sie zeigen immer nach der dem Gewitter grade entgegen gesetzten Weltgegend. Daher ist eine Sage der gemeinen Leute entstanden, die Gewitter zögen dem Wind entgegen. Weil der Wind oft wenn sie von uns abziehen noch von ihnen her weht. Die Gewitter kommen oft mit großem Sturm an und wenn sie da sind so läßt der Wind nach und die Regengüsse gehen ganz grade herunter. Dieses zeigt, daß dieser Wind nur ein Luftzug ist, der von der Wolke herkommt. Ein Wind vielleicht der von dem fallenden Wasser erzeigt wird, und der nach allen Seiten seinen Ausgang sucht. Die Wolke kann von dem eigentlichen herrschenden Wind doch fortgetrieben werden und der ganze Zug-Wind mit ihr. D [733]

*

Glas mit Eis zu belegen und mit Elektrizität zu laden. Man könnte dazu die gefrorne Fenster-Scheiben gebrauchen, so wie sie in den Fenstern fest sitzen. D [764]

*

Ist die Refraktion des kalten Glases von der Refr. des warmen unterschieden. D [766]

*

Sachte, sachte, damit euch die Engel nicht auslachen. Der Gegenstand ist schlecht, aber ihr kennt ihn noch nicht ganz, und deswegen verfahrt behutsam. Wißt ihr wohl daß der Magnet von Anfang bloß den Taschenspielern diente? E [133]

*

Ein Buch ist ein Spiegel, wenn ein Affe hineinguckt, so kann freilich kein Apostel heraus sehen. Wir haben keine Worte mit dem Dummen von Weisheit zu sprechen. Der ist schon weise der den Weisen versteht. E [215]

*

Es geht ihnen durch die Köpfe, wie die magnetische Materie durch Gold ohne ihm die geringste Richtung zu geben. E [322]

*

Ich habe in England Astronomen gekannt, die ihre Beobachtungen verbessert haben, und sie haben recht daran getan. Soll man nicht der Natur die Hand zuweilen führen, das sehe ich gar nicht ab. Wenn ich zween Sätze verbinden will und sie wollen nicht zusammen gehen und ich gebe einem einen kleinen Tritt, was ist denn das? Die Leute, die so räsonieren, denken immer an die Wahrheit. Sind denn Systeme gar nichts? Die Wahrheit wird nicht ärmer, wenn ich aus einer 3 eine 2 mache, aber mein System kann wohl gar fallieren. Es freut mich daher immer wenn ich in unsern besten physikalischen Schriftstellern den wackeren philosophischen Ausdruck lese, daß der Versuch den sie zur Bestätigung eines Satzes angestellt haben über alle Erwartung gut ausgefallen sei. Es ist etwas darin, das sich besser fühlen als sagen läßt. Ich kann gar nicht begreifen, wie Leute über so etwas spotten können. Mir kommen die Freuden-Tränen in die Augen. E [331]

*

Wir ziehn auch beim Donner die Entfernung in Betracht, und scheinen gleichsam ihn in der Entfernung zu multiplizieren. E [391]

*

Wir gebrauchen das Wort Seele wie die Algebraisten ihr x, y, z oder wie die Wörter *attraction*, es ist vielleicht nur ein bloßes Wort so wie *Meinung, Zustand*. Hätte Newton x oder ★ statt attraction gesagt. E [472]

*

So wie man Hitze und Kälte und Kräfte mit Linien ausdrückt, so kann man, so nennt man Taten glänzend, schwarz, es würde lächerlich sein zu sagen eine graue Tat, oder eine himmelblaue. Indessen könnte man sehr vieles mit sichtbaren Ideen ausdrükken. E [473]

*

Blitztrunkene Wolken, spottrunken. F [65]

*

♄ 29. Glas ist gefrorne Luft. Glas wie gefrorne Luft. F [91]

*

Wenn einmal ein negativ elektrischer Welt-Körper unserer Erde, wenn sie positiv elektrisch ist nahe käme, so könnte ein Blitz entstehen, der die Erde gänzlich umkehrte, dieses könnte der Fall mit einem Kometen sein. F [148]

*

Beim Gehirn kommt es nicht allein auf die Größe sondern auch auf die Feinheit und spezifische Schwere an. F [160]

*

Herr Klügel gibt einmal eine Verhältnis von Dichtigkeit durch Jahre und Sekunden an um die Verhältnis sinnlicher zu machen. Dieses könnte häufig genützt werden, auf verschiedene Weise verähnlicht. F [175]

*

Die Welt so sehr vergrößert daß die Lichtteilgen wie 24pfündige Kanonen-Kugeln aussehen. F [241]

*

Unter die Beobachtungen mit dem Verkleinerungs-Glas kann man auch die rechnen die Herr Deluc von dem Gletscher Büet aus gemacht hat. Die Rhone schien ihm nämlich in Vergleichung mit den ungeheuren Eisgebürgen nur ein kleiner Bach, und die Schätzung, daß diese Eisberge die Rhone Jahrhunderte durch unterhalten könnten, wurde dadurch erleichtert. F [409]

*

ad n. 1. p. 51. Unter die Erscheinungen, die durch die Vergrößerung beim Elektrophorus zum Vorschein gekommen sind, gehört auch diese, daß, wenn nach dem Reiben des Kuchens die Platte herabgelassen wird, sie sich nicht mit einem Knistern auflegt, aber bei der 2ten Elektrisation jedesmal mit einem Knistern (muß noch mehr geprüft werden). Als ich den 1ten April einen simplen Funken mit der Kugel nahm, empfand ich einen lebhaften Schmerz in der Gegend des Pulses an der rechten Hand, [der] nach fast 10 Minuten noch nicht weg war. F [461]

*

Die negative Seite der Erde. F [466]

*

Wir vergrößern alles um uns, wir sehen manche Dinge entsetzlich vergrößert, dieser Satz gehörig genutzt führt auf vieles, Licht spalten heißt es vergrößern. Die Erde eine Turmalin-Verkleinerung. F [470]

*

Das Licht könnte von der Sonne in einem Fluido aufsteigen, die Sonne könnte in Licht aufgelöst werden, und die Planeten mit sich heraufgerissen haben. F [501]

*

Auch ist Mikroskop und Verkleinerungs-Glas, mit analogischen Schlüssen verbunden, ein Haupt-Mittel zur Erfindung. F [559]

*

Ein Magnet, der sich in 6 Pfund verliebt. F [600]

*

Daß die Erde um die Sonne läuft und daß wenn man eine Schreibfeder kippt diese Spitze mir ins Auge fliegt, ist alles ein Gesetz. F [787]

*

Daß die Menschen so oft falsche Urteile fällen rührt gewiß nicht allein aus einem Mangel an Einsicht und Ideen her, sondern hauptsächlich davon, daß sie nicht jeden Punkt im Satz unter das Mikroskop bringen, und bedenken. F [864]

*

Der Blitz der Überzeugung zündete überall. F [1008]

*

Könnte nicht das Abnehmen des Seewassers, das einige Schriftsteller verteidigen, eine langsame Ebbe sein, deren Gesetz wir nicht kennen? Nach dem Mittelpunkt des Zugs aller Planeten pp F [1009]

*

Die Vorrede könnte Blitzableiter betitult werden. F [1013]

*

Wie perfektibel der Mensch ist, und wie nötig Unterricht, sieht man schon daraus, daß er jetzt in 60 Jahren eine Kultur annimmt, worüber das ganze Geschlecht 5000 Jahre zugebracht hat. Ein Jüngling von 18 Jahren kann die Weisheit ganzer Zeitalter in sich fassen. Wenn ich den Satz lerne: *die Kraft, die im geriebenen Bernstein zieht, ist dieselbe die in den Wolken donnert,* welches sehr bald geschehen kann, so habe ich etwas gelernt dessen Erfindung den Menschen einige tausend Jahre gekostet hat. F [1039]

*

Auf dem Ball, als es zum Essen ging, hatte sich die Gesellschaft wie der Feilstaub beim Magneten um ein paar Mädchen herumgelagert. F [1120]

*

Ein physikalischer Versuch der knallt ist allemal mehr wert als ein stiller, man kann also den Himmel nicht genug bitten, [daß] wenn er einen etwas will erfinden lassen es etwas sein möge das knallt; es schallt in die Ewigkeit. F [1147]

*

Da man noch nicht weiß wie viel erhitzte Mineralien elektrisch werden können, so könnte es sein, daß am Ende die erwärmte Erde die Luft elektrisierte. Einzelne physische Punkte meines großen Elektrophor zeigten oft eine geringe und fast gar keine Elektrizität, wenn der Teller, der ihrer sehr viele berührte, am Ende sehr stark elektrisch wurde. F [1184]

*

Wir wollen Sir Isaac Newton wählen. Alle Erfindungen gehören dem Zufall zu, die eine näher die andre weiter vom Ende, sonst könnten sich vernünftige Leute hinsetzen und Erfindungen machen so wie man Briefe schreibt. Der Witz hascht näher oder ferner vom Ende eine Ähnlichkeit, und der Verstand prüft sie und findet sie richtig, *das ist Erfindung*. So war Sir Isaac Newton. Ich habe nicht die mindeste Ursache zu zweifeln, daß es vor ihm und nach ihm in und außer England Köpfe gegeben habe und noch gibt, die ihm an Fähigkeiten überlegen waren, so wenig ich zu zweifeln Ursache habe, daß der Bauer, der den Prediger anstaunt, wenn er studiert und die Griffe gelernt hätte, besser predigen würde. Gelegenheit und Anlaß ist die Erfinderin, und Ehrgeiz der Verbesserer, Zutrauen auf seine Kräfte ist Kraft, im Ehestand und in der gelehrten Welt. F [1195]

*

Die Menschen versprechen sich jetzt so viel von Amerika und dessen politischem Zustande, daß man sagen könnte, die Wünsche, wenigstens die heimlichen, aller aufgeklärten Europäer hätten eine *westliche Abweichung,* wie unsere Magnetnadeln. G [6]

*

Was man feine Menschenkenntnis nennt, ist meistens nichts als Reflexion, Zurückstrahlung eigener Schwachheiten von anderen. G [17]

*

Franklin, der Erfinder der Disharmonica zwischen England und der neuen Welt. G [196]

*

Zu einer allgemein brauchbaren Grundlage zu Vorlesungen sind die meisten Handbücher der Physik zu weitläufig; es fehlt ihnen an der aphoristischen Kürze und der Präzision des Ausdrucks, der zu einem solchen gehört. Ein zu einer Grundlage brauchbares Lehrbuch muß nur den Kern seiner Wissenschaft oder Kunst in der gedrängtesten Kürze enthalten, daß der Lehrer in jeder Zeile leichte Veranlassung findet das Angegebene zu erklären. H [175]

*

Es muß in der Physik fast alles neu untersucht werden, selbst die bekanntesten Dinge, weil man gerade da am wenigsten etwas Neues oder Unrichtiges vermutet. Z. B. Entsteht das Licht nicht erst auf unserer Erde? Ist alle Wärme von einerlei Natur? Ist es so ganz einerlei eine Flasche mit einer *Schwefel-* oder mit einer *Glas*kugel negativ zu laden, und umgekehrt? H [178]

*

Es ist noch nicht ausgemacht, ob nicht Körper bei gleichen Graden der Wärme einen verschiedenen Wirkungskreis haben, Lambert hat nur gezeigt, so viel ich weiß, daß die Wärme abnimmt, wie das Quadrat der Entfernung zunimmt. Dieses hat aber mit dieser Frage nichts zu tun. Die Frage ist hier, ob eine silberne und bleierne Kugel *von gleicher Masse und gleichem Durchmesser* (die bleierne müßte ein wenig hohl gemacht werden,) und gleich stark erhitzt, die Wärme gleich weit verbreiten. Hier würden Kapazitäten zum Vorschein kommen. H [188]

*

Es ließe sich vielleicht ein Fluidum denken, worin alle Wärme auf die Flüssigkeit ginge und nicht auf Erhöhung der Temperatur, und das wäre das Licht oder die elektrische Materie. H. [190]

*

Eine Verbesserung des *Bennetischen Elektrometers* wäre vielleicht folgende: Ein einfaches Goldblättchen würde aufgehängt, und von der Seite eine verschiebbare Kugel angebracht, die dem Blättchen so nahe gebracht werden könnte, als möglich. Sie könnte so eingerichtet werden, daß sie sich luftdicht verschieben ließe. Ich glaube, daß man hiermit die kleinsten Grade der Elektrizität messen könnte. Ein solches Elektrometer hätte folgende Vorzüge vor dem gewöhnlichen: 1) es hat nur *ein* Goldblättchen, und daher findet das verdrießliche Zusammenleben nicht Statt. 2) könnte der Winkel sehr genau genommen werden. Man brauchte auch die Kugel jedesmal nur soweit hineinzudrücken, bis das Blättchen aus der Vertikalfläche wiche; und wenn der Draht, an dem die Kugel sitzt, abgeteilt wäre, so könnte man die Distanzen sehr genau nehmen. Die Kugel könnte im Feuer vergoldet werden und dadurch eine große Glätte erhalten. Das Gefäß könnte eine vierseitige geschliffene Flasche sein, deren eine Seite durchbohrt würde. 3) die Abweichung des Blättchens von der Vertikalfläche könnte sogar durch eine Lupe oder sonst eine der Dioptern ähnliche Vorrichtung beobachtet werden. – Der Boden könnte angeküttet werden. Dieses hätte den Vorteil, daß man, wenn das Goldblättchen schon darin wäre, die Luft mit glühendem Kalch austrocknete und so auf immer verschlösse. (Aber würde nicht der Kütt wieder Feuchtigkeit geben?) H [199]

*

Gegen Werner kann auch der Umstand genützt werden, daß zartes Fichtenholz unter dem Wasser zu Kohle gebrannt werden kann ob sich gleich die äußere Farbe des Holzes nicht verändert. Natürlich weil das Wasser keine größere Hitze, als die 212 anerkennen [?] kann. Wie sieht es aber da mit den Schwingungen aus? Man könnte das Holz an der einen Seite etwas schwarz färben. J [95]

*

Was man so sehr prächtig Sonnenstäubchen nennt sind doch eigentlich Dreckstäubchen. J [164]

*

Der Mann machte sehr viel Wind. B. O nein! wenn es noch Wind gewesen wäre, es war aber mehr ein wehendes Vakuum. J [181]

*

Die Mythen der Physiker. J [241]

*

Aus meiner Erde die zu einer Kugel von 1/4 Zoll im Durchmesser, und meinem Turmalin der eine Welt wird könnte ein guter Traum gemacht werden. Erst wurde der Klumpen getrocknet, damit war die See weg, alles Quecksilber, alles Flüchtige. Wo ist denn aber das Gold? – Gold? es ist kein Gold darin. In dieser Steinart ist kein Gold pp. Wo sind denn die Sandwüsten von Asien, die Mark Brandenburg. Würklich hatte er die Hälfte von Afrika weggegossen. Feuer würde die ganze vegetabilische Welt zerstören, und alkalische Salze und tode Erde erzeugen. J [333]

*

Dieses ist noch das leise Nachhallen eines schweren Donnerschlags des Aberglaubens (Gewissens pp.) J [353]

*

Hypothesen dienen nicht allein eine Menge von factis zu behalten, sondern auch dem, der sie erfindet, eine Menge anzubringen. Was haben nicht die *Geogonien* für eine Menge vortrefflicher Beobachtungen aus Reise-Beschreibungen gleichsam in einen focum vereinigt. J [387]

*

Das ist die Wetterseite meiner moralischen Konstitution, da kann ich was aushalten. J [388]

*

Bei Franklins Tod hätte man sollen Flöre an die Blitzableiter hängen. J [396]

*

Ein Pabst (Zacharias, glaube ich) tat die Leute in den Bann, welche an Antipoden glaubten, und jetzt könnte der Fall leicht kommen, daß er die Antipoden einmal in den Bann täte, wenn sie nicht an die Infallibilität ihres römischen Antipoden glauben, wenigstens haben die Nachfolger jenes Pabstes die Länder von Leuten verschenkt, deren Beine zwar keinen Winkel von 180 Graden, aber doch schon einen beträchtlich stumpfen machen. Das ist doch auch ein Fortschritt. J [398]

*

Er lag sehr gerne antipodisch bei seiner Frau im Bette, à l'antipode. J [399]

*

Wenn ich mit jemanden rede, so bemerke ich gleich ob er Elastizität hat, oder ob er jedem Druck nachgibt. Die Barbierer sind alle weich. Kästner ist hart. Meister war elastisch. J [442]

*

Die Vorstellung, die wir uns von einer Seele machen, hat viel Ähnliches mit der von einem Magneten in der Erde. Es ist bloß Bild. Es ist ein dem Menschen angebornes Erfindungsmittel sich alles unter diesen Formen zu denken. J [568]

*

Er konnte einen Gedanken, den jedermann für einfach hielt, in sieben andere spalten wie das Prisma das Sonnenlicht, wovon einer immer schöner war, als der andere, und dann einmal eine Menge anderer sammeln und Sonnenweiße hervorbringen, wo andere nichts als bunte Verwirrung sahen. J [597]

*

Eine der vorzüglichsten Bemerkungen für die Kantische Lehre vom Raume ist mir immer die, daß wir die Körper für ins Unendliche teilbar halten müssen, welches der Vernunft widerspricht, denn es ist gar nicht notwendig, ja nicht möglich daß z. E. Trägheit, Undurchdringlichkeit die Würkung des Zusammengesetzten sein könne, und doch denken wir es uns nur im Raume. Das ist Form der sinnlichen Anschauung. J [646]

*

Die Welt jenseit der geschliffenen Gläser ist wichtiger, als die jenseits der Meere, und wird vielleicht nur von der jenseits des Grabes übertroffen. J [937]

*

Die Luft ein Magazin von Licht, Feuer und Wasser. J [1110]

*

Es fehlt nicht viel, so ordnet man die Menschen in Rücksicht auf Geistes-Fähigkeiten, so wie die Mineralien nach ihrer Härte, oder eigentlich nach der Gabe die eines besitzt, das andere zu schneiden und zu kratzen. J [1162]

*

In der allgemeinen Litteratur-Zeitung wird einmal angemerkt man hätte zu Paris die Statuen einschließen sollen (1793. N°. 78, p. 622.) um der Barbarei ihrer Zerstörung vorzubeugen, auch an einem andern Ort (N°. 85 S. 675), es hätte manches bei der Revolution nicht so gewaltsam geschehen müssen. Als wenn je die Natur die Ausführung ihrer Plane der Metaphysik abtretten würde. Es wäre wohl auch gut gewesen, wenn die Städte in Kalabrien so lange in Sicherheit wären gebracht worden, bis die Natur den Kellerbau, den sie unter denselben vorhatte, vollendet gehabt hätte, das ist es eben. Ich sollte denken, wenn trotz aller Reparaturen und alles Stützens, das Gebäude doch endlich einstürzt, so lag die bessere Einrichtung des Ganzen nicht in dem Reparatur-Plan und dessen Fortgangs-Gesetz. Aus einem immer verbesserten, aber nach *seinen* Grundsätzen verbesserten Katholizismus konnte nie Protestantismus, und aus einer *verbesserten* Populär-Philosophie nie Kantische Philosophie werden. Aus einer allmählig verbesserten Cartesianischen Physik konnte nie die wahre Newtonische werden. Die größten Mathematiker haben an den Wirbeln gedreht und gelenkt um sie gehen zu machen. Aber es half alles nichts, sie mußten herunter diese Wirbel und allgemeine Schwere bestieg den Thron und herrscht nun von der Milchstraße bis zu Sonne, und wird herrschen bis ans Ende der Zeit.

J [1223]

*

Sie fühlen den Druck der Regierung so wenig als den Druck der Luft. J [1243]

*

Aus Galvani's Entdeckung wird auch begreiflich warum die Menschen ihre Hände so gerne nach Gold und Silber ausstrecken, denn das Ausstrecken gehört mit unter die Zuckungen. Man sieht also, daß hierin nicht alles moralisch sondern auch manches physisch ist. Die Hände sind Wünschelruten die immer nach Metall schlagen.

J [1252]

*

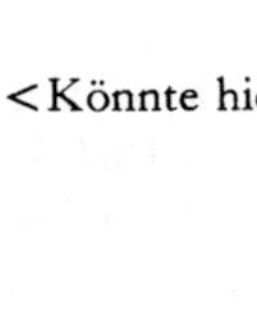

Es zeigte sich dabei auch eine artige Erscheinung, nämlich daß der Heber lief obgleich oben eine große Luftblase befindlich war, nämlich die Luft war noch verdünnt genug um das Saugen der kürzeren Säule zu verstatten a b war die Luftblase, und doch schlich sich das Wasser an dem untern Bogen des Hebers bei c sehr schön hin.

J [1302]

*

<Könnte hierauf nicht eine Maschine gegründet werden.> J [1303]

*

Ein Spielwerk ließe sich hierauf gründen nämlich eine starke Dinte in ein Gefäß von starker Säure laufen zu lassen und vice versa. J [1304]

*

Der Begriff von latent werden ist unstreitig einer von den reichhaltigsten für die ganze Physik und Philosophie überhaupt. Selbst Bewegung kann für uns latent werden, wenigstens zum Teil, die Bombe die sich um ihre Axe dreht diese Bewegung kann in einem Augenblick wieder geradlinigt werden. Die Vitriol-Säure im Gips dem Geschmack, dem Geruch dem Gefühl, nämlich als Nerven-Reiz, so werden Sachen dem Auge latent; warum können es gewisse Materien nicht für alle Sinne werden. Ich sollte mich nicht wundern, wenn einmal jemand die magnetische Materie mit einer andern verbunden dem Auge darstellte und was ist das Nordlicht? Die schwarze Farbe ist in einem Augenblick weg und wieder da. J [1330]

*

Ich habe schon an verschiedenen Orten gezeigt, daß es gut wäre o auf dem Thermometer mit ± zu bezeichnen bloß um den Fortgang auszudrücken und die Art, wie es dazu gekommen ist. J [1332]

*

Unsere Erde ist unter den Geschöpfen die im Meer der Himmel um die Sonne herum spielen der *Zitter-Rochen.* (die elektrische Erde) J [1406]

*

In wie ferne kann Finsternis reflektiert werden. Ein finsterer Punkt kann ein Bild formieren, weil von der Stelle kein Licht kömmt, wo er ist. Eben so kann auch Kälte reflektiert werden, weil von der Stelle keine Wärme auf den Spiegel fällt. J [1510]

*

Beim Schall gibt es nichts was dem Schwarzen bei den Farben korrespondiert. Die Todesstille könnte man schwarz nennen. Die Pause ist schwarz. J [1543]

*

Es geht in der Physik wie mit den Geschlechts-Registern in der Bibel, der war ein Sohn; der war ein Sohn und der war ein Sohn Adams und der war Gottes.
J [1548]

*

So bald man etwas bemerkt was in die generelle Physik einschlägt, sogleich damit das ganze Feld der Physik durchzulaufen, um zu sehen ob sich nichts daraus erklären lasse. Vielleicht wäre es gut einen bequemen Plan, eine Tabelle zu entwerfen wornach man die Physik durchlaufen könnte. J [1564]

*

Mit einem gewissen Wort als z. B. Schrittzähler die ganze Physique zu durchlaufen und Ähnlichkeiten aufzusuchen und so mit andern Worten. Mittelpunkt. J [1566]

*

Die Meteorologie wartet noch auf einen Newton oder einen Herschel. J [1579]

*

Könnte man Flüssigkeiten in den Objektiv-Gläsern gebrauchen, so könnte man das Flintglas vielleicht entbehren. J [1584]

*

Wenn ich eine eiserne Kugel aufhebe, so brauche ich bloß ihr Gewicht zu überwinden für die Kräfte womit die Teile zusammen halten brauche ich nicht zu sorgen. Wenn wir auch diese Kraft hergeben sollten so möchte die Kraft des stärksten Menschen nicht hinreichen nur ein Hagel-Körnchen zu formieren. J [1595]

*

Sollte es nicht, so wie es einen Kondensator für die Luft-Elektrizität gibt, auch einen für die Feuchtigkeit derselben geben, das wäre eine große Entdeckung. J [1614]

*

Was den Fortgang der Meteorologie hauptsächlich hindert, ist, daß die Erscheinungen nur durch ihre Größe bemerklich werden, und also in unsern Laboratoriis nicht gut nachgemacht werden können, oder uns im kleinen entgehen; hieraus erhellt die of gegebene Regel: *Alles zu vergrößern und zu sehen was entstehen könnte wenn man Eigenschaften wachsen läßt, und die größten Dinge abnehmen zu lassen in eben der Absicht. Dieses ist eine fruchtbare Mutter neuer Gedanken.* Wenigstens gehören die größten Entdeckungen dahin, sie sind aber schwerlich durch dieses Mittel gemacht worden. J [1644]

*

Das Wort *Echo* ist ein höchst einfältiges Wort, denn Echo heißt der Schall auf Griechisch. Es ist so abgeschmackt als wenn man das Bild im Spiegel *Licht* nennen wollte, das deutsche Wort ist sehr schön. Widerhall. φδσγγος J [1648]

*

Was von der Quantität bei Versuchen abhängt könnte man sich sehr gut dadurch erläutern, daß man sich vorstellte wie wenig wir zu der Kenntnis z. B. des Wassers noch würden gelangt sein, wenn wir es nur in kleinen Tröpfchen zu Versuchen anwendeten. J [1665]

*

Alles im Großen zu suchen was man im Kleinen beobachtet, und umgekehrt. Z. B. alles was das Kind spricht und tut, tut gewiß auch der Mann in andern Dingen, worin er ein Kind ist und bleibt, denn wir sind doch nur Kinder von mehreren Jahren. Die Worte dieser Lehre sind sehr gemein, ein Mann von Erfahrung wird ihnen aber gewiß den Sinn zu geben wissen, den ihnen πμ beigelegt wissen will. Wir schlagen zwar den Tisch nicht mehr, an dem wir uns stoßen, wir haben uns aber für andere oder ähnliche Stöße das Wort Schicksal erfunden, das wir anzuklagen wissen. J [1666]

*

Koëlektrizität ist ein sehr gutes Wort manche Begriffe auszudrücken. J [1707]

*

Warum ist der Erkältungs-Prozeß so selten, und der Erhitzungs-Prozeß so gemein in der Natur? J [1713]

*

Mit der Elektrizität haben wir Krankheiten geheilt, wir haben die Kiesel-Erde, und die Platina in einem Augenblick schmelzen gesehn; wir haben ohne Wärme zu erwecken, die heftigste Erschütterungen damit hervorgebracht, und den Tod in einem Augenblick. Man hat Uhrwerke damit getrieben. Ich möchte fast fragen: gibt es noch eine mächtigere Materie auf der Welt? und diese vernachlässigt man? daß wir so viel elektrische Spielwerke haben und noch wenig Gründliches beweist nur, daß wir nur an den äußersten Zweigen hangen und den Stamm noch gar nicht kennen. Wir müssen Feuer und Elektrizität nicht trennen, ich glaube, die Lehre vom Feuer ist unverständlich ohne jene, und was wir dem Feuer ganz zuschreiben kann zum Teil diesem Fluido zugehören. NB. Die Lehre vom Feuer ist vielleicht bloß deswegen so unvollständig, weil man sie von der El[ektrizität]. getrennt hat. Mit einem Wort: alles muß undeutlich werden wenn man ein Wesen vernachlässigt, das sich in alles mischt. Man kann sich doch fürwahr kaum des Lächelns enthalten, wenn man Menschen sieht, die so recht en Professeur denken, sie könnten eine Materie in der Natur abhandeln wie einen Paragraphen, erst *den* und dann *den,* ohne zu bedenken, daß sich keiner ohne den andern abhandeln läßt, und daß alles zusammen nur *eins* ist. Wir haben eine Lehre von der Elektrizität und vom Feuer, auf Staffeln aufgefaßt und angemerkt, wo sie am wenigsten würksam sind eben, weil sie *allein* sind. Was wäre das Wasser, wenn man es bloß im Trinkglas kennte. Magnetismus, Affinität, alles, was bleibt unbekannt so lange ein Glied in der Kette fehlt. Wie wenn ein großer Teil der Dunkelheit, die in der Naturlehre herrscht daher rührte, daß man die elektrische Materie mehr allein als in Verbindung bisher beobachtet hat? Selbst die magnetische Materie kann davon modifiziert werden. J [1748]

*

Man tadelt, wie mich dünkt, die Theorien der jetzigen Physiker mit Unrecht, wenn man ihnen vorwirft, daß sie zum Beispiel als Atomisten sich nicht um die Festigkeit der Atomen bekümmerten, und Festigkeit eher als Flüssigkeit annähmen. Diese transszendente Physik kann, dünkt mich, sehr gut allein bleiben. Laßt sie nur nach ihrer Art forterklären und sammeln, so läßt sich am Ende alles zusammen bringen. Wenn man zuviel von Schwierigkeiten in den ersten Gründen spricht, so könnte dieses den Fleiß mancher Forscher hemmen. So lange wir noch beim *Sortieren* der Phänomene begriffen sind, so lange kann man jener metaphysischen Physik gar wohl entbehren, wenn man nur nicht zu positiv ist, und Worte für *Beweise* ausgibt. Entbehrt doch auch der Landbauer der chemischen Untersuchung des Düngers. Der Gedanke des Lesage hat immer viele Vorzüge, weil er so sehr mit dem Großen der allgemeinen Schwere zusammen hängt. *Im Großen müssen wir das Kleine kennen lernen.* Ich kann mir unser ganzes Sonnen-System als einen Punkt gedenken. Warum hat die Natur sich so oft der Schwungkräfte oder der Trägheit der Materie bedient Vereinigung zu hindern. Daß Kräfte nötig seien einen Raum zu erfüllen ist ja auch eine Voraussetzung. Sollten wir nicht aus dem Großen auf das Kleine schließen können.
J [1775]

*

Der Ausdruck *Thermagogisch* kann genützt werden. J [1799]

*

Es könnte sein, daß die Krystalle die beste Form wäre[n], unter der die ersten Grundteilchen beisammen bleiben können so wie Bewegung in Ellipsen um eine Sonne die beste Einrichtung für Weltsysteme ist, wenn sie dauren sollen. Unsere Gewölbe sind ebenfalls solche beste Formen. Die Form der Gewölbe ist eine Art Crystallisatio in die sich unverbundene Steine legen müssen um in ihr[er] Lage zu bleiben. Weiter auszuführen. J [1829]

*

Da die magnetische Materie uns ganz unfühlbar, oder überhaupt kein Gegenstand unserer Sinne ist. So könnte uns der ganze Quell derselben eben so unfühlbar sein. Es wäre möglich, daß uns der Quell der magnetischen Materie sehr nahe liege. Wenn der Himmel nur bedeckt wäre so könnten wir den ganzen Einfluß des Lichts genießen ohne seinen Quell je zu kennen. J [1838]

*

Er ist eine Meile Wegs bei mir geblieben, (die Zeit durch den Raum ausgedrückt, den man durchgehen kann) J [1871]

*

Durch den Isländischen Spat sieht man entfernte Gegenstände einfach weil natürlich nach dem allgemeinen Gesetz der Brechung der gewöhnlich und der ungewöhnlich gebrochene dem einfallenden Strahle und folglich unter sich parallel ausfahren müssen. Wenn man daher das Bild im Tubo durch Doppelspat ansieht, so erscheint es einfach und sehr gut begrenzt, obgleich die Fassung des Okulars und das Okular doppelt erscheint. Dieses frappierte mich anfangs, aber auch nicht länger, als bis ich über die Sache nachdachte. Nämlich das Bild im Tubo steht im foco des Okulars und wird also durch parallele Strahlen gesehen. usw. J [1931]

*

Da es wohl unwidersprechlich ist, daß der Granit ein Produkt der Krystallisation ist, der so aus Quarz, Glimmer und Feldspat besteht wie unser Kochsalz aus Mineral-Alkali und Salzsäure: so könnte es gar wohl sein, daß wenn ein Salz-Krystall so vergrößert würde man die Teilchen eben so würde zusammen sitzen sehen als hier der Q. Gl. und Feldsp. Folglich müssen die Krystalle des Granits Alpen werden.
J [1939]

*

Fragen bei der Frosch-Geschichte

1) Tut es die menschliche Hand. 2) Der Muskel eines andern Frosches 3) Der Magnet. 4) leicht überfirnißtes Silber 5) schwarz angelaufenes Silber 6) erhitztes Silber und andre Metalle erwärmt, die es sonst nicht tun 7) Wenn die Belegung mit Goldpapier geschieht 8) mit Eisen-Feil 9) mit Eis. 10) Amalgama. 11) Der Aal diente vielleicht. 12) NB Ist es vielleicht etwas vom Gymnotus im kleinen. 13) Durch einen wie großen Bogen von Metall geht es durch

 oder nur 

14) würde es auch noch gehen, wenn der Bogen in der Mitte durch ein[en] Nicht-Leiter unterbrochen würde. Z. E. da es mit Steck-Nadeln ging zu versuchen wenn diese Stecknadeln in Holz gesteckt werden  dieses letzte hat Herr Galvani schon, er fand keine Zuckungen. 15) Die Beine des phalangiums. 16) hier den Losschläger zu elektrisieren. 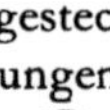 dürfte nur an eine Glasröhre geküttet und mit der Maschine verbunden werden. 17) an die Danziger Aal-Geschichte oben p. XXXI.2.1 zu denken auch an den Magneten bei dem Zitteraal. Siehe auch CIII. N°. 4. J [1980]

*

In den Krystallen wird das Wasser zum festen Körper, das ist ausgemacht, will man Wasser im festen Zustand Eis nennen, wie Herr Dr Girtanner getan hat, so kann man es tun. Ich finde diesen Ausdruck zu meiner Absicht sehr schicklich. Was aber auch dieses Eis in den Salzen sein mag so sieht man wenigstens ein es ist von dem κατὲ ξοχην so genannt[en Eis] verschieden. Es ist nicht gemeines Eis mit den Salzteilen mechanisch gemischt, sonst würde es in bekannten Temperaturen zu schmelzen anfangen. Es ist also etwas da was ihm größere Permanenz gibt, und dieses rühret wohl unstreitig von den Salz- und Erdteilchen her, da nun diese Körper selbst sehr verschieden sind, so werden auch alle jene Eisarten von einander verschieden sein. So wie aber abwärts vom Gefrierpunkt durch den Beitritt dritter Körper die Eisarten sich vervielfältigen nach verschieden[en] Graden der Permanenz, eben so sind aufwärts vom Siedpunkt Dampfarten von verschiedenen Graden der Permanenz durch den Beitritt eines 3ten möglich und dieses sind nach meiner Vorstellung die verschieden[en] Luftarten, worunter bekanntlich manche eben so leicht im Wasser schmelzen, als manche Salze (Es ist schade, daß man die Wasserdämpfe nicht so behandeln kann wie die Luftarten. Überhaupt dünkt mich hat man noch nicht genug Versuche mit den Dämpfen angestellt. Wenn man zum Exempel die Luftarten damit behandelte. Es wäre möglich, daß sich manche Luftarten, die sich nicht mit dem Wasser im tropfbaren Zustand verbänden sich vielleicht mit dem Dampf bei einer sehr hohen Temperatur verbinden würden und dadurch könnten Fluida entstehen, die wir entweder noch nicht kennen, oder wenigstens nicht auf diesem Wege bereiten (Branntwein). Die Auflösung der Kiesel-Erde im Geyser auf Island). Das Wasser steht in der Mitte, es kann als fester Körper erscheinen die Eise pp. Der dritte Körper kann sich mehr oder minder häufig oder subtil finden, so könnte Quarz bloßes Wasser sein von der Eis-Seite, so wie die dephlog[istisierte] Luft von der Luft-Seite. J [2019]

*

Sollte es nicht eine Methode geben, die Oberfläche der Körper etwa durch Abwiegen zu finden, so wie man ihre Solidität finden kann? Ein[e] solche Erfindung wäre sehr nützlich. Vielleicht durch eine genaue Waage so z. E. beim Zinn: Man verfertige eine Kugel von einem Zoll und von 2 Zollen im Durchmesser, wiege sie genau, alsdann tauchte man sie in Baumöl (NB bei eine[r] gewissen Temperatur) und ließe alles ablaufen bis nichts mehr fallen wollte, und wöge sie wieder so müßten sich die Zunahmen-Gewichte wie die Quadrate der Durchmesser verhalten wenn alles gleichförmig anhinge. Würde nun ein zinnerner Teller eben so behandelt, so könnte daraus seine Oberfläche gefunden werden. Freilich könnte es bei winklichten Körpern sehr trügen, und man könnte nie von dem einen auf den andern schließen jeder Stein und jedes Metall müßte besonders untersucht werden (Weiter nachzudenken) J [2049]

*

Wenn wir ein magnetisches Fluidum hätten nur von der Dichtigkeit wie die Luft, oder gar wie das Wasser das eigentlich von der übrigen Erde nicht gezogen würde, so würde es Kugeln um die Magnetische Pole bilden. Wie hangt das mit unserm Nordlicht zusammen? J [2067]

*

Um das Gewicht der Seele zu finden schlug jemand vor einen Menschen auf der Waage sterben zu lassen. Die negative Schwere der Seele. Bei Tieren es zu versuchen, ob sie schwer[er] werden wenn sie *verkalcht* werden, *vererdet.* J [2098]

*

Es ist doch merkwürdig, daß das Glas in dem Augenblick, da es das Licht nicht mehr durchläßt (wenn es glüht) die Elektr[izität]. leitet. J [2102]

*

Könnte nicht aus der Undurchsichtigkeit des glühende[n] Glases etwas gegen die Eul[ersche]. Theorie des Lichts hergeholt werden? J [2103]

*

Jemand, der gar kein Gefühl hätte, aber ehmals gegangen wäre, würde gegen eine Mauer gehen, an derselben stehen bleiben und glauben er ginge weiter. Undurchdringlichkeit bleibt noch wenn die Trägheit auf Null abnimmt. Es ist ein Körper gedenkbar, der bloß nach der Richtung der Schwere widerstünde. Wenn wir einem Körper Bewegung mitteilen so geht er ins Unendliche mit gleicher Geschwindigkeit in einer graden Linie fort, findet er einen Widerstand so kann er zur Ruhe gebracht werden, und wird dieser Widerstand gehoben so ruht er dennoch fort. Wenn die Schwere einen Körper treibt und er findt einen Widerstand so ruht er ebenfalls allein er *bewegt sich wieder* so bald dieser Widerstand gehoben wird. Die Schwere ist also eine Kraft die den Körper immer begleitet und auch im Zustand der Ruhe nie verläßt. Wenn der Körper keine Trägheit hätte, so würde die Schwere ihn nicht beschleunigen können, oder eines Körpers der vom Monde herab fiele, Geschwindigkeit würde bloß zunehmen so wie das Quadrat der Entfernung abnimmt. Es würde also wenn ein Körper vom Monde herabfiele seine Geschwindigkeit zunehmen wie Cubi der Entfernung von der Erde (Dieser Satz läßt [sich] aus der Elementar-Geometrie erweisen durch Pyramiden-Stücke). Die *Beschleunigung ist also eine Folge der Schwere verbunden mit der Trägheit,* und ohne Trägheit ist nur alsdann Beschleunigung möglich wenn die Schwere veränderlich ist. Wenn sich daher ein Körper im Kreise um einen anziehenden Punkt dreht, so wird er nicht beschleunigt, ob gleich die Schwere beständig in ihr würkt. J [2113]

*

Einmal mein ganzes Cabinet mit der Frage durchzugehen: wozu kann dieses Instrument außer seiner eigentlichen Bestimmung sonst noch gebraucht werden. Ich glaube daß ich dadurch manches sparen können werde. Z. B. zu Kempelens Maschine könnten die Lampen des Pyrometers recht gut gut genützt werden. Die Kugeln von Pockholz bei elektrischen Versuchen. Dieses kann eine gute Beschäftigung bei schlaflosen Nächten werden. J [2138]

*

Ferner meine ganze Sammlung auch einmal mit den Fragen durchzugehn 1) wie ließe sich diese Maschine bequemer einrichten ohne aus dem Genus heraus zu gehen? und 2) könnte man dieses nicht besser ausrichten auf einem ganz andern Wege? 3) Gibt es nicht in einem ganz andern Fache der Physik [etwas] wo ein ähnliches Instrument von Nutzen sein könnte. J [2139]

*

Wir werden uns gewisser Vorstellungen bewußt, die nicht von uns abhängen; andere glauben, wir wenigstens hingen von uns ab; wo ist die Grenze? Wir kennen nur allein die Existenz unserer Empfindungen, Vorstellungen und Gedanken. *Es denkt,* sollte man sagen, so wie man sagt: *es blitzt*. Zu sagen *cogito,* ist schon zu viel, so bald man es durch *Ich denke* übersetzt. Das *Ich* anzunehmen, zu postulieren, ist praktisches Bedürfnis. K [76]

*

Der Gehalt, das spezifische Gewicht des Geistes und der Talente eines Menschen ist dessen absoluter Wert, multipliziert mit der mittlern Wahrscheinlichkeit seiner Lebensdauer oder seiner Entfernung vom gewöhnlichen Stillstand der Fortschritte. – Sehr verständlich, für mich wenigstens. K [271]

*

Ich glaube, daß man durch ein aus der Physik gewähltes Paradigma, auf Kantische Philosophie hätte kommen können. K [313]

*

Ob Undurchdringlichkeit mit unter die allgemeinen Eigenschaften der Körper gehöre, getraue ich mir nicht zu entscheiden. Wir schließen es aus Erfahrungen, die nie allgemein sein können. Wir haben auch Erfahrungen, aus denen man das Gegenteil folgern könnte z. B. die Wirkung des Lichts, der magnetischen Materie. Hier helfen wir uns mit Poren, aber die Poren sind wieder angenommen, weil wir die Materie für undurchdringlich halten. K [321]

*

Wenn das Licht trotz seiner Geschwindigkeit noch eine Schwere hat, so würde doch so etwas wie Refraktion am Horizonte erscheinen müssen, weil es von der Erde stark gezogen wird. Eigentlich wäre es *Inflexion,* durch die ganze Masse der Erde bewirkt. K [362]

*

Die gefärbten Schatten verdienen gewiß die größte Aufmerksamkeit des Naturforschers. Die meisten denken zu leichtsinnig davon. Man glaubt die Sache schon ganz erklärt zu haben, und ich bin geneigt zu glauben, daß man sie noch nicht ganz erklärt hat; ja was noch mehr ist, es könnte sein, daß der gegenwärtige Zustand der Optik oder unsere jetzige Kenntnis vom Licht gar nicht einmal hinreichte sie zu erklären; daß also folglich eine gründliche Auseinandersetzung dieses schweren Problems ein wahrer Gewinn sein würde. Ein Hauptbuch darin ist das kleine französische Werk, dessen Verfasser sich bloß mit H. F. T. bezeichnet, und das Herr Dr. Gehler in seinem Wörterbuch Art. *Schatten* anführt. Er hat fast ganz Herrn v. Goethe's Idee. Ich glaube doch noch immer, daß vieles bei Auflösung des Problems von den gefärbten Schatten auf einer genaueren Erörterung dessen beruhet, was wir *Weiß* nennen. Weiß, sagt man, ist derjenige Körper, der alle Farben zurückwirft. Diese Definition setzt nicht allein stillschweigend voraus, daß alle Farben da sein müssen, um sich reflektieren zu lassen, wo man etwas Weißes sieht, sondern daß auch alle diese Farben in der gehörigen Verhältnis sowohl der Quantität als Qualität nach da sein müssen. Wo ist aber in der Welt dieses zu erwarten? als etwa beim reinsten Sonnenlicht auf dem höchsten Punkt des Erdbodens. Was ist also die Folge davon? Wir sehen selbst im Sonnenlicht nie einen weißen Körper, und noch weniger im Schatten oder bei bedecktem Himmel. Allein ob wir gleich kein reines Weiß bemerken können, so wissen wir doch gar wohl, was wir unter Weiß verstehen. Denn wir korrigieren unsere Empfindungen immer durch Schlüsse. Dieses lernen wir so früh und es wird uns so zur Natur, daß wir endlich zu empfinden glauben, was eigentlich ein Schluß ist. Bei der Wäsche macht die Person, die sie trägt, die Art der Falten usw., daß ich sie selbst an einem trüben Tage, oder in der Abend- oder Morgenröte immer für sehr weiß halte, daß sie es gewiß nicht ist. Es wird bloß geschlossen, und so mit allen Farben. K [366]

*

Bei den bunten Schatten muß man auch dieses bedenken, daß es noch gar nicht ausgemacht ist, ob die Farben des Lichts in verschiedenen Entfernungen von den leuchtenden Körpern einerlei sind. Das Licht nimmt ab, wie das Quadrat der Entfernung zunimmt, aber ist die Farbe z. B. in der vierfachen Entfernung dieselbe, die in der einfachen Statt findet, nur matter? Aus Begriffen wird sich nichts für die Verschiedenheit angeben lassen. Und wie soll man sich überzeugen, ob es wahr oder falsch ist? Ein Instrument Farben zu erkennen gibt es nicht. So viel ist gewiß, je weiter ich das weiße Blatt vom Licht weghalte, desto mehr herrschen die Reflexe von den benachbarten Gegenständen über die Farbe des Lichts. K [368]

*

Unser gewöhnlicher Weg Feuer zu erwecken ist das *Reiben,* alsdann geht es von selbst. Wir bringen auch durch Reiben Elektrizität hervor, aber sie verliert sich wieder und muß immer durch Reiben erneuert werden. Ferner bringen wir Feuer hervor durch chemische Operationen, und zwar Flamme in einem Augenblick. Sollte es nicht möglich sein, dereinst Elektrizität auf eine solche Weise zu erhalten? Freilich der Unterschied ist der, daß Feuer immer in der Luft erweckt wird, die sich zersetzt. Es müßte derjenige Körper gefunden werden, der die größte Kapazität für die Elektrizität hat, und den müßte man zu ersetzen suchen. K [383]

*

Wenn es wahr ist, daß die elektrische Materie durch die ganze Erde verbreitet ist, so wäre eine der größten Entdeckungen diese: auszumachen, ob es auch verschiedene Kapazitäten dafür gibt. Wie findet man das? Wilcke mutmaßete so etwas von dem Musiv-Gold. Volta redet auch von Kapazitäten für die Elektrizität bei seinen Verdampfungen. Es ist aber alles das nicht viel, eigentlich gar nichts wert. Die Lehre von der Elektrizität ist jetzt da, wo man gewöhnlich passiert, so abgetreten und abgesucht, daß an der Heerstraße nichts mehr zu gewinnen ist; man muß querfeldein marschieren, und über die Gräben setzen. Diese Methode, die man wohl die unmethodische nennen könnte, ist überhaupt nebenher sehr zu empfehlen. K [384]

*

So lange man noch nicht elektrische Mühlen anlegt, wodurch man ganze Laboratorien Jahre lang, mit allem was darinnen ist, elektrisieren kann, wird man in dieser Lehre noch lange zurück bleiben. K [386]

*

Der Gedanke verdient gewiß geprüft zu werden, ob die magnetische Materie die Elektrizität überhaupt leite. K [390]

*

Ist etwa die Luft so elektrisch, wie die See salzig ist? K [392]

*

An einem großen Teleskop, wie das Herschelsche, den Spiegel zu elektrisieren und zu sehen, ob sich eine Veränderung des Bildes zeigt. K [396]

*

Wenn man Spiegel von eigentlichem Stahl verfertigte, sollten die wohl Veränderung in der Reflexion zeigen, wenn man sie einem Management nahe brächte?
K [409]

*

Auf die beiden Pole eines hufförmigen Magneten zwei *so viel als möglich gleiche* Tropfen einer Solution des Eisenvitriols zu bringen und so sich krystallisieren zu lassen und mit der Lupe zu untersuchen, ob sich ein Unterschied in den Krystallen findet.
K [410]

*

Durch königl. Befehl ist es in Sachsen ausgemacht worden daß das eine Meile genannt werden sollte, was [durch] ein[en] männlichen Schritt in zwei Stunden zurückgelegt wird und dieses sind 20000 Rheinl. Fuß, und etwas über 17$^1/_2$ solcher Meilen machen einen Grad aus. KA [53]

*

Wie wird es erscheinen, wenn man es immer wachsen läßt, wie Newton vom fallenden Apfel zur allgemeinen Schwere kam, oder wie man vom Reiben der Hand die Entzündung hätte erraten können, welche erfolgt, wenn man Holz auf einander reibt. *Was* erfolgt wenn man es eben so abnehmen läßt: KA [303]

*

Daß in den Kirchen gepredigt wird macht deswegen die Blitzableiter auf ihnen nicht unnötig. L [67]

*

Ich hielte dafür es wäre am besten wenn jede Universität ihren eignen Universitäts-*Fuß* hätte. Denn ich sehe gar nicht ein was Professoren der Mathematik und Physik nötigen kann ihren Konsens zu einem Fußmaß zu geben, worüber sie gar nicht befragt worden sind. Da nun wiederum auf den Universitäten in wissenschaftlichen Dingen kein Professor unter dem andern steht, so wäre es zu raten, daß jeder seinen eignen hätte; etwa den von seiner Frau. usw. L [70]

*

Aus der Verschiedenheit der Fuß-Maße ließe sich etwas in transzendentem Verstand machen. Wir messen alle, nur sind unsere *Füße* und *Meilen* nicht gleich. Hier hindert uns nichts. Warum nicht in Meinungen und Religionen eben so? warum reduzieren wir da nicht mit der Ruhe das Fremde auf das Unsrige? Die Beantwortung der Frage hat freilich wenig Schwierigkeit (Lion). L [71]

*

Ein etwas vorschnippischer Philosoph, ich glaube Hamlet Prinz von Dänemark hat gesagt: es gebe eine Menge Dinge im Himmel und auf der Erde, wovon nichts in unsern Compendiis steht. Hat der einfältige Mensch, der bekanntlich nicht recht bei Trost war, damit auf unsere Compendia der Physik gestichelt, so kann man ihm getrost antworten: gut, aber dafür stehn aber auch wieder eine Menge von Dingen in unsern Compendiis wovon weder im Himmel noch auf der Erde etwas vorkömmt. L [155]

*

Meine Fragen über die Physik könnten vielleicht den Titul bekommen: *Vermächtnisse*. Man vermacht ja auch Kleinigkeiten. L [166]

*

Wenn ich meine Fragen über die Physik noch herausgebe, so müssen sie bloß jungen tätigen Physikern zugeeignet werden, Gren, Herrn von Humboldt, Hildebrandt, Scherer ppp. L [233]

*

Bendavid. Wenn wirklich die Bundes-Lade ein Leidner Kasten oder eine elektrische Batterie war, bei der Einrichtung, so [ist] die Sache wirklich ein Wunder und es bedurfte der Entschuldigung nicht, die Sie zum Eingange machen. Die *Skaphien* der Vestalinnen, Archimedes Brennspiegel. Das Bewußte kann zu sehr vielem dienen. Das Föhren-Holz, wenn es nicht geröstet wird, ist in seinem trockensten Zustande zwar ein schlechter Leiter, aber immer noch ein Leiter, wie man daraus sehen kann, daß man Batterien durch die Bänke und Dielen los schlagen kann. Hierzu wären die Pfeile vom Rathause zu gebrauchen. Elias in einer Montgolfiere aufgefahren an welcher unten Feuer hing. *Bendavids* Brief an mich steht im Berlinischen Archiv der Zeit Oktober 1797. S. 328 pp. Den Paschius nachzusehen. Die Bundes-Lade war (2. Mose XXV. 10, 31) die Elle zu 2 Fußen gerechnet 9 Fuß lang, 3 Fuß breit und 3 Fuß hoch. Dieses gibt für den Boden und die 4 vertikal stehenden Wände 63 Quadrat-Fuß Belegung, da aber wenigstens 1/2 Fuß rings herum unbelegt bleiben mußte, den Kranz nicht einmal gerechnet, so fallen noch 8 Quadrat-Fuß Belegung weg und bleiben also nur noch 55 □ Fuß. (Die Haarlemische Batterie hatte 130 □ Fuß und 135 Flaschen.) Mit dieser Maschine hat man freilich Wunder-Dinge ausgerichtet. Allein mit der Haarlemischen Maschine, wo ist so etwas bei der Bundes-Lade? Und nun gar das elende Föhren-Holz. Ein solcher Kasten aus Böhmischem Glas oder ein zylindrisches Gefäß von gleicher Oberfläche immer nur eine geringe Wirkung würde getan haben selbst bei einer Maschine wie die Teylersche und nun die erbärmliche Zuleitung, aus der Luft. Man weiß, wie schwach diese Elektrizität zu der Zeit ist, wenn keine stark elektrische Wolken da sind. Ich halte also die Sache für unmöglich und anstatt, daß Sie ein Wunder durch natürliche Ursachen erklärt haben, so wäre vielmehr eine solche elektrische Batterie selbst das größte Wunder: – Wiedeburg machte aus den ägyptischen Pyramiden Erdbeben-Ableiter, Herodotus sagt: Ägypten wird von keinen Erdbeben erschüttert. Der Mann der Jagden durch die Luft mit Hirschen anstellte hieß, wo ich nicht irre, Enzelen. Dieses geht auf den Elias. Paschius de Inventis novantiquis wäre nachzusehen. So auch Dutens und hauptsächlich Bailly's Lettres sur l'atlantide. (Hieher auch Hutchinson Buch K. p. 176.) L [268]

*

Ihre körperliche Reize befanden sich gerade in dem sonderbaren Zeit-Punkt, wo sie anfangen ihre anziehende Kraft mit der abstoßenden zu vertauschen. L [302]

*

Bei den verschiedenen Erklärungen des Sehens bemerkt K. (Göttingische gelehrte Anzeigen 196. Stück. 1797. p. 1948) das sei eine Probe wie Geometrie diese Dinge unschädlich mache, weil [die] Mathematiker eins gewesen wären. Es ist aber offenbar, daß die Mathematik nur Dinge beibringt, die sie schon wußte ehe Physik war. Alles kömmt darauf an zu beweisen, daß sie das Recht hat, mit ihren Resultaten sich einzumischen. Dieses kann nicht anders geschehen, als nach vollkommener Übereinstimmung beider, des Physikers und Mathematikers. Sie müssen immer getrennt bleiben. Ihre Übereinkunft ist ein bloßes *empirisches* Anpassen (NB. NB.), nichts weiter. Denn was hülfe alle Rechnung wenn am Ende die Erfahrung widerspräche? L [306]

*

Experimental-Politik, die französische Revolution. L [322]

*

Es ist ein Glück, daß die Gedanken-Leerheit keine solche Folge hat, wie die Luftleerheit, sonst würden manche Köpfe, die sich an die Lesung von Werken wagen, die sie nicht verstehen, zusammengedrückt werden. L [327]

*

Die kleinen Versuche die wir anstellen, und unsere Privat-Bemühungen, so unbedeutend sie öfters sind, helfen doch den großen Strom formieren, der in das Meer der Unendlichkeit (?) fließt, ob der gleich mit seinem Namen alle die kleinen Bäche verschlingt. Was würde dem Rhein bleiben, wenn ihm die kleinen Bäche das ihrige entziehn wollten? L [365]

*

Jeder stürzt sich mit seiner elastischen Atmosphäre in das Meer der Ewigkeit, je elastischer sie ist, desto länger sprudelt es, aber am Ende, wo es nicht mehr sprudelt, sind wir Alle, Alle *vergessen.!!* L [392]

*

Ein Gedanken-Vakuum, was für ein Glück, daß die Köpfe nicht zerdrückt werden. Wenn eine Gedanken-Leere auch um sie herum ist, so ist es nicht möglich. L [407]

*

Es ist ein großer Unterschied in einem schlechten Zustand immer gelebt [zu haben] oder nur in denselben erst *abwärts* gekommen zu sein. Im letzten Falle wird man von 2 Kräften getrieben, die in der einfachen Richtung noch immer als verschieden gefühlt werden, hingegen im ersten nicht, da man sie für eine einzige, einfache hält. Dieses erstreckt sich noch über mehrere Dinge. L [453]

*

Bürger sagt in der Beichte an seine Schwäbische Elise (Lebensbeschreibung von Althof. p. [137]), er habe nie die Ehre gehabt sich im Profil kennen zu lernen. Hätte er mir nur ein Wort davon gesagt, so hätte ich ihm zu *der* Ehre wenigstens verhelfen können; mit dem Winkelspiegel. Er hatte Physik bei mir gehört, und da ich immer bei diesem Spiegel auf diesen Umstand aufmerksam mache, so muß er sich dessen nicht mehr erinnert haben. L [482]

*

Galgen mit einem Blitzableiter. L [550]

*

Ich wollte einen Teil meines Lebens hingeben, wenn ich wüßte was der mittlere Barometerstand im Paradiese gewesen ist. L [560]

*

Er hustete so hohl, daß man in jedem Laut den doppelten Resonanz-Boden Brust und Sarg mitzugehören glaubte. L [599]

*

Um in der Lehre vom Magnetismus weiter zu kommen müßte man Magnete machen, die sich zu den gewöhnlichen verhielten, wie Herschels großes Teleskop zu einem Taschen-Perspektiv L [716]

*

Wird blaues Glas vom Magnet gezogen, weil es das Kobalt-Metall wird? L [721]

*

Wenn Physik fortschreiten soll, so sind unumgänglich mehr Köpfe nötig, die das Ganze umfassen. Dieses ist wohl die seltenste Klasse von Köpfen. Wir wollen wissen was der Palast ist, den wir bewohnen. Nun kommt einer und bringt ein Splitterchen von der Türschwelle und zeigt, daß er einen Zahnstocher daraus geschnitzelt habe, und daß er ans Licht gehalten brenne. Ein zweiter schlägt ein Stückchen von einem Dachziegel ab, und zeigt, daß sie Eisen-Erde enthalte etwas Kiesel-Erde und Ton. Ein dritter fällt über ein Türschloß her, ein vierter über das Getäfel und findet daß das ganze Gebäude aus *Zahnstocher-Materie* zusammengesetzt sei. (NB). Es mag wohl in diesem Wirrwarr sehr vieles enthalten sein, das wie Newtons allgemeine Schwere eine unendliche Menge von Anomalien erklärt. Diese aufzufinden.

L [724]

*

Die Attraktabilität der Körper durch den Magnet ist eine Art von spezif. Gewicht.

L [738]

*

Leitfaden bei einem zusammenhängenden Vortrage gemeinnütziger physikalischer Sätze, als Vorbereitung zu einer künftigen Wissenschaft der Natur. Dieses könnte der Titul eines Compendii über die Physik werden. In der Vorrede müßte freilich alles sehr erläutert werden. Der Weg, womit man alles so sehr von dem gemeinen Menschenverstand, einem sehr respektablen Wesen, abzurücken sich bestrebt, gefällt mir, so sehr lobenswürdig er auch in mancher Rücksicht sein mag, in Wahrheit nicht. Der *gemeine* Menschen-Sinn ist meiner Meinung nach ein sehr respektabler Punkt auf der Stufenleiter unserer Kenntnisse, und hauptsächlich der Kräfte unsers Geistes im allgemeinen, daß man ihn wohl als einen Punkt betrachten kann, von dem seine Zählung anfängt. Über Anfangspunkt der Skalen findet kein Dispüt statt. Die Frage ist hier bloß, von *wo* muß ich ausgehen im Jahr 1799. um den größtmöglichen Nutzen zu stiften. Folge ich dieser Regel nicht und wähle einen andern Anfangspunkt so gewinne ich vielleicht Einen guten spekulativen Kopf und verliere dagegen 100, die im 19ten Jahrhundert selbst dazu würden beigetragen haben eine Menge zu jenem einzigen zurückzubewegen. – Oder gleich so (überlegt) Es verhält sich mit dem Anfangspunkt unsrer Naturphilosophen wie mit dem vom Thermometer. pp ...

L [852]

*

Wir können die Kraft des Magnet verstärken, so daß er Eisen in größerer Entfernung und stärker anzieht. Eben so bei der Elektrizität. Sollte es ganz unmöglich sein so etwas für die Schwere zu tun? Wenn wir das Eisen magnetisieren so gehört dieses gewissermaßen schon zu dieser Klasse von Versuchen. L [870]

*

Der Gedanke des Herrn Ritter, der sich schon aus dem Titel seiner Schrift (*Beweis, daß ein beständiger Galvanismus den Lebensprozeß im Tierreiche begleitet)* ergibt, gefällt mir sehr. Er ist eigentlich eine Art von Anwendung eines Satzes, den ich immer predige – *daß alles in allem ist.* Warum sollte sich der Galvanismus nicht im lebendigen Körper zeigen, da er sich noch in demselben zeigt, wenn er sich dem Tode beträchtlich genähert hat. Bei allem Wechsel, den wir in den Erscheinungen der Natur bemerken, sollte man immer genau auszumachen suchen, ob sie durch eine

Modifikation der Ursache selbst, oder durch Gegenwirkung entstanden seien. Im Julius und Anfange Augusts 1798. hatten wir oft eine außerordentliche Hitze, das Barometer fiel, der Wind war südwestlich und westlich, der Himmel überzog sich, und es erfolgte kein Gewitter. Hier lag der Grund gewiß in einer Gegenwirkung: elektrische Materie, die sich entwickelte, wurde anderswo benutzt. L [915]

*

Es ist ein starker Einwurf gegen das atomistische System, daß es erst Dinge setzt, die ohne Annahme von Kräften nicht gesetzt werden können, und dann für das übrige dennoch Kräfte annimmt. Aus dem Begriff der bloßen Existenz läßt sich so unmöglich der von Impenetrabilität oder Trägheit herleiten, als der von anziehender Kraft oder Säure oder Röte. Allein dessen ungeachtet hat die atomistische Lehre etwas Vorzügliches. 1) sie schließt sich mehr an die gewöhnlichen Begriffe an, und auch das muß respektiert werden; 2) ist sie für die Mathematik brauchbar, und erleichtert die Anwendung derselben auf die Natur. Dieses System wird immer ein vortreffliches Bild bleiben; der Recours an jenes metaphysische wird ja dadurch nicht gehemmt. Man sollte also vielleicht die beiden Systeme nicht sowohl einander entgegen setzen, als ihre Dependenz von einander zeigen. Wohl zu merken, man würde sich bald verstehen, wenn man sich deutlich erklärte, (cum grano salis zu nehmen). L [917]

*

Königlicher Hofblitzableiter – ein Titel. UB [9]

*

Ich habe mich aus dieser Begierde oft in London an Orten zugedrängt, wo physiognomische Beobachtungen mit nicht geringerer Gefahr verbunden sind, als Versuche mit der Gewitter-Elektrizität. UB [40]

*

Es ist sehr weise, daß die Fische stumm sind; denn da das Wasser den Schall so außerordentlich fortpflanzt, so würden sie ihr eigenes Wort nicht hören. Ich glaube, eines der größten Unglücke, das die Welt befallen könnte, wäre dieses, daß die Luft den Schall ungeschwächt zwanzig Meilen weit fortpflanzte. UB [61]

Sonstige Naturwissenschaften

Die Bemühung ein allgemeines Principium in manchen Wissensch[aften]. zu finden ist vielleicht öfters eben so fruchtlos, als die Bemühung derjenigen sein würde, die in der Mineralogie ein erstes Allgemeines finden wollten durch dessen Zusammensetzung alle Mineralien entstanden seien. Die Natur schafft keine genera und species, sie schafft individua und unsere Kurzsichtigkeit muß sich Ähnlichkeiten aufsuchen um vieles auf einmal behalten zu können. Diese Begriffe werden immer unrichtiger je größer die Geschlechter sind, die wir uns machen. A [17]

*

Der Einfluß des Stils auf unsere Gesinnungen und Gedanken, von dem ich an einem andern Ort geredet habe, zeigt sich sogar bei dem sonst gnauen Linnaeus, er sagt die Steine wachsen, die Pflanzen wachsen und leben, die Tiere wachsen und leben und empfinden, das erste ist falsch, denn der Wachstum der Steine hat keine Ähnlichkeit mit dem Wachstum der Tiere und Pflanzen. Vermutlich hat ihn das Steigende des Ausdrucks, den er bei den letzten gespürt hat, auf den Gedanken gebracht, auch die ersten mit unter diese Klasse zu bringen. A [22]

*

Um ein Stückgen Fleisch wieder in Erde zu verwandeln, damit es andern Vegetabilien oder Tieren nützen könne, läßt es die Natur nicht bloß durch eine Verwesung auflösen, sondern hat lieber andere kleine Kreaturen hervorgebracht, die es auffressen, sie hätte vielleicht dieses ohne diese Tiere erhalten können, allein es ist dadurch die Summe des Vergnügens in empfindenden Geschöpfen auf der Welt vermehret worden, und es läßt sich wahrscheinlich mutmaßen, daß allzeit das Vergnügen der empfinden[den] Substanzen in der Welt ein *Größtes* ist, so daß, wenn es bei einer Gattung wüchse, es bei andern abnehmen müßte. A [92]

*

Vielleicht kommen auf dem Boden des Meeres wieder vierfüßige Tiere ohne Floßfedern [vor], die nicht schwimmen können, die aber nicht herauf kommen am Ufer weil dieses ihre Berge sind die Ihnen so wenig zum Aufenthalt dienen als uns die gar zu dünne Luft des Pico ich habe im 8^{bris} 1766 ein kleines weißes Tiergen wie einen Punkt groß in einem Glas Wasser bemerkt, dieses schwamm nicht, sonder[n] lief mit unglaublicher Geschwindigkeit auf dem Boden des Gefäßes hin und her zuweilen wagte es sich auch an den Seiten desselben herauf aber nicht weit. Dieses war vielleicht eines von den Hochländern dieser Tiere, die im Wasser leben, übrigens aber so wenig schwimmen können, als eine Sau oder ein Hund fliegen. A [180]

*

In Göttingen gab es vor einiger Zeit eine Familie Hühner, die alle Vier Füße hatten. An einem derselben, welches Herr Prof. Büttner in Spiritu vini hatte sahe ich, daß die zwei Vorder-Füße statt der Flügel herausgewachsen waren, und daß ihnen die Flügel ganz fehlten. Ein Beweis daß das Feder-Vieh mit unter die 4füßigen Tiere gehört nur mit dem Unterschied, daß sie zwei Füße für die Luft bekommen haben, so wie man die Füße der Gänse Wasser-Flügel nennen könnte. A [197]

*

Die krumme Linie welche die Insekten oft um unsere Lampen beschreiben wird durch die 2 zwei zusammen gesetzten Bewegungen beschrieben, vermöge welchen das Insekt die allzu große Hitze fliehen und die gemäßigte Wärme suchen will, die erste triebe sie nach der Tangente, wenn nicht die zweite sie dem Mittelpunkt näherte. A [202]

*

Mit der Franklins[chen]. Bemerkung (Κέρας Αμαλθ. p. 51 seq.) hat vielleicht auch die Erfahrung einige Verwandtschaft, daß eine Fläche grün und rot geschacht die Augen so blendet, daß einem zuweilen schwindelt. Vielleicht läßt sich Franklins Erfahrung so erklären: Rot gibt den Nerven die stärkste Schwingung Grün läßt sie am meisten in Ruhe oder fordert ein Zittern, wozu keine allzu starke und keine zu schwache Spannung nötig ist. Hat mir also alles rot ausgesehen, so ist jedes andere gemeine Licht von den Gegenständen ein sanfteres und muß also in dem ersten Augenblick uns grün vorkommen. Hingegen habe ich durch grüne Gläser geguckt, so ist jedes andere Licht heftiger und muß von Anfang uns als rot vorkommen. Ich stelle mir vor, das Licht gibt zu gleicher Zeit den Nerven eine Spannung und alsdann die proportionierte Schwingung, vielleicht tut es das eine als Wärme und das andere als bewegender Körper. Könnte nicht grün derjenige Zustand der Nerven sein, der der gemeinen Spannung gleich ist, und daß alle Farben die über grün liegen stärkere unter grün schwächer[e] Spannungen erfordern als die gemeinen. A [227]

*

vid. p. 15 seq. Parallele Linien scheinen sich am Horizont zu durchkreuzen, allemal in einer endlichen und nicht gar großen Entfernung, weil unser Aug unmöglich eine grade Linie sehr weit verlängern kann, parallele Linien, welche das Auge verlängert, fallen in einer endlichen Entfernung zusammen ohne sich zu durchkreuzen, dieses scheinbare Unendliche hat die Eigenschaften des wahren, hinter dem Durchschnittspunkt, denkt man sich dieselben als zusammen bleibend, weil angenommen wird der Punkt im Unendlichen werde wenigstens durch den in der endlichen

Entfernung gedeckt. Dieses kann zuweilen sonderbare Erscheinungen verursachen. Zween Stäbe, die nach einem und eben denselben Stern zu gerichtet sind, werden es einem Auge, das nahe bei einem von beiden steht nicht scheinen, sondern ihm vielmehr vorkommen als divergierten sie gegen diese Seite zu. Ein Maler, der also die Beobachtung einer Sonnenfinsternis so vorstellen wollte, daß im Vorgrund einige Tubi aufgestellt wären müßte die Tubos so zeichnen und schattieren, daß sie sich nicht in *seiner* Sonne durchkreuzten weil sich die Tubi bei einer würklichen Beobachtung auch nicht in der scheinbaren Sonne durchkreuzten (sie durchkreuzen sich aber in einem Punkt grade hinter diesem.). Also liegt der Punkt in welchen sich uns parallele Linien zu durchkreuzen scheinen doch weiter von uns, als das scheinbare Bild der Sonne. A [231]

*

Zu den p. 14 angestellten Betrachtungen füge ich noch folgende hinzu. Wenn man auf freiem Felde bei Sonnen-Schein spazieren geht, so beobachte man den Schatten eines etwas entfernten Baumes oder Hauses, und verlängere die Linie vom Ende des Schattens durch die Spitze des Baumes, wo wird sie weit unter der Sonne in den Himmel einschneiden, so wenig als ein Maler, auf dessen Gemälde man die Sonne sehen könnte seine Schatten-Linie durch sei[ne] Sonne ziehen dürfte, eben so wenig dürfen sich die Axen der oben erwähnten Fernröhren in der Sonne durchkreuzen. A [233]

*

Das Pferd saugt wenn es trinkt, der Ochse schlurft, der Hund leckt und der Vogel schöpft und gießt ein, das erste geschieht durch ein Zurückziehen der Zunge wie eines emboli, das zweite durch eine Erweiterung der Brust, da dann das Wasser unvermeidlich in die Lunge kommen würde, wenn das Maul sehr voll würde; das zweite ist ein Schöpfen mit der Zunge, das dritte kann nicht ohne Aufhebung des Kopfes geschehen. Der Mensch kann es nach allen Arten. Er saugt an der Mutter-Brust schon und beständig wenn er ordentlich stark trinkt, den Tee schlurft er mit erweiterter Brust ein, und wenn er aus einer Bouteille mit einem engen Hals trinkt, so gießt er. A [256]

*

In dem Satz 2 mal 2 ist 4 oder $2 \cdot 2 = 4$ liegt würklich schon etwas von der Parallaxe der Sonne, oder von der pomeranzenförmigen Gestalt der Erde. B [130]

*

Die Steine und Mineralien dienen nur von Füßen getretten zu werden, und den Tieren und Pflanzen gleichsam unterwürfig zu sein, sagt Buffon. Allein wo liegt der Quell der Kräfte der jene bewegt? Und würde eine Laus, wenn sie Vernunft hätte, nicht ebenso von Fleisch und Blut urteilen? C [291]

*

Es gibt vielleicht mehr Gattungen von Insekten, die das bloße Auge nicht entdecken kann, als Pflanzen über den ganzen Erdboden, sagt Buffon. Aber Pflanzen die das Auge nicht entdecken kann, wie viel mögen deren sein? C [292]

*

Versuche mit Polypen unter der Luftpumpe. 2) mit dem Bononiensischen Stein unter dem Prisma. 3) ob die Infusions-Tiergen oder einige wenigstens durch das Filtrum durchgehen? C [305]

*

Ob ich einen Soldaten durch ein polyedrisches Glas, oder eine Compagnie würklicher mit bloßen Augen ansehe, auf der Netzhaut ist beides einerlei. C [313]

*

Es ließen sich noch viel Versuche mit dem Sehen anstellen. Die Bilder, die man bei verschlossenen Augen sieht, zumal wenn man sie etwas drückt, [haben] die regelmäßigsten Formen. Franklins Erfahrungen zu erklären. Andere ähnliche Versuche zu machen. Als nämlich lange auf brennend Rot hingesehen und dann die Augen geschlossen, oder auf lebhaftes Grün pp. Mit dem einen Auge auf Rot und mit dem andern auf Grün. C [331]

*

Er pflegte zu sagen er müsse seinen gleichsam durch die Glut der Lüste verkalchten Kräften etwas Phlogiston zusetzen (dem Witz Phlogiston zusetzen). D [316]

*

Daß der Mensch das edelste Geschöpf sei läßt sich auch schon daraus abnehmen, daß es ihm noch kein anderes Geschöpf widersprochen hat. D [331]

*

Alle Tiere, die etwas mit den Pfoten fassen können, können es auch mit dem Kopf, Affen, Papageien, Biber. D [335]

*

Es wäre ein Tier möglich das seinen Körper nicht übersehen könnte, so wie unsere Seele sich nicht deutlich begreifen kann ob sie gleich weiß, daß sie da ist. Der Materialist findet die Gründe zu schwach, womit man die Existenz der Seele beweisen will, der Idealist findet die andern wieder schwach. D [470]

*

Es ist der Ordnung der Natur sehr gemäß, daß zahnlose Tiere Hörner haben, was Wunder wenn es alten Männern und Weibern öfters so geht? E [45]

*

Das Tier, das in einer Träne ertrinkt. E [61]

*

Als er eine Mücke ins Licht fliegen sah, und sie nun mit dem Tode rang, so sagte er: hinunter mit dem bitteren Kelch, du armes Tier, ein Professor sieht es und bedauert dich. E [351]

*

Aus den Mumien kann man sehn, wie groß die Menschen ehmals waren, auch der Scheuchzersche Mensch war nicht größer als wir. E [465]

*

ad pag. CXXII Aus den paar Riesen-Schädeln, die wir gefunden haben, wollen wir gleich schließen, daß die Alten Riesen gewesen wären, es ist eine große Frage, ob es nicht die rachitischen Köpfe von ein paar elenden Zwergen waren. Man muß sich sehr in acht nehmen daß man nicht zu viel lobt, denn wenn ihr mir beweist, daß die Alten ganz unerreichbar fein waren, so daß ich nicht mehr mit Gründen dagegen auskommen kann, so sage ich schlechtweg, es ist nicht wahr. Wenn der Mensch in einer Sache zu sehr exzelliert, so ist [er] sicherlich ein Monstrum oder er ist vom Teufel besessen, und das macht dem Horaz sehr viel Ehre, wenn er seine Briefe und Oden so verfertigt hat, wie die Biene ihre Zelle oder wenn sie ihm der *Verzeih mirs* diktiert hat. Ihr sagt, da die Alten so vortrefflich schreiben, so müssen sie ganz andere Leute gewesen sein, allein ich sage mit weit mehrerem Grund der Wahrheit: Wenn sie so gewesen wären, wie ihr sagt, so müßten sie ganz anders schreiben. E [470]

*

Busen bedeutet anfangs bloß eine Falte, dann die Falte an der Brust, die Brust selbst, das Herz in der Brust und endlich den ganzen Menschen. Assoziation. F [299]

*

Wenn die Seele einfach ist, wozu der Bau des Gehirns so fein? Der Körper ist eine Maschine und muß also aus Maschinen-Materialien bestehen. Es ist ein Beweis daß sich das Mechanische in uns sehr weit erstreckt, da selbst noch die innern Teile des Gehirns mit einer Kunst geformt sind, wovon wir wahrscheinlicher Weise nicht den hundertsten Teil verstehen. F [349]

*

Warum mögen wohl die Hunde die Löcher die sie mit den Pfoten machen mit der Nase wieder zuscharren? Wegen ihres feinen Geruchs, sollte man denken, täten sie öfters besser, sie machten die Löcher mit der Nase und scharrten sie mit den Pfoten wieder zu. F [532]

*

Wir sind alle Blätter an einem Baum, keins dem andern ähnlich das eine symmetrisch, das andere nicht, und doch gleich wichtig dem Ganzen. Diese Allegorie könnte durchgeführt werden. F [630]

*

Warum gibt es kein einziges Geschöpf das denkt und so independent von Essen und Trinken ist, als ein Stein? Die Gespenster wären wahrhafte Inseln. F [851]

*

Den II^ten^ Oktober 1778 abends, da ich mit trocknem Zeige-Finger den trocknen Daumen berührte und zirkelförmig kriebelte, kam mir vor als wenn ich eine kleine Kugel zwischen meinen Fingern rieb, da doch die Finger sich unmittelbar berührten. Hier ist die Frage, warum kann man sich nicht in jedem Fall, da 2 Finger sich einander berühren, denken, man habe einen Körper dazwischen? Die Erklärung ist nicht sehr schwer, die Spannung der Gelenke bei irgend einer großen Spannung ist die Ursache. F [1144]

*

Er wunderte sich, daß den Katzen gerade an der Stelle zwei Löcher in den Pelz geschnitten wären, wo sie die Augen hätten. G [71]

*

Dieser Mann arbeitete an einem System der Naturgeschichte, worin er die Tiere nach der Form der Exkremente geordnet hatte. Er hatte drei Klassen gemacht: die zylindrischen, sphärischen und kuchenförmigen. G [161]

*

Man sollte *Katarr* schreiben, wenn er bloß im Halse, und *Katarrh*, wenn er auf der Brust sitzt. G [164]

*

Die seltsamsten Ideen schwärmten seinem Kopfe zu, als wenn ihre Königin darin säße, und das war auch wahr. G [179]

*

Wir müssen glauben, daß alles eine Ursache habe, so wie die Spinne ihr Netz spinnt, um Fliegen zu fangen. Sie tut dieses, ehe sie weiß, daß es Fliegen in der Welt gibt.
H [25]

*

Hat man wohl je untersucht, warum die Nasen gesunder Hunde so kalt sind? Es könnte leicht die Absicht haben, daß sich manche Gerüche leichter darauf niederschlügen.
H [203]

*

Ich habe öfters gesehen, daß sich wo die Schweine weiden, Krähen auf sie setzen, und achtgeben, wenn sie einen Wurm aufwühlen herabfliegen und ihn holen, alsdann sich wieder an ihre alte Stelle setzen. Ein herrliches Sinnbild von dem Kompilator, der aufwühlt, und dem schlauen Schriftsteller der es ohne viele Mühe zu seinem Vorteil verwendet.
J [3]

*

Josua sah das Wasser wie Mauern. Das sehn wir täglich bei den Gletschern.
J [27]

*

Warum warnt die eiternde Lunge so wenig, und das Nagelgeschwür so heftig?
J [32]

*

Wenn bei kleinen Personen alles Innere stark und gut ist, so sind sie gewöhnlich lebhafter als andere Menschen, weil bei gleicher Bluterzeugung weniger Masse zu versorgen ist. Zwerge und Riesen sind gemeiniglich gleich dumm, weil bei erstern die Kräfte fehlen, und bei letzteren zu viel zu bestreiten ist. Vielleicht kömmt es noch dahin, daß man die Menschen verstümmelt, so wie die Bäume, um desto bessere Früchte des Geistes zu tragen. Das Kastrieren zum Singen gehört schon hieher. Die Frage ist ob sich nicht Maler und Poeten eben so schneiden ließen.
J [41]

*

Verkehrtes Sehen: Wenn ich in eines Fremden Auge hineinschaue, was kann ich mehr schließen, als daß er *alles* so sieht wie ich? Ich sehe zwar alles umgekehrt auf seiner Retina, allein ihn selbst sehe ich auch umgekehrt auf seiner Retina, soweit ich ihn sehen kann, und so sieht er mich auf der meinigen. Das ist ja alles eins. Wir betrachten Püppchen auf einer großen Weltkugel umher gestellt. Mir scheinen zwar einige auf den Köpfen zu stehn, aber sie selbst sind für sich in derselben Lage gegen oben und unten. Wie sehr sich das Oben und Unten nach unserm Bild auf der Tunica retina richtet kann man aus J [107]

*

Wenn es noch ein Tier gäbe dem Menschen an Kräften überlegen, das sich zuweilen ein Vergnügen machte mit ihm zu spielen, wie die Kinder mit Maikäfern, oder sie in Kabinetten aufspießt wie Schmetterlinge. Ein solches Tier würde wohl am Ende ausgerottet werden, zumal wenn es nicht an Geisteskräften dem Menschen sehr weit überlegen wäre. Es würde ihm unmöglich sein sich gegen die Menschen zu halten. Es müßte ihn dann verhindern seine Kräfte im mindesten zu üben. Ein solches Tier ist aber würklich der Despotismus und doch hält er sich noch an so vielen Orten. Bei der Geschichte des Tieres muß aber auch angenommen werden, daß das Tier den Menschen nicht wohl entbehren kann. J [359]

*

Unsere Ohren repetieren zuweilen die Glocken-Schläge, also Repetier-Ohren. Ob es 1 2 auch allenfalls 3 geschlagen hat kann man noch lange [hinter]her ausmachen, wenn man auch nicht während des Schlagens daran gedacht hat. Wie Tiere auf 3 zählen können. Die Eule in der Höhle, meine Nachtigall. J [462]

*

Ein Fisch der in der Luft ertrunken war. J [469]

*

Es ist eine sehr weisliche Einrichtung unserer Naur, daß wir so viele äußerst gefährliche Krankheiten gar nicht fühlen. Könnte man den Schlagfluß von seiner ersten Wurzel an verspüren, er würde mit unter die chronischen Krankheiten gezählt werden. J [601]

*

Es gibt große Krankheiten, an denen man sterben kann; es gibt ferner welche die [man], ob man gleich nicht eben daran stirbt, doch ohne viel Studium bemerkt und fühlt; endlich gibt es aber auch welche, die man ohne Mikroskop kaum erkennt, dadurch nehmen sie sich aber auch recht abscheulich aus und dieses Mikroskop ist Hypochondrie. Ich glaube, wenn sich die Menschen recht darauf legen wollten die mikroskopischen Krankheiten zu studieren, sie würden die Satisfaktion haben, alle Tage krank zu sein. J [693]

*

Es sah in seinem Garten elend aus, da er Pflanzenseelen glaubte, so schien es mir wahrscheinlich, daß er über der Sorge für ihre Seele den Leib ganz vernachlässigte. Sie sahen alle mager und gelb aus. J [701]

*

Es gibt nur *eine* Pflanze und nur ein Tier und diese beide sind Eins. Das Tier, das von Pflanzen lebt, hat seine Wurzel in der Erde, also auch das Tier, das von Tieren lebt. J [758]

*

Rousseau hat glaube ich gesagt: ein Kind, das bloß seine Eltern kennt, kennt auch die nicht recht. Dieser Gedanke läßt sich [auf] viele andere Kenntnisse, ja auf alle anwenden, die nicht ganz *reiner* Natur sind: Wer nichts als Chemie versteht versteht auch die nicht recht. J [860]

*

In Frankreich gärt es, ob [es] Wein oder Essig werden wird ist ungewiß. J [1249]

*

Es ist gar nicht schwer in der größten Kälte Hitze hervor zu bringen, allein es erfordert viele Kunst, in großer Hitze Kälte hervorzubringen. Man kann bei der größten Kälte ein Haus und Städte abbrennen, allein bis jetzt kennen wir noch kein Mittel zu machen, daß die Leute in einem Dorf verfrieren während die andren in der Nähe den angenehmsten Sommer haben. In sich unmöglich ist das eine so wenig als das andere. J [1262]

*

Die Lehre von der Seele, ist wie die vom Phlogiston. J [1306]

*

Schwarz sehen heißt nicht so viel als nichts sehen, wer keine Augen hat, sieht nicht alles um sich her schwarz, sondern er sieht gar nicht. Wir sehen mit den Ohren die Dinge nicht schwarz, sondern gar nicht. Schwarz wird also gewissermaßen gesehen oder empfunden, es ist Gefühl der Stille für einen Sinn, der durch das Licht beschäftigt wird. J [1651]

*

Es ist nicht einmal erweislich, ob die *Tiere* die Dinge im Raum und in der Zeit anschauen, denn wenn sie ihrer Anschauung gemäß handeln, so muß es uns dennoch immer scheinen, als handelten sie nach Raum und Zeit. So ist es auch mit den Handlungen der Blindgeborenen. J [1664]

*

So vortrefflich die Versuche der Franzosen sind, so sehr sie von den Fortschritten des menschliche[n] Geistes zeugen, so barbarisch ist die Nomenklatur. Ich nenne hier barbarisch was von Zurückgehen oder Zurückbleiben des menschliche[n] Geistes zeugt. Eben der Geist der uns am Ende des 18ten Jahrhunderts lehrt an der

Existenz des Phlogistons zu zweifeln muß uns auch lehren keine neuen Namen zu schaffen. Was hilft denn alle Welt- und Menschen-Kenntnis, wenn man sich immer wieder will betören lassen und Namen geben, wo sie ganz unnütz sind. Die Erscheinungen sind ja nicht neu sondern nur die Erklärungen und die Meinungen und neue Meinungen erfordern keine neue Sprache, vielmehr ist grade umgekehrt nötig um sie verständlich vorzutragen sich der einmal rezipierten zu bedienen. Unser vortreffliche Schröter nennt ja auch nicht das Mare Crisium im Mond Sylva Hercynia. Dieses ist nicht Philosophie, sondern Eitelkeit. Nichts ist [in] der ganzen Theorie, das dem + und − E ähnlich ist. Castor und Pollux. J [1686]

*

Wenn ich mit meiner Hand auf meine Augen drücke, so sehe ich Sonnen und elektrische Figuren und den schönsten Drell. Wenn ich die Hand weg nehme und die Augenlider öffne, so sehe ich Bäume und Dachziegel, das ist nur das was jetzt tut was meine Hand vorher tat? J [1817]

*

Wie leiten lebendige tierische Teile die Wärme? lebendige Pflanzen-Teile pp. grünes Holz? J [1929]

*

Man müßte von dem Chemischen das Hyperchemische unterscheiden. Gärung ist wohl etwas Hyperchemisches so auch die Veränderungen die man in den Luftarten, durch das Wachsen der Pflanzen usw. [her]vorgebracht hat. Was wir nicht wieder zusammensetzen können, das zerlegen wir hyperchemisch. J [2061]

*

Gespräch zwischen mir und dem französischen Sprachmeister L . . ., der ein versteinertes Gehirn gefunden haben wollte

Der *Sprachm.* Hier, Herr Professor, habe ich ein versteinertes Menschengehirn auf dem Hainberge gefunden; das ist wirklich eine große Seltenheit.

Ich. Ja, so wie überhaupt Versteinerungen von Dingen, die leicht faulen; allein die Menschen, die dergleichen gefunden haben wollen, sind gar keine Seltenheit. Ich habe sogar jemanden gekannt, der einen versteinerten Butterweck gefunden haben wollte.

Der Sprachm. Wollen Sie mir dieses rare Stück nicht abkaufen? Vous l'aurez pour un ducat.

Ich. Mein lieber Herr L. . ., folgen Sie meinem Rate, und werfen Sie den Stein weg, es ist ein gemeiner, im Wasser abgerundeter Stein.

Der Sprachm. O Sie sind schon so oft so gütig gegen mich gewesen – Vous l'aurez pour un écu. Je n'ai pas un sou.

Ich. Hier haben Sie einen halben Gulden, den schenke ich Ihnen, aber nehmen Sie den Stein mit.
Der Sprachm. O Sie kennen ja den Herrn Hofrat H... gut, empfehlen Sie mich doch, vielleicht wird dieses pretiöse Stück für das Cabinet gekauft.
(Hier ging mir die Geduld aus).
Ich (heftig). Hören Sie, lassen Sie mich mit Frieden; wenn Sie aber sagen wollen, das, was Sie hier in der Hand halten, sei *Ihr eigenes* Gehirn, so will ich sehen, was ich für Sie tun kann, denn so klingt doch die Sache noch plausibel. (Hier machte ich die Tür auf). K [205]

*

Die metallischen Alter der Welt sind jetzt verkalcht. K [207]

*

So wie es Tiere gibt, die mit dem Schwanze greifen, so gibt es auch welche, die mit der Hand schwänzeln. K [221]

*

Er war nicht sowohl Eigentümer als Pächter der Wissenschaften, die er vortrug. Denn es gehörte ihm nicht ein Fleckchen davon. K [230]

*

Es wäre vortrefflich, wenn sich ein Katechismus, oder eigentlich ein Studienplan erfinden ließe, wodurch die Menschen vom dritten Stande in eine Art von *Biber* verwandelt werden könnten. Ich kenne kein besseres Tier auf Gottes Erdboden: es beißt nur, wenn es gefangen wird, ist arbeitsam, äußert matrimonial, kunstreich und hat ein vortreffliches Fell. K [291]

*

Es könnte sein, daß das Ohr deswegen eine so künstliche Einrichtung hat, um gewisse Irregularitäten in den Schwingungen zu hindern und aufzuheben, so wie die achromatichen Gläser für das Auge die Farben, – oder überhaupt um die Schwingungen zu sichten und zu verfeinern. – Ein Filtrum für Schwingungen. K [341]

*

Der Gehör-Nerve spricht uns gleichsam die Schwingungen aus. KA [194]

*

Nach dem Menschen kommt in dem System der Zoologie der Affe, nach einer unermeßlichen Kluft. Wenn aber einmal ein Linné die Tiere nach ihrer Glückseligkeit, Behaglichkeit ihres Zustandes pp ordnen wollte, so kämen doch offenbar manche Menschen unter die Müller-Esel und die Jagdhunde zu stehen. Herrliche

Beispiele dazu ließen sich aus Merkels Geschichte der Letten, Leipzig 1797 bei Graeff, sammeln. L [17]

*

Ist es nicht sonderbar, daß man zu den höchsten Ehrenstellen in der Welt (König) ohne Examen gelangt, das man von jedem Stadt-Physikus fordert? L [261]

*

Er wurde so von ihm bezaubert wie die Klapperschlange von den Schweinen. Er ergriff die Flucht, aus Furcht aufgefressen zu werden. Wenn dieses höchst passend gesagt wird, von Leuten, die bezaubern *wollen* aber von Leuten die kein Gefühl für solchen Zauber haben mißhandelt werden, so kann es gut werden. L [363]

*

Die Grade der Breite von Produkten zu berechnen, die in unserm Mund oder Magen zusammenfließen. L [388]

*

Daß wir die Sperlinge noch nicht ganz von unsern Erbsen-Feldern abhalten können, ist ein Zeichen, daß wir die Natur der Sperlinge noch nicht genug kennen. Man verfährt gegen sie wie gegen Spitzbuben, das ist wie gegen Menschen und das sind [sie] doch offenbar nicht. Ich wollte also auf alle Weise zur unmenschlichen Behandlung raten. L [450]

*

Ich finde es unbilliger einen Fuchs oder einen Hirsch mit Hunden tod zu jagen, als auf die Jagd zu gehen Feldhühner zu schießen, wovon vielleicht manches erst am dritten Tage nach ausgestandenem großen Leiden stirbt. Mein Disput mit dem ältern Talbot darüber zu Margate, der glaubte es sei gleich Unrecht. Wir konnten einander nicht überzeugen, und glauben also nach 22 Jahren vermutlich beide noch dasselbe. L [578]

*

Das Beschneiden der Bäume zu nützen, Taxus usw. Buchsbaum, so werden Gelehrte am Hofe und im Staate behandelt. L [623]

*

Da wo die Tugenden wild wachsen. L [649]

*

Es gibt wirklich eine Art Muscheln bei denen der Darm-Kanal durch das Herz geht. Cuvier hat sie beschrieben in dem Bulletin des Sciences. L [673]

*

Am 1ten August 1774 entdeckte Priestley bekanntlich die dephlogistisierte Luft. Man nannte diesen Tag den Geburtstag der antiphlogistischen Chemie. Am 1ten August 1759 wurden die Franzosen zu Land bei Minden, und am 1ten August 1798 zur See bei Abukir geschlagen. Sind das Geburts- oder Sterbe-Tage? L [676]

*

Der Gedanke von Fischer: Artikel Chymie ist gar nicht übel, daß in ihr Verbindungen von Körpern betrachtet werden, die sich nicht allemal in der Natur finden. Daher gefällt mir meine Einschränkung auf die Weltmaschine immer noch am meisten und darin liegt auch gewiß etwas Wahres. Man sollte sich ganz auf die *unorganische* Natur einschränken, und es sollten durchaus nur solche Versuche gewählt werden, die am deutlichsten zeigen, wie es mit der Natur im Großen geht. Tiere und Pflanzen haben freilich einen Einfluß zum Beispiel auf unsere Atmosphäre. Sie hängen von dem Zustand der letztern ab, und die Gegenwirkung bleibt nicht aus, aber mit diesen Grenzstreitigkeiten muß man sich am Ende abfinden. Diesen Haupt-Gesichtspunkt sollte man nie aus den Augen verlieren. Der Regenbogen die Höfe um Sonne und Mond, die Erhebung der Sterne durch die Luft, macht allerdings mehrere Kenntnis der Refraktion usw. notwendig. Allein daß man dabei die ganze Geschichte der Mikroskope, der Laterna magica usw. entwickelt ist angenehm allerdings, aber in [die] Physik gehört es nicht. So bald ich hier keine bestimmte Grenze festsetze, so sehe ich nicht ein warum man nicht da wo man zeigt wie ein breiiges Wesen erhärten kann, zugleich die ganze Pasteten-Bäckerei in der Physik vorträgt. Die Grenze der Ausschweifung zu bestimmen ist allerdings schwer, sie wird durch die jedesmalige Absicht bestimmt. Der Lehrer darf um Aufmerksamkeit zu unterhalten, ausschweifen aber er muß wissen daß er ausschweift, und es auch allenfalls *sagen:* es seien opera supererogationis. Will man nun ferner erklären, wie man zu diesen Kenntnissen gelangt ist, so ändert sich freilich die Sache. Hier wünsche ich nicht mißverstanden zu werden. Wir glauben in tausend Dingen den Reisenden und Reise-Beschreibungen, wo wir nicht im Stande sind selbst zu untersuchen oder die Reise zu unternehmen. Also *da* glaubt man, und da sollen Tausende von Menschen nicht gauben, sondern selbst hinreisen, wo Tausende gewesen sind. So etwas ist absurd. Es ist Eitelkeit derjenigen, die sich auf ihre Reisen etwas einbilden, und leider! gewöhnlich diejenigen die mit ihren Reisen nichts weiter ausgerichtet haben, als zu sagen wir haben es so gefunden, wie sie sagen. Die ganze Lehre vom Räderwerk gehört nicht in die Physik. Es geschieht in der unorganischen Natur nichts durch Zahn und Getriebe. Zur Erläuterung der Lehre von den Kräften ist es gut und nützlich aber Physik ist es nicht. Es ist Ausschweifung, wie Pasteten-Bäckerei; völlig unschädlich nur muß der Lehrer sagen, daß es Ausschweifung ist, und nie den Hauptgesichtspunkt aus dem Auge verlieren; Erklärung der Phänomene der unorganischen Natur. Als Beweise seiner Sätze können diese Ausschweifungen gelten, aber es muß nie zu weit darin gegangen werden. L [859]

*

Sollte es denn so ganz ausgemacht sein, daß unsere Vernunft von dem Übersinnlichen gar nichts wissen könne? Sollte nicht der Mensch seine Ideen von Gott eben so *zweckmäßig* weben können, wie die Spinne ihr Netz zum Fliegenfang? oder mit andern Worten: sollte es nicht Wesen geben, die uns wegen unsrer Ideen von Gott und Unsterblichkeit eben so bewunderten wie wir die Spinne und den Seidenwurm? L [952]

*

Ich kann eben nicht sagen, daß mir diese Entdeckungen von neuen Erden sehr gefallen. Diese Aufhaufungen von neuen Körpern erinnern mich an die Epicykloiden in der Astronomie. Was wollten jene Astronomen mit ihren Epicykloiden gemacht haben, wenn sie die Aberration der Fixsterne hätten sehen können. Viel geometrischer Scharfsinn hätte können gezeigt werden, wie z. Beispiel Kopernikus bei sein[en] Irrtümern. Aber was ist das? – Was ich eigentlich hier sagen wollte ist: Wenn die Chemie nicht bald einen *Kepler* erhält, so wird sie von der Menge von Epicykloiden erdrückt werden; kein Mensch wird sie mehr studieren, und die Trägheit wird sie am Ende zu simplifizieren wissen, was der tätige Verstand besser könnte. Es muß und muß einen Standpunkt geben, aus welchem angesehn, alles einfacher aussieht. Sobald man vermeintliche Irregularität in den Blättern des Baums für wichtig genug hält in der Geschichte des Baums, als große Ereignisse anzumerken, so ist an Ergründung der Natur des Baums gar nicht mehr zu denken. L [962]

*

Sein jüngerer Bruder kriegte seines besondern Kopfes wegen ein kleine Stelle beim Theatro anatomico zu G... Nämlich er kam tod auf die Welt, und wird jetzt dort in Spiritus aufbewahrt. UB [14]

*

Man sagt: das Adlerauge der Kritik. In vielen Fällen wäre es besser, zu sagen: Die Hundsnase der Kritik. UB [35]

Technik einschließlich Zeitmessung

Eine geringe Veränderung in der gemeinsten Verknüpfung der Dinge kann unsere Abstraktion leicht so sehr verwirren, daß man mit leichter Mühe Taschenspieler-Künste aus den gewöhnlichsten Dingen herauslockt, wenn man kleine Umstände dabei verändert. Ein artiges Stück der Taschenspieler da sie 2 Personen (fig. 1) mit Bindfaden die Hände binden, dann durch einander schlingen, und hernach die Personen von einander bringen ohne einen Bindfaden zu zerschneiden oder aufzuknüpfen, gründet sich auf so gemeine Kunstgriffe, oder ist vielmehr einerlei mit ihnen, daß man über die Einfalt der ganzen Erfindung erstaunt. Es ist nämlig völlig einerlei mit folgender Aufgabe. Den zusammenhängenden Bindfaden ab aus dem Zylinder cd zu bringen ohne ihn [um] den Ring n noch das Brett gh zu werfen. Antwort. Man drückt ihn durch den Ring durch bis a an c kommt alsdann fällt er von selbst herunter, und wird nach der punktierten Richtung cs herausgezogen nichts ist einfältiger und gemeiner und dennoch ist es einerlei mit dem oben angeführten Kunststück, welches öfters von sehr erfahrnen Leuten mit Verwunderung angesehen wird. Der Zylinder cd wird der Arm und der Ring n zum Band das um ihn gebunden wird; was aber dabei allen Menschen den Zusammenhang zu übersehen schwer macht ist, daß man die Ringe, die der Bindfaden um die Hand formiert, als fest anliegend der denkt, da sie doch würklich als sehr weit abstehend von der Hand müssen angesehen werden, weil der Faden durchgestreckt wird. Aus dem Gesichts-Punkt der 2ten fig. betrachtet ist dieses Stück gar nicht unter die Taschen-Spieler-Stücke zu rechnen. Auf eben diese Art lassen sich oft Dinge von großer Schwierigkeit entwickeln, und mit sehr bekannten in gleiche Reihe stellen. Und leichte Sachen bekommen eine geheimnisvolle Dunkelheit, wenn man gewisse Umstände nach einem gewissen Gesetze ändert, diese beiden Methoden ließen sich mit Nutzen zur Erfindung der Wahrheit gebrauchen und die erste wäre die umgekehrte der andern, und eine Art von Integration derselben.

A [16]

*

Die Form und Richtung unserer Balken-Einzapfung wird erst recht gnau bestimmt werden wenn man den Druck der Balken durch die Vorschriften der höheren Mechanik wird bestimmt haben. A [207]

*

Die Gestalt der Verzapfung bei dem magischen doppelten Kreuz, welche würklich eine feine Erfindung ist, kann auf unzählige Art variieret werden. Wenn man nur, statt daß bei den gewöhnlichen, alle Ausschnitte multipla von dem vierten Teil eines Würfels sind dessen Seite der Dicke der Stäbe gleich ist, multipla von $^1/_8$ usw. nimmt. Wenn man die Ausschnitte negativ und was von Holz unter denselben ist positiv setzt, so muß jeder Stab einander gleich sein. Es wird dadurch endlich so schwer können gemacht werden, daß es würklich verbrechen heißt, ein solches Ding auseinander[zu]-nehmen. Denn alle Verbrechung oder Zerreißen lauft dahinaus etwas so auseinander[zu]nehmen, daß wir die Verbindung der Teile nicht mehr finden können, die auch desto versteckter wird, da keine Verbrechung ohne eine Spannung vorgeht wo die elastische Fibern, die plötzlich los gelassen werden sich in sich selbst zurückziehen. A [208]

*

Den 12ten nov. 1769 brachte Herr Ljungberg den Gedanken auf, die Bahn, ob man nicht vielleicht dereinst würde ein Mittel erfind[en,] die Bilder in der Camera obscura auf dem Papier stehen bleiben zu machen. Mir fiel dabei ein, daß der Bononiensische Stein schon das Licht einsaugt und einige Zeit erhält. Hat man wohl Versuche angestellt ob der Bononiensische Stein, wenn er in einen Blauen Strahl des Prisma gebracht wird pp diese Farbe annimmt, wäre dieses so könnte man vielleicht Gemälde auf einige Zeit vorstellen ... A [220]

*

Er bewegte sich so langsam als wie ein Stunden-Zeiger unter einem Haufen von Sekunden-Zeigern. B [258]

*

Die Sand-Uhren erinnern nicht bloß an die schnelle Flucht der Zeit, sondern auch zugleich an den Staub in welchen wir einst verfallen werden. C [27]

*

Die Grönländer heißen ein böses Weib eine *Fregatte* seitdem sie gesehen haben, daß ein solches dänisches Schiff von beiden Seiten auf holländische schoß. Unterhaltungen VII. Band. p. 236. D [50]

*

Eine Uhr, die ihrem Besitzer immer um Viertel zuruft *Du* ... um halb *Du bist* – – um $^{3}/_{4}$ *Du bist ein* ... und wenn es voll schlägt: *Du bist ein Mensch.* D [59]

*

Eine halb neue Erfindung mit einem ganz neuen Namen. D [235]

*

Es wäre kein Wunder fürwahr wenn die Zeit einem solchen Schurken das Stundenglas ins Gesicht schmisse. D [253]

*

Wenn der Deutsche eine Maschine erfindet, wer gibt ihm was dafür? Es ist schon sehr viel wenn ein gnädiger Kammerdiener das Modell untertänigst vorzuzeigen verspricht von dessen Kindern es hernach mit der heiligen Christ-Ware ein Schicksal hat. Bücher werden noch so ziemlich abgesetzt, aber unsere Produkte können wir doch noch nicht mit Vorteil außer Land führen. D [402]

*

Die Welt muß noch nicht sehr alt sein, weil die Menschen noch nicht fliegen können. D [407]

*

Wie werden einmal unsere Namen hinter den Erfindern des Fliegens und dergleichen vergessen werden. D [525]

*

Seine Uhr lag schon einige Stunden in einer Ohnmacht. E [97]

*

Ihr hofft also würklich, daß das geschehen wird, ich will nichts dagegen sagen, aber ich glaube nicht eher bis wir Gold und Silber in Treibhäusern ziehen und Erfindungen wie Menuette heraus würfeln können. E [134]

*

Romane. Unsere Lebens-Art ist nun so simpel geworden, und alle unsere Gebräuche so wenig mystisch, unsere Städte sind meistens so klein, das Land so offen, alles ist sich so einfältig treu, daß ein Mann der einen deutschen Roman schreiben will fast nicht weiß wie er Leute zusammenbringen oder Knoten knüpfen soll. Denn da die Eltern jetzt in Deutschland durchaus ihre Kinder selbst säugen, so fallen die Kindervertauschungen weg, und ein Quell von Erfindung ist verstopft, der nicht mit Geld zu bezahlen war. Wollte ich ein Mädchen in Mannskleidern herumgehen lassen, das käme gleich heraus und die Bedienten verrieten es noch ehe sie aus dem Haus wäre, und außerdem werden unsere Frauenzimmer so weibisch erzogen, daß sie gar das Herz nicht haben so etwas zu tun. Nein fein bei der Mama zu sitzen, zu nähen und zu kochen um selbst eine Koch- und Näh-Mama zu werden, das ist ihre Sache, es ist freilich kommode für sie, aber eine Schande fürs Vaterland, für die Romanenschreiber eine unüberwindliche Hindernis. Ferner glaubt man in England, daß, wenn zwei Personen von einerlei Geschlecht in demselben Zimmer schlafen, ein Kerkerfieber unvermeidlich ist, deswegen sind die Personen in einem Hause des Nachts am meisten getrennt, und ein Schriftsteller darf nur sorgen wie er die Haustüre offen kriegt, so kann er in das Haus lassen wen er will, und er darf nicht sorgen, daß jemand aufwacht als wen er braucht. Ferner da in England die Schornsteine nicht bloß Rauch-Kanäle, sondern hauptsächlich die Luftröhren der Schlafkammern sind, so geben sie zugleich einen vortrefflichen Weg ab unmittelbar und ganz ungehört in jede beliebige Stube des Hauses zu kommen, ja so bequem daß ich mir habe sagen lassen, daß wer einmal einen Schornstein auf und abgestiegen sei, ihn fast einer Treppe vorzöge. In Deutschland käme ein Liebhaber schön an, wenn er einen Schornstein hinab klettern wollte, ja wenn er Lust hat auf einen Feuerherd, oder in einen Waschkessel mit Lauge, oder in die Antichambre von 2 bis 3 Öfen zu fallen, die man wohl gar von innen nicht einmal aufmachen kann. Und gesetzt man wollte einen Liebhaber so in die Küche steigen lassen, so ist die Frage, wie bringt man ihn aufs Dach? Die Kater in Deutschland können diesen Weg wohl zu ihren Geliebten nehmen, aber nicht die Menschen. Hingegen in England formieren die Dächer eine Art von Straße, die zuweilen besser ist, als die an der Erde, und wenn man auf einem ist, so kostet es nicht mehr Mühe auf das andere zu kommen, als über eine Dorf-Gosse im Winter zu springen. Man will zwar sagen man habe die Einrichtung wegen Feuersgefahr getroffen, da aber diese sich kaum alle 150 Jahr einmal in einem Hause eräugnen, so stelle ich mir vielmehr vor, daß man es zum Trost bedrängter Verliebten und Spitzbuben für nützlich befunden hat, die sehr oft diesen Weg nehmen, wenn sie gleich noch andere wählen könnten, aber gewiß allemal wenn die Retirade in der Eile geschehen muß, grade so wie etwa die Hexen und der Teufel in Deutschland zu tun pflegen. Endlich eine rechte Hindernis von Intriguen ist der sonst feine und lobenswürdige Einfall der Postdirektoren in Deutschland, durch den eine unzählige Menge von Tugenden des Jahres erhalten werden, daß sie statt den englischen Postkutschen und Maschinen, in denen sich eine schwangere Prinzessin weder schämen noch fürchten dürfte zu reisen, die so beliebten offnen Mistwagen eingeführt haben. Denn was die kommoden Kutschen in England und ihre vortrefflichen Wege für Schaden tun ist mit Worten nicht auszudrücken. Für das erste, wenn ein Mädchen mit ihrem Liebhaber aus London des Abends durchgeht, so kann sie in Frankreich sein ehe der Vater aufwacht, oder in Schottland ehe er mit seinen Verwandten zu einem Entschluß kommt, so daß daher ein Schriftsteller weder die Feen, noch die Zauberer noch Talismane nötig hat, denn wenn er sein Paar nur bis nach Charingcross oder Hyde park corner bringen kann, so sind sie so sicher als wenn sie in des Weber Maleks Kasten wären.* Hingegen in Deutschland wenn auch der Vater den Verlust seiner Tochter erst am dritten Tage gewahr würde, wenn er nur weiß daß sie mit der Post gegangen ist, so kann er sie zu Pferde immer auf [der] dritten Station wieder kriegen. Ferner bringen Episoden zum Keim die leider nur allzu guten Gesellschaften in den bequemen Postkutschen in England, die immer voll schöner wohlgekleideter Frauenzimmer stecken, und wo, welches das Parlement nicht leiden sollte, die Passagiere so sitzen daß sie einander ansehen müssen, wodurch nicht allein eine höchst gefährliche Verwirrung der Augen, sondern zuweilen eine höchst schändliche zum Lächeln von beiden Seiten reizende Verwirrung der Beine, und daraus endlich eine oft nicht mehr aufzulösende Verwirrung der Seelen und Gedanken erstanden ist, so daß mancher ehrliche junge Mensch der von London nach Oxford reisen wollte zum Teufel gereist ist. So etwas ist nun dem Himmel sei Dank auf unsern Postwagen nicht möglich. Denn erstlich können artige Frauenzimmer sich unmöglich auf einen solchen Wagen setzen, wenn sie sich nicht [in] der Jugend etwas im Zaunbeklettern, Elsternesterstechen, Äpfelabmachen und Nüsseprügeln umgesehen haben, denn der Schwung über die Seitenleiter erfordert eine besondere Adresse und wenig unerfahrene Frauenzimmer können ihn ohne Hosen tun, wenn sie nicht die unten stehenden Wagenmeister und Stallknechte lachen machen wollen. Für das zweite, so sitzt man, wenn man endlich sitzt, so, daß man sich nicht in das Gesicht sieht, und in dieser Stellung können, was man auch dagegen sagen mag, wenigstens Intriguen nicht gut angefangen werden, die Erzählung verliert ihre ganze Würze, und man kann höchstens nur verstehen, was man sagt, aber nicht was man sagen will; endlich so hat man auf den deutschen Postwagen ganz andere Sachen zu tun, als zu plaudern, man muß sich fest halten wenn die Löcher kommen, oder in den schlimmern Fällen sich gehörig zum Sprung spannen; muß auf die Äste achtgeben, und sich zur gehörigen Zeit ducken, damit der Hut oder Kopf sitzen bleibt; die Windseite merken, und immer die Kleidung an der Seite verstärken, von der der Angriff geschieht, und regnet es gar, so hat bekanntlich der Mensch die Eigenschaft mit anderen Tieren gemein, die nicht in oder auf dem Wasser leben, daß er stille ist, wenn er naß wird, da steht die Unterredung ganz still, und kommt man endlich in einem Wirtshaus an, so geht die Zeit mit andern Dingen hin, der eine trocknet sich, der andere schüttelt sich, der eine kaut seine Brustkuchen und der andere bäht sich den Backen, und was dergleichen Kindereien mehr sind vid. p. LVI (hierüber Vid. Buch F p. 13.) Also fallen die Postkutschen-Intriguen mit den Postkutschen selbst, den rechten Treibhäusern für Episoden und Entdeckungen schlechterdings weg. Aber im Hannöverischen ist ja nun eine Postkutsche, wird man sagen. Gut, ich weiß es und zwar eine die immer so gut ist als eine englische. Also soll man alle Romanen auf dem Weg zwischen Harburg und Münden anfangen lassen, den man jetzt so geschwind zurücklegt, daß man kaum Zeit hat recht bekannt zu werden,

* Weber Malek S. den 111ten Tag in den Persischen Märgen.

und alles was ja die Fremden tun ist, daß sie zum Lob des Königs ausbrechen, der dieses so geordnet hat, oder schlafen, denn sie sind ehe sie in diese Kutsche kommen gemeiniglich im Hessischen, Holsteinischen oder auf dem Eichsfeld so zugerichtet worden, daß sie in der Kutsche glauben sie wären zu Haus oder lägen im Bette. Das sind führwahr feine Gegenstände für einen Roman, 5 schlafende Kaufleute schnarchend einzuführen, oder ein Kapitel mit dem Lobe eines Königs anzufüllen, von dem ohnehin Deutschland voll genug ist. Das erstere ist schlechterdings gar kein Gegenstand für ein Buch, und das letztere [für] keinen Roman. Was geht die Romanschreiber das an? Darüber mag Robertson oder Hume oder Gatterer oder Schlözer der Nachwelt so viel vorplaudern als sie wollen. Das gehört gar nicht zur Sache, von der ich durch eure unüberlegten Einwürfe fast gänzlich abgekommen bin. Ja wenn nicht noch zuweilen ein Kloster wäre wo man ein verliebtes Paar unterbringen könnte, so wüßte ich mir keinen eigentlichen deutschen Roman bis auf die 3te Seite zu spielen. Und wenn es einmal keine Klöster mehr gibt, so ist das Stündchen der deutschen Romane gekommen. Die Fortsetzung s. unten S. LVI.

E [152]

*

Hierbei kommt noch ein Umstand in Betrachtung der auch alle freundschaftliche Mischung der Gesellschaft in den Wirtshäusern unmöglich macht. Nämlich weil die Postwagen-Reisen mit so vielen Trübsalen verbunden sind, so hat man dafür gesorgt, daß die Wirtshäuser noch um so viel schlechter sind, als nötig ist um den Postwagen wieder angenehm zu machen. Ja man kann sich nicht vorstellen, was das für eine Würkung tut. Ich habe Leute die zerstoßen und zerschlagen waren und nach Ruhe seufzten, als sie das Wirtshaus sahen, wo [sie] sich erquicken sollten, sich mit einem Edelmut entschließen sehen weiter zu reisen, der würklich etwas Ähnliches mit jenem Mut des Regulus hatte, der ihn nach Karthago zurückzugehen stärkte, ob er gleich wußte, daß man ihn dort in eine Art von deutschen Postwagen setzen und so den Berg herunter rollen lassen würde. Ferner haben wir in Deutschland allgemeine Gebete, aber keinen allgemeinen Fluch, und kein Schimpfwort, das überall gilt, und keinen Galgen, den man überall kennt. In dem letztern Umstand geht man recht bis zum Einfältigen weit, da man zu Tyburn alles aufknüpft, was sich in dem millionenvollen Middlesex hängensfähig macht, so hat in Deutschland nicht allein fast jedes Dorf seinen Galgen, sondern in großen Städten hat die Bürgerschaft einen eignen Galgen, und die andern einen eignen, und ich fürchte daß man endlich um unsern Ausdrücken alle Kraft von daher zu verwässern Familien-Flüche erfinden und Familien-Galgen errichten wird. E [208]

*

In Deutschland hören die Nähnadeln und in England sehen sie. E [477]

*

Die Feuermaschine so wie man sie schon zur Luft-Pumpe gebraucht hat könnte gebraucht werden mehrere andere Bewegungen hervorzubringen. E [481]

*

Könnte nicht eine Uhr wie die Coxische viel leichter eingerichtet werden? Das Seil ohne Ende könnte bei vielen Uhrwerken gebraucht werden, man könnte durch einen Luftzug ein Gewicht aufwinden lassen. Die unregelmäßigste Bewegung kann gebraucht werden eine Feder zu spannen oder ein Gewicht zu heben, das eine andere Feder spannt die eine regelmäßige Bewegung hervorbringt. Es wäre der Mühe wert zu untersuchen wie vielerlei solcher Kräfte in der Natur gebraucht werden können solche Coxische Perpetua mobilia zu machen. So könnten die gemeinen Ventilatoren Uhren aufwinden, ja es wäre möglich daß der Wetterhahn auf dem Turm die Uhr aufzöge, oder es könnte ein Luftzug im Turm angebracht werden. Man hat schon Taschen-Uhren, die man nicht aufzieht. ad pag. CXXIV E [482]

*

Mit elektrischen Ketten ließen sich Signale geben, Längen nicht weit entlegner Örter bestimmen usw. Es ließen sich vielleicht Ströme dazu gebrauchen, wenigstens auf eine gewisse Strecke. F [40]

*

♂ 14. Wir wissen heutzutage nicht mehr was wir erfinden sollen und das ist die Ursache warum wir nichts erfinden. Ir[by]: F [55]

*

♃ 18. Sie streichen die Postwagen rot an, als die Farbe des Schmerzens und der Marter. Sie bedecken sie mit Wachslinnen, nicht wie man glaubt um die Reisenden gegen Sonne und Regen zu schützen (denn was die Reisenden [sind] tragen ihren Feind unter sich, das sind die Wege und der Postwagen), sondern aus derselben Ursache warum man den zu Henkenden eine Mütze über das Gesicht zieht, damit nämlich die Umstehenden die gräßlichen Gesichter nicht sehen mögen, die jene schneiden. F [96]

*

♀ 11. Die Wälder werden immer kleiner, das Holz nimmt ab, was wollen wir anfangen? O zu der Zeit, wenn die Wälder aufhören, können wir sicherlich so lange Bücher brennen, bis wieder neue aufgewachsen sind. F [234]

*

☉ 26. Ich denke wenn man etwas in die Luft bauen will, so sind es immer besser Schlösser als Kartenhäuser. F [357]

*

In diesem schön gemalten und glasierten Porzellan-Alter der Welt. F [568]

*

Franklins Erfindung die Wellen mit Öl zu dämpfen ist schon lange bekannt gewesen. Denn es wird unter die Wundertaten des heiligen Cudberts gerechnet, daß er einem Priester Öl auf die See mitgegeben habe, wobei derselbe den Sturm gestillt. Cudbert sagt zu ihm:

– – Petis aequor ut altum
Obvius adverso insurget septentrio flatu,
Venti sed fremitus tempestatesque sonoras
Chrismate, quod dederim, promptim lenire memento.
Unguine tunc sumpto nautae praepinguis olivi Aequora descendunt, velique patentibus alis
Sulcabat medium puppis secura profundum,
Cum subito gravis instat hyems, furit undique pontus
Tardans abreptae vestigia coepta carinae.
Immisso tandem pinguis medicamine guttae
Mansuefacta seros componens unda tremores
Pandit iter laetum pp.

Beda de Sancto Cudberto Episcopo Lindisfarnensi beim Canisio Lectionis antiquae T. II p. 8 Editio Basnagiensis.

Beim Plutarch de Causis naturalibus steht es schon N° XII und der gibt eine Erklärung des *Aristoteles* an. Siehe auch Plutarch de primo frigido. Vid. Collectanes physica p. 28. Das beste Buch hierüber ist Memoire sur l'usage des huiles, pour diminuer les dangers de la mer par Lelyveld 1775. 8vo. F [594]

*

Gott, der unsere Sonnen-Uhren aufzieht. F [1022]

*

Wie man eine Tafel für Sekunden berechnen kann im Leben von 60 Jahren, so könnte man auch eine für Pfennige. Alle Tage einen Pfennig macht das Jahr 1 Taler 9 Groschen 4 Pfennige. F [1202]

*

Gestern Nachmittag 3 3/4 Uhr ist meine Taschenuhr ganz sanft verstorben. Sie hatte schon seit drei Monaten gekränkelt. G [180]

*

Um dieses Gebäude gehörig aufzuführen, muß vor allen Dingen ein guter Grund gelegt werden, und da weiß ich keinen festern, als wenn man über jede Schicht pro gleich eine Schicht contra aufträgt. G [182]

*

Er erfand alles etwa so, wie die wilden Schweine und die Jagdhunde die Salzquellen und Gesundbrunnen. G [185]

*

Er hing noch auf der dortigen Universität, wie ein schöner Kronleuchter, auf dem aber seit zwanzig Jahren kein Licht mehr gebrannt hatte. H [113]

*

Diese bekannte Mausfalle in Form einer 4 ist von Herrn Prof. Voigt gebraucht worden, die Bologneser Flaschen zu erklär[en] A, das oben wie in der Figur ausgeschnitten ist, ruht auf. Man sieht also, daß A aufgeschnellt werden müßte wenn das lange Stück C nicht wäre welches die Atzung trägt. Je feiner nun A durch C, da wo sie einander durchschneiden unterstützt wird, desto leichter fällt die Maschine zu.

J [30]

*

Bei den Fenstern war der herrliche hygrometrische Griff angebracht, daß man sie bei Regenwetter gar nicht aufmachen konnte; wendete man Gewalt an, und *riß* eines auf, so ging es selten ohne Zerbrechung einer Fensterscheibe ab, oder man konnte das Fenster nicht wieder zubringen, daher die Leute sie gar gerne zu ließen. Was für eine weise Einrichtung daß man nicht einmal einen Fluß fangen konnte, wenn man auch wollte. J [120]

*

Die Lustbarkeit, wobei man in die Höhe sehen muß, ist immer angenehmer, als eine wobei man geradeaus sieht. Herr Blanchard sollte Musikanten mit in die Höhe nehmen. J [131]

*

Kalender. Bei der Dampfmaschine kann gesagt werden: daß sie die einzige Maschine sei worin mechanische und chemische Kräfte um einen so herrlichen Zweck verbunden sind. Es müßte denn die polygraphische Kunst sein, wie man in England die

Kunst nennt Gemälde zu vervielfältigen, von welcher versichert wird, sie bestehe aus einem mechanisch-chemischen Prozeß, und [die] also von der Vielschreibekunst zu unterscheiden [ist] die jetzt so viele Menschen ernährt, welche eigentlich auf einem bloß mechanischen Prozeß beruht. J [145]

*

Kalender. Der tierische Körper ist eine höchst vollkommene Maschine dieser Art. J [146]

*

Es ist auch Population, wenn man Maschinen statt der Menschen gebraucht, Bandmühlen, Dampfmaschinen. J [155]

*

Ein Pfaffe auf der Kanzel. Er war dick, breit, hatte einen kurzen Hals und sein Gesicht öfters unter einem Winkel von 45° aufwärts gerichtet, so daß er völlig einem geistlichen Kontrovers-Bomben-Mörser glich, zuweilen wurde sein Rücken fast horizontal, und da spie er, wie eine Drehbasse, Fluch, Freuden und Segen-Feuer durch einander. J [197]

*

Wie könnten am geschwindesten Briefe so kopiert werden, daß sie die Blinden mit den Fingern lesen könnten? J [219]

*

Riechen wie viel Uhr es ist, eine besondere Uhr. J [468]

*

Die Stadt-Uhr hat wieder rheumatische Zufälle. J [543]

*

Ein Geschöpf höherer Art läßt die ganze Geschichte der Welt repetieren, so wie man die Uhren repetieren läßt. J [581]

*

Der Gang der Jahrzeiten ist ein Uhrwerk wo ein Guguck ruft, wenn es Frühling ist. J [582]

*

Es dürften nur noch ein paar Erfindungen gemacht werden, wie die Druckerei, so werden wir ganz in einen Äther-Dampf verfliegen. Daß die Druckerei die Nervenschwäche vermehrt habe, sagt Weikard. J [611]

*

Ich habe immer gesagt, die Mechaniker gedeihen am besten, wenn man sie [auf] junge Stämme von Uhrmachern propft. J [670]

*

Wenn man auch nicht aus einem Granitfelsen ein Haus hiebe, so könnte man ohne sehr viele Kosten vielleicht die *Ruinen* eines Hauses daraus hauen: so daß die Nachwelt glauben müßte, es habe ein Palast da gestanden. J [1170]

*

Karl der 5te trieb die Verehrung gegen den Pflug so weit, daß er immer den Hut davor abzog. Mich dünkte der Galgen und der Preßbengel wäre einer ähnlichen Ehre nicht unwürdig. (besser) J [1247]

*

Ob es wohl möglich wäre eine Maschine zu machen, wie z. E. eine Mühle, da man an einem Ende rohes Talg und Baumwolle hinein würfe und am [andern] Ende schön gegossene Lichter heraus kämen? J [1366]

*

Bei den Sonnuhren steht der Schatten still und die Uhren drehen sich. J [1572]

*

Die Wachslichter, Talglichter und Lampen hat man zu einer großen Vollkommenheit gebracht ohne daß man eigentlich weiß wie es zugeht, daß sie leuchten. J [1573]

*

Ein Sprech- und Schallwerk, wenn man etwas in einer fremden Sprache hinein redet, so schallt es zu einem andern Loch ins Deutsche übersetzt heraus. J [1659]

*

Wenn die Grillen und Heuschrecken ihren so genannten Gesang würklich mit den Flügeln hervorbringen, so wundert es mich doch würklich, daß die Kunst noch gar nichts zur Nachahmung hierin getan hat. Neue musikalische Instrumente. J [1709]

*

In die gewöhnliche Betrachtungen der Menschen über das Wesen, das die Welt hervorgebracht hat, mischt sich doch offenbar eine große Menge von frommem unphilosophischem Unsinn. Der Ausruf was muß das für ein Wesen sein, das alles gemacht hat! ist doch nicht viel besser als der was mag das für ein Bergwerk sein, in welchem der Mond ist gefunden worden. Denn erstlich wäre doch erst einmal zu fragen ob die Welt gemacht worden ist, und zweitens ob das Wesen, das sie gemacht hat, im Stand wäre eine Repetier-Uhr aus Messing zu machen. Ich meine das Messing zu schmelzen, in Platten zu schmieden, die Räder zu teilen und zu feilen. Ich glaube nicht, das kann nur der Mensch und ein vollkommener Mensch würde sich noch allerlei Griffe dabei ersinnen aber wenn unsere Welt je ist gemacht worden, so hat sie ein Wesen gemacht das nicht auf der Skale der Menschheit liegt, so wenig als der Walfisch zum Lerchen-Geschlecht [gehört]. Ich kann daher mich nicht genug wundern, wenn berühmte Männer sagen in einem Fliegenflügel stecke mehr Weisheit als in der künstlichsten Uhr. Der Satz sagt weiter nichts, als auf dem Wege auf welchem die Uhren gemacht werden kann einer keine Mückenflügel, aber so wie die Mückenflügel gemacht werden kann man auch keine Repetier-Uhren machen. Man muß billig sein und sich über dergleichen unnütz frömmelnde Anspielungen weg setzen. Man muß es hierbei nicht *sagen*. Allein man muß die Kraft besitzen so etwas zu denken, denn die Kraft ist nötig. J [1856]

*

Könnte man Häuser von Schachtelbrett bauen, eines über das andere immer etwa einen halben Fuß von einander so würden sie sehr warm sein. Das ist gar keine Frage. Die Obstwände hierbei nicht zu vergessen. J [1961]

*

Sollte sich nicht durch Chladni's Verfahren aus Glasplatten, mannichfaltig unterstützt Buchstaben und Landschaften vorstellen lassen? J [2051]

*

den 27. April 1793.

Es wäre vielleicht nützlich einmal ernstlich zu untersuchen, warum so wenig mit den eigentlichen Erfindungs-Regeln ausgerichtet wird. Es sind sämtlich noch keine Hebel, keine Mikroskope und keine Fernröhre. Das Mikroskop ist da wo man die weitere Betrachtung des Phänomens der Mathematik zuschieben kann. K [17]

*

Es geht mir mit meiner Gesundheit wie den Müllern zuweilen mit dem Wasser: ich muß immer, wenigstens zwei Tage in der Woche, im Freien sammeln, um die übrigen fünfe mahlen zu können. K [57]

*

Ich muß zuweilen, wie ein Talglicht geputzt werden, sonst fange ich an dunkel zu brennen. K [58]

*

Ich bin überzeugt, daß es Brillen für die Seelenkräfte gibt so gut wie für die Augen. Es wäre sonderbar, wenn so etwas nicht sollte möglich sein. Wenn der Witz mit dem

Alter schwach wird, so kann oft das Lesen von Wortregistern Vergleichungen bewirken, die ohne dieses unmöglich wären. K [96]

*

In jeder Fakultät sollte wenigstens Ein recht tüchtiger Mann sein. Wenn die Charniere von gutem Metall sind, so kann das übrige von Holz sein. K [259]

*

Wie viel Ideen schweben nicht zerstreut in meinem Kopf, wovon manches Paar, wenn sie zusammen kämen, die größte Entdeckung bewirken können. Aber sie liegen so getrennt, wie der Goslarische Schwefel vom Ostindischen Salpeter und dem Staube in den Kohlenmeilern auf dem Eichsfelde, welche zusammen Schießpulver machen würden. Wie lange haben nicht die Ingredienzen des Schießpulvers existiert vor dem Schießpulver! Ein natürliches aqua regis gibt es nicht. Wenn wir beim Nachdenken uns den natürlichen Fügungen der Verstandsformen und der Vernunft überlassen, so *kleben* die Begriffe oft zu sehr an andern, daß sie sich nicht mit denen vereinigen können, denen sie eigentlich zugehören. Wenn es doch da etwas gäbe, wie in der Chemie Auflösung, wo die einzelnen Teile leicht suspendiert schwimmen und daher jedem Zuge folgen können. Da aber dieses nicht angeht, so muß man die Dinge zusätzlich zusammen bringen. Man muß mit Ideen *experimentieren.*
Ein bequemes Mittel mit Gedanken zu experimentieren ist, über einzelne Dinge Fragen aufzusetzen: z. B. Fragen über Trinkgläser, ihre Verbesserung, Nutzung zu anderen Dingen etc., und so über die größten Kleinigkeiten. K [308]

*

Der bekannte Papinus wollte sogar anfangen vermittelst elastischer Dünste zu schießen (Uffenbachs Reisen, T. I. pag 12) allein der Versuch lief übel ab, weil durch die gar zu große Gewalt die Maschine zersprang und einige Personen beschädigte. Herr Secretair Schröter in Gotha hat auf diese Art, sogar Kupfer-Kugeln, die an einigen Stellen eingedrückt waren, wieder rund gemacht. KA [95]

*

Ehemals taufte man die Glocken, jetzt sollte man die Drucker-Pressen taufen. L [179]

*

Sollten sich nicht manche Verordnungen z. E. Feuer-Ordnungen unmittelbar vermittelst leichter Transpositionen auf andere Gegenstände z. E. Erziehung der Kinder mutatis mutandis anwenden lassen? Die Wörter: Wasser, Sprütze, Schläuche, Sprützenmeister usw. dürften nur gehörig übersetzt werden. Ein Versuch eine

Instruktion für einen Sprützenmeister zugleich für einen Schul-Rektor einzurichten könnte sehr lehrreich werden. L [214]

*

Wo wir sagen: Er hat das *Pulver* nicht erfunden, sagen die Engländer *the Longitude.* L [307]

*

Die Franzosen sind eben so stark in der *Telemachie* als der Telegraphie, man könnte Bonaparte den Telemachus, den in der Ferne Streitenden nennen, nämlich Provinzen teilen, die er nicht erobert hat. L [314]

*

Ob die Brillen mehr Nutzen gestiftet haben als dieDerngläser transzendent gemacht, auf unsere Philosophie, verglichen mit Menschensinn. L [401]

*

Von Kempelens Maschine spricht die Namen Papa und Roma am besten aus, das ist sonderbar, würde ein Jesuit sagen. L [411]

*

Es ist eine ganz bekannte Sache, daß die Viertel-*Stündchen* größer sind, als die Viertel*stunden.* L [417]

*

Er schliff immer an sich, und wurde am Ende stumpf, ehe er scharf war. L [559]

*

Er schien eher Tischler-Arbeit zu sein als ein wirklich menschliches Geschöpf. L [600]

*

Die Buchdruckerkunst ist doch fürwahr eine Art von Messias unter den Erfindungen. L [667]

*

Von dem Perp. mob. ist noch zu merken, was Langsdorf von einer neu hinzu gekommenen Kraft sagt. Es wäre allerdings eine Elektrisiermaschine möglich, die sich durch eigene Kraft triebe, weil Erweckung elektrischer Kraft gar nicht mit mechanischer verglichen werden kann. So wenig als 3 Ellen Band mit 9 Bouteillen Wein. So ist es auch gewiß gemeint worden. L [783]

*

Wir können ein Hirsenkorn ungeheuer vergrößern; aber eine Sekunde Zeit können wir zu keiner Minute und zu keiner Viertelstunde machen. Das wäre vortrefflich, wenn man das könnte! Allein man sucht mehr die Zeit zu *verkleinern*, so sollte man sagen statt *verkürzen*. L [925]

*

Wie mancher Mensch schleift immer an sich und wird stumpf ehe er scharf wird. M [13]

*

Captain Cook hat auf seinen letzten Reisen sich wieder der Harrisonschen Uhr bedient und nennt sie seinen treuen Gefährten. Mudge ein berühmter Uhrmacher hat noch eine sehr wichtige Verbesserung angebracht. In seiner Uhr wirkt die letzte Feder fast unmittelbar auf den Regulator, so daß weder Reiben noch das Öl der Räder, die zwischen den Federn und dem Regulator bei Harrisons Uhr lagen, einige Hindernis geben können. RA [143]

*

Wenn man seinen Stammbaum und die hoffnungsvolle Jugend ansah, so mußte man gestehen, daß die Familie ein wahrhaftes perpetuum *nobile* wäre. UB [12]

*

Es ließen sich ganz artige Bemerkungen über die vielen auf dem großen Prospekt in M. in die Augen fallenden Kirchspitzen machen. Sie sind eine Art spanischer Reuter gegen den Teufel und sein Heer, Kriegableiter usw. UB [37]

*

Kautschuck

Ich habe kleine Esel davon in England gesehen, allein der Ruhm eine neue Art von Eseln nach Deutschland gebracht zu haben, reizte mich eben nicht sehr. UB [82]

Wissenschaftstheorie, Philosophie, Alltag, Zusammengesetztes

Der Aberglauben gemeiner Leute rührt von ihrem frühen und allzu eifrigen Unterricht in der Religion her, sie hören von Geheimnissen, Wundern, Würkungen des Teufels, und halten es für sehr wahrscheinlich daß dergleichen Sachen überall in allen Dingen geschehen könnten. Hingegen wenn man ihnen erst die Natur selbst zeigte, so würden sie leichter das Übernatürliche und Geheimnisvolle der Religion mit Ehrfurcht betrachten, da sie hingegen jetzo dieses für etwas sehr Gemeines halten, so daß sie es für nichts Sonderliches halten, wenn ihnen jemand sagte, es wären heute 6 Engel über die Straße gegangen. Auch die Bilder in den Bibeln taugen nicht für Kinder. A [29]

*

Unser Leben hängt so genau in der Mitte zwischen Vergnügen und Schmerz, daß uns schon zuweilen Dinge schädlich werden können, die uns zu unserm Unterhalt dienen, wie ganz natürlich veränderte Luft, da wir doch in die Luft geschaffen sind. Allein wer weiß ob nicht vieles von unserm Vergnügen von diesem Balancement abhängt, diese Empfindlichkeit ist vielleicht ein wichtiges Stück von dem was unsern Vorzug vor den Tieren ausmacht. A [64]

*

Ein allgemeines Maß für das Verdienst oder für die Wichtigkeit einer Verrichtung, das allen Ständen sogleich die wahre Größe einer Tat angäbe, wäre eine Erfindung, die eines moralischen Newton würdig wäre. Z. E. eine Compagnie vor des Kommandanten Haus zu exerzieren, ist gewiß nicht so schwer als ein paar Schuh zu sohlen (ich weiß es freilich, daß die Ehre eine Besoldung ist, sie auszuzahlen legt der Fürst eine Steuer auf die Hüte und den Nacken der Untertanen. Wenn ein Handwerkspursche vor dem Offizier den Hut zieht, so denke ich immer, dieser Pursche ist eine Art von Kriegszahlmeister. Und wie ungeschliffen sind die Offiziere die sie ohne Quittung annehmen, ich meine die nicht wieder an den Hut greifen) und ich behaupte ein Kleid gut zu schneiden ist zuverlässig schwerer als Hof-Kavalier zu sein, zuverlässig schwerer, ich meine den Hof-Kavalier in abstracto. Eine solche Rangordnung, die aber gewiß dem Verfasser und dem Verleger den Kopf kosten würde, wünschte ich gedruckt zu sehen, sie existiert gewiß in dem Kopf jedes rechtschaffenen Mannes. Man könnte zu einem solchen Maß das Balancieren auf der Nase nehmen, weil dieses ohngefähr alle Menschen mit gleicher Geschwindigkeit lernen, und durch die Länge der Tabakspfeife in Zollen die Grade der Schwierigkeit messen. A [79]

*

Wenn die Substanzen Eigenschaften besitzen die sich andern vergegenwärtigen lassen, so können wir zugleich Glieder in verschiedenen Welten sein ohne uns jedoch in mehr als einer bewußt zu sein, denn Eigenschaften der Substanzen sind so zu reden durchdringlich. So können wir sterben und in einer andern Welt fortleben. A [87]

*

So bald wir mit unsern mikroskopischen so wohl als andern Beobachtungen überhaupt, auf besondere Regelmäßigkeiten kommen, so können wir sicherer glauben, daß wir uns einen gewissen Ende nähern, als so lange uns noch Dinge verwirrt erscheinen. So bald vermöge der Einrichtung eines Werks kein Grund mehr da ist, warum dieser Teil anders soll beschaffen sein, als der andre so müssen sie einerlei aussehen, die sechsecktige Gestalt der Bienen-Zellen ist wohl das letzte was wir bei ihnen als Bienen-Häuser wahrzunehmen haben, sollten wir noch weiter im Wachs eine Regelmäßigkeit entdecken, so wäre sie vermutlich den Bienen selbst gleichgültig. So läßt sich bei manchen Steinen nichts mehr entdecken, weil sie die Vorratshäuser des Stoffs sind. A [224]

*

Es ist würklich möglich daß, wenn Teile im Gehirn, die symmetrisch sein sollen, es nicht sind, dieses zum Vorteil des Verstandes dienen könne, wir können mit einem Auge genug haben, so auch mit einer Seite des Gehirns, die andere kann durch zufällige Umstände eher verhärten oder sonst Veränderungen leiden, die denn das Resultat der ganzen Stellung des Gehirns bei einer Idee verändern. Ausgewachsene Personen sollen öfters sehr scharfsinnig sein, die verwachsene Seite verhärtet mehr und vielleicht folgt eine ähnliche einseitige Veränderung im Gehirne, die dem Genie, das ohnehin schon jemand für einen kränklichen Zustand erklärt hat, eher vorteilhaft als schädlich ist. Ich habe bemerkt, daß Personen, in deren Gesichtern ein gewisser Mangel von Symmetrie war, oft die feinsten Köpfe waren. Wenn einem gewissen Bildnis zu trauen war, das ich von Herrn von Voltaire gesehen habe, und von dem man mir versicherte, daß es ein Abguß wäre von einer Form die man in Mannheim über sein Gesicht gegossen habe, so ist die eine Seite des Gesichts viel kürzer als die andere, auch die Nase, wiewohl kaum merklich, schief. K . . .r von der einen Seite betrachtet sieht viel jünger aus, als von der andern. Diesen beiden merkwürdigen Gesichtern gibt eben dieses wiewohl nicht anstößige Irreguläre einen gewissen Schwung, aus welchem alles das Salz und die Bitterkeit hervorblickt, die ihre Schriften so charakteristisch gemacht haben. Ein Mensch dessen eines Auge ein

Perspektiv das andere ein Mikroskop wäre, wird unter gewöhnlichen Menschen eine sonderbare Figur spielen. B [54]

*

Es gibt zwei Wege das Leben zu verlängern, erstlich daß man die beiden Punkte geboren und gestorben weiter von einander bringt und also den Weg länger macht, diesen Weg länger zu machen hat man so viele Maschinen und Dinge erfunden, daß man wenn man sie allein sähe unmöglich glauben könnte, daß sie dazu dienen könnten einen Weg länger zu machen, in diesem Fache haben einige unter den Ärzten sehr viel geleistet. Die andere Art ist, daß man langsamer geht und die beiden Punkte stehen läßt, wo Gott will, und dieses gehört für die Philosphen, diese haben nun gefunden, daß es am besten ist daß man zugleich botanisieren geht, zickzack, hier versucht über einen Graben zu springen und dann wieder herüber, wo es rein ist, und es niemand sieht, einen Purzelbaum wagt und so fort. B [129]

*

Bei dem Frauenzimmer fällt der Sitz des Point d'honneurs mit dem Schwerpunkt zusammen, bei den Mannspersonen liegt er etwas höher in der Brust um das Zwerchfell herum. Daher bei Mannspersonen die elastische Fülle in jener Gegend bei Unternehmung prächtiger Taten, und eben daher das schlappe Leere daselbst bei der Unternehmung kleiner. B [139]

*

Er kann sich einen ganzen Tag in einer warmen Vorstellung sonnen. C [38]

*

Es ist allerdings keine geringe Schwierigkeit Philosophie *zweckmäßig* zu lehren, das Kind, der Knabe, der Jüngling und der Mann hat seine eigne. Wie glücklich, wenn ein Alter dem andern, ein Jahr dem andern in die Hand arbeitete, wenn das eine Räder, ein anderes Federn, noch ein anderes Zifferblätter verfertigte, so brächte noch wohl einmal ein 4tes eine Uhr zu Stande. Wenn jeder Mensch seinen besonderen Planeten bewohnte, was wäre wohl da Philosophie? Was sie jetzt auch ist, ein Inbegriff der Meinungen eines Menschen ist seine Philosphie. Wer wäre wohl des Menschen Schuhmacher? und wer sein Baumeister? Versetzt man ihn in eine Gesellschaft, so ließe er sich wohl die Schuhe von einem andern machen, aber seine Meinungen? Das ist eine üble Sache, ich kann den Hals brechen, wenn ich mir sie selbst zusammenstümpere, oder ein Paar gut gemachte erhandele, die mir nicht passen. Die Frage: soll man selbst philosophieren? muß dünkt mich so beantwortet werden als eine ähnliche: soll man sich selbst rasieren? Wenn mich jemand fragte, so würde ich antworten, wenn man es recht kann, es ist eine vortreffliche Sache. Ich denke immer daß man das letztere selbst zu lernen suche, aber ja nicht die ersten Versuche an der Kehle mache. Handle wie die Weisesten vor dir gehandelt haben, und mache den

Anfang deiner philosphischen Übungen nicht an solchen Stellen, wo dich ein Irrtum dem Scharfrichter in die Hände liefern kann.
Was für Gegenstände eröffnet nicht hier die Mathematik zur Übung! Wer kann uns in andern Teilen der Weltweisheit unser Exercitium korrigieren? Wenn der Schüler ich will nicht sagen Stolz, sondern nur etwas Geschichte der Philosophie besitzt, so wird es ihm in unsern Tagen schwer werden den Mann zu finden – – Wenn hingegen das Perpetuum Mobile, das auf dem Papier Wunder tat, in Holz oder Messing stille steht, und sich durch den Schall der lautesten Demonstration nicht will erwecken lassen, so verschwinden die schönen Hoffnungen allmählich, die im Geiste ausgestellten Wechsel verlieren ihre Gültigkeit, und [die] Sache wird nach einigem Kampf für beschlossen angenommen. Schade daß der Philosoph von seinen Republiken und der Reformator von seinen Reformationen keine Modelle machen kann, denn es gehört schon eine große Stärke im philosophischen Kalkül dazu vorherzusagen, daß sie nicht gehen werden. Hingegen nur Zudringlichkeit mit Enthusiasmus verbunden, um den unwürdigen Teil des Publikums, durch Aktien auf Reichtümer der Südsee, um ihren väterlichen Acker zu bringen. Helvetius und Law wünschte ich wohl verglichen zu sehen. C [142]

*

Herr Capitaine-Lieutenant von Hammerstein war sehr für den Unterricht durch Maschinen. Sein Haupt-Argument war beständig, daß es immer ein Glück wäre so früh als möglich seine Absicht zu erreichen. Er hatte fast keinen andern Beweis. Da aber die Untersuchung einer Sache, die Bemühung um sie zu verstehen uns das Ding an sich besser von mehreren Seiten kennen lehrt, sich von der besten Seite an unser Gedanken-System anschließet, so ist gewiß für Leute die die Kräfte haben eine Zeichnung dem Modell vorzuziehen. Der allzu schnelle Zuwachs an Kenntnissen der mit zu wenigem eigenem Zutun erhalten wird ist nicht sehr fruchtbar, die Gelehrsamkeit kann auch ins Laub treiben ohne Früchte zu tragen. Man findet oft sehr seichte Köpfe, die zum Erstaunen viel wissen. Was man sich selbst erfinden muß läßt im Verstand die Bahn zurück die auch bei einer andern Gelegenheit gebraucht werden kann. C [196]

*

Das Bekehren der Missetäter vor ihrer Hinrichtung läßt sich mit einer Art von Mästung vergleichen, man macht sie geistlich fett, und schneidet ihnen hernach die Kehle ab, damit sie nicht wieder abfallen. C [206]

*

Newton hat die Farben zu scheiden gewußt, wie wird der Psycholog heißen, der uns sagen wird woraus die Ursachen unserer Handlungen zusammengesetzt sind? Die meisten Dinge wenn sie uns merklich werden sind schon zu groß wenn wir sie gewahr werden ob ich den Keim in der Eichel mit dem Mikroskop oder den 200jährigen Baum mit bloßen Augen ansehe, so bin ich gleich weit vom Anfang. Das Mikroskop dient nur uns noch mehr zu verwirren. So weit wir mit unsern Tubis reichen können sehen wir Sonnen, um die sich wahrscheinlich Planeten drehen; daß in unserer Erde so etwas vorgeht, davon überführt uns die Magnet-Nadel. Wie wenn sich dieses noch weiter erstreckte, wenn sich in dem kleinsten Sandkörnchen ebeno Stäubchen um Stäubchen drehten, die uns zu ruhen scheinen, wie die Fixsterne? Es könnte ein Wesen geben, dem das uns sichtbare Weltgebäude wie ein glühender Sandhaufen vorkäme. Die Milchstraße kann ein organischer Teil sein, in wieferne ließe sich die Vegetation aus diesem System erklären? Es gibt nur eine einzige grade Linie, aber eine unendliche Menge krummer, wenn sich also ein Körper bewegt, so läßt sich eine unendliche Summe gegen eins setzen, daß es eine krumme sei, und für jede Krümmung läßt sich ein Mittelpunkt angeben. Da sich eine zirkelförmige Bewegung in der Welt am längsten erhält, wie wir an den Planeten sehen, sowohl an ihren Bewegungen um die Axe als um die Sonne und Hauptplaneten, so könnte alle Bewegung in der Welt daher ihren Ursprung nehmen. Das Licht allein scheint hiervon eine Ausnahme zu machen, da es aber vermutlich schwer ist, so wird es doch gebogen. Da schon große Meßkünstler angenommen haben daß sich dieses ganze System um einen uns unsichtbaren Körper drehe, warum könnte unsere Erdkugel nicht ein solches System von Fixsternen sein? Hier sitzen wir in einer solchen Sandkugel. Unsere Erde ist uns freilich das Sonderbarste, so wie unsere Seele die sonderbarste Substanz, weil wir jene allein selbst bewohnen, und diese allein selbst sind. Wenn wir nur einen Augenblick einmal etwas anderes sein könnten. Was würde aus unserm Verstand werden, wenn alle Gegenstände das würklich wären wofür wir sie halten? Z. U. C [303]

*

Das müßte ein Tropf von einem Naturkündiger sein, der wenn man ihn bei 5 000 Taler Besoldung ein paar Jahre einsperrte nicht wollte einen Folianten über einen Kirschenstiel schreiben. Jede Wissenschaft, jedes Kapitel einer Wissenschaft, jede Paragraphe hat ihre Kirschenstiele. C [359]

*

Ein Philosoph auf der Insul Zezu hatte die Frage aufgeworfen: Wenn sich ein Mensch in einen Ochsen verwandeln könnte, ob der Ochse straffällig wäre. (Selbstmord) D [165]

*

Sich in einen Ochsen verwandeln ist noch kein Selbst-Mord. D [169]

*

Wenn es uns in den Ohren klingt, so wird wohl jedermann dieses durch eine Bewegung in den Gehör-Werkzeugen erklären, die derjenigen ähnlich ist, die durch die

Bewegung der Luft in denselben hervorgebracht wird. Sollte nicht, wenn ich in die Sonne sehe und ihr Bild noch nach verschlossenen Augen vor mir sehe, auf der Tunica retina noch ihr Bild zu erblicken sein phosphoreszierend? Wenn ich die Augen im Dunkel drücke, so sehe ich Gegenstände. Bringt der Druck würklich eine Bewegung auf der Retina hervor die der Lichtstrahl hervorbringt oder halten wir jede Bewegung in einem sinnlichen Werkzeug, das die meiste Zeit nur vom Licht gereizt wird, für Würkung des Lichts? Wäre alles Licht aus der Welt genommen, so würden also alle die seltsamen Figuren auch wegfallen die man sieht, wenn man sich die Augen drückt, oder der Mensch würde jene Figuren als außer sich betrachten. Ich möchte wohl wissen ob die Blindgebornen solche Empfindungen haben wenn sie sich die Augen drücken, vielleicht würden sie nicht im Stande sein das Bild von dem Schmerz zu trennen, das wir jetzt als 2 verschiedene Gegenstände der Empfindung ansehen. Hat man wohl schon Tiere im Dunkeln erzogen und hernach zusammen ans Licht gebracht? in künftigen Zeiten wird man vielleicht noch anfangen Versuche mit Menschen anzustellen, wovon uns noch zur Zeit Religion zurückhält. Es liegt aber im Menschen so etwas zu tun. Wenn einmal die Welt mehr bevölkert sein wird, so werden solche Versuche angestellt werden, und jene Zeiten werden weit über uns hinauskommen und am Ende wäre es denn grausamer ein Kind im Dunkeln zu erziehen, um daraus Schlüsse herzuleiten, als es zu kastrieren um hernach unnatürlich in einer Oper zu trillern? Was für wichtige Folgerungen hat man nicht schon aus der Geschichte der Völker gezogen, die fern von dem Tag des Evangelii, der Geschichte, der Philosophie, und der Lampe der Pädagogik, der Kritik und der Platonischen Liebe gelebt haben. (Hierbei ist der Unterschied des imaginis pictae und des sensibilis wohl zu merken den Herr Lambert festsetzt.)

D [170]

*

Wir sehen mit 2 Augen nur ein Bild, so lange uns die Bilder gleich nah sind und also auch ein beiläufig gleich großes Bild auf der Tunica retina formieren. Halte ich hingegen eine Sache nahe dem einen Auge und sehe mit beiden darnach, so sehe ich es doppelt, wiederum, wenn das Bild der Sache nicht auf ähnliche Teile in beiden Augen fällt, so sehen wir es doppelt, oder drittens in beiden Augen auf Stellen, die zwar einander ähnlich liegen, aber nicht diejenigen zusammengehörigen Stellen sind, auf welchen gewöhnlich ein einziges Ding sein Bild formiert. Alles dieses beweiset dünkt mich hinlänglich, daß wir alle Sachen zweimal sehen, aber ohne allen Unterschied wegen der ähnlichen Lage der Bilder gegen unsern symmetrischen Körper, und daher sie für eins halten. Sobald nun das eine Bild im mindesten vergrößert wird, zum Exempel wenn man mit dem einen Auge nach einem Objekt, und mit dem andern nach eben demselben aber durch ein nur wenig vergrößerndes Fernglas sieht, so erscheint alles doppelt. So könnte unsere Seele zusammengesetzt sein, ohne daß die Empfindungen vervielfacht würden. Wir empfinden eine Sache nur einmal, nicht weil wir eins sind, sondern weil die Sache nach der Mehrheit der

Stimmen unserer sinnlichen Werkzeuge nur *eins* sein soll, weil wir sie einerlei ansehen und für uns als eins angesehen werden kann. Ich fürchte nur gar zu sehr, daß der Gedanke von der Simplizität unserer Seele ein geborgter Begriff ist, wir können nicht für das Individuum A empfinden, also können auch mehr Substanzen nicht einen Gedanken gemeinschaftlich haben. Die Verhältnis der Gleichheit (könnte man oben beim Auge sagen) ist vielleicht in der Seele = 0 so wie es in der Arithmetik bei der Zusammensetzung der Verhältnisse ist. *(Kunkeliana, Possen)* D [212]

*

Aus dem jetzigen Zustand der Gelehrsamkeit da sich Nützlichkeit, Gründlichkeit und Tändelei wie 1, 3 und 5 verhalten gleich einen Verfall der Wissenschaften schließen wollen heißt die Sache mit gar zu mikroskopischen Augen ansehen, dieses Zickzack wird im allgemeinen doch nur ein steter Weg, ob er zur Aufnahme oder zum Verfall führt läßt sich so geschwind nicht beurteilen. 50 Jahre Kleinmeisterei und Tändelei nehmen sich für das lebende Zeitalter traurig aus, im ganzen sind sie unmerkliche Krümmungen in dem großen Zug, wenn man nahe ist, so sieht es aus als böge er sich zurück. Wenn ein Volk sich einmal aus der edlen Einfalt in das mehr Schimmernde verloren hat, so geht wie ich glaube der Weg zurück nach der Einfalt durch das höchst affektierte Neue das mit dem Ekel endigt. D [230]

*

Swiften mögte ich zum Barbier, Sterne zum Friseur, Newton beim Frühstück, Hume beim Kaffee gehabt haben. D [249]

*

Die recht guten Logiken sind nur denjenigen nützlich, sagt Alembert, die sie entbehren können. Durch die Perspektive sehen die Blinden nichts. D [300]

*

<Der Mensch fängt an mit dem Satz, jede Größe ist sich selbst gleich, und wiegt endlich die Sonne und alle Planeten; er sei, sagt er, nach Gottes Bild gemacht und trinkt dort gierig den Urin des unsterblichen Lama, baut ewige Pyramiden, Louvres, Versailles und Sanssouci und betrachtet mit Entzücken eine Bienen-Zelle, und ein Schneckenhaus, umschifft durch Hülfe einer Nadel die Erde, und sitzt dort jahrelang auf einer Stelle, nennt hier Gott das tätigste Wesen, und dort den Unbeweglichen, verehrt [hier] Würmer und Mäuse göttlich und glaubt dort keinen Gott, hier ist Sonnenlicht das Gewand des Engels, und in Kamtschatka Vielfraß-Pelz. Vide p. 46. Mir hat es immer am Menschen gefallen, daß er, der Louvres, ewige Pyramiden, und Peterskirchen selbst verfertigt, mit Entzücken eine Bienen-Zelle oder ein Schneckenhaus betrachten kann.> D [398]

*

Dieses ist eine Theorie, die meines Erachtens in der Psychologie eben das vorstellt, was eine sehr bekannte in der Physik ist, die das Nordlicht durch den Glanz der Heringe erklärt. D [411]

*

Wenn man die meisten Gelehrten ansieht, nichts verrichten sie an sich als daß sie sich die Nägel und Federn schneiden. Ihre Haare lassen sie sich durch andere in Ordnung legen, ihre Kleidung durch andere machen, ihre Speise durch andre bereiten, dafür daß sie das Wetter in ihrem Kopfe beobachten. D [450]

*

Der Mann hatte so viel Verstand, daß er fast zu nichts mehr in der Welt zu gebrauchen war. D [451]

*

Es ist ein großer Unterschied zwischen etwas *noch* zu glauben und es *wieder* glauben. *Noch* glauben, daß der Mond auf die Pflanzen würke, verrät Dummheit und Aberglaube, aber es *wieder* glauben zeigt von Philosophie und Nachdenken. E [52]

*

Laune kommt in dem Deutschen von luna der Mond, und launigt hieß ehmals so viel als mondsüchtig, so heißen die Engländer noch jetzt einen Mondsüchtigen a lunatic, aus welchem das Wort launigt leicht hergeleitet werden kann, wenn man ein paar Buchstaben durch ein paar andere ablösen läßt. E [71]

*

Nachdem die Theorie von der Notwendigkeit eines Mangels an Symmetrie um original zu sein ist gegeben worden, so kann gesagt werden: Ich hielte daher für ratsam daß man den neugebornen Kindern einen sanften Schlag mit geballter Faust auf den Kopf gäbe, der ohne ihnen zu schaden die Symmetrie des Gehirns etwas verrückte. Ich riete ihn ja nicht grade auf die Stirne oder oben oder hinten hin zu geben, auch nicht auf die Seite, weil dieses die Symmetrie keineswegs affizieren würde. Denn in den drei ersten Fällen werden beide Seiten gleich stark unmittelbar getroffen und in dem letzten würde die Reaktion der gegenüberstehenden Seite statt eines Schlages von der entgegengesetzten Seite sein. Ich riete also unmaßgeblich den Schlag grade über einem von den beiden äußern Augenwinkeln anzubringen, denn da alsdann Teile von einer ganz andern Struktur und Lage in Reaktion gebracht werden, so kann es nicht anders sein, als daß endlich die schönste Asymmetrie des Gehirnes erhalten werden wird. Von hinten auf den Kopf zu schlagen wollte ich deswegen nicht raten, weil das Cerebellum oder die Hintergebäude der Seele [da] liegen, wo bekanntlich die Werke des Witzes nicht verarbeitet [werden], und die Seele sich mit auswärtigen Affairen nicht abgibt. Ich habe deswegen oft mit Verdruß bemerkt, daß die Schläge auf den Kopf oder die sogenannten Ohrfeigen in unsern Schulen abkommen und nur noch in der großen Gesellschaft wo sie ganz umsonst angebracht werden, weil die Köpfe alsdann gewöhnlich schon in das Holz gegangen sind, Mode sind. Man hat Exempel, daß Leute, die auf den Kopf gefallen oder darauf mit einem Prügel geschlagen worden sind, zuweilen angefangen haben zu weissagen, und anders von den Dingen in der Welt zu denken, als andere Menschen (die Regeln der Grammatik ausgenommen). Dieses hieß nun freilich dem Guten zu viel tun, und ich erkläre noch alles hierin aus einer symmetrischen Zerrüttung des Gehirns, allein kein Mensch kann leugnen, daß der beneidenswürdigste Kopf in dieser Welt derjenige wäre, den man vergöttern würde, wenn er die eine Seite nicht hätte, und den man in Bedlam einsperren müßte, wenn die andere nicht wäre, das sind die großen Seelen die Affe und Engel zugleich sind, und die freilich zuweilen die läppischen Ideen des erstern mit dem transzendenten Periodenklang des letztern, oder die sonnenhellen Ideen des letztern mit den hundsföttischen unverständlichen Zeichen des ersteren ausdrücken. Weiter. Warum schlagen sich die Menschen an den Kopf wenn sie etwas nicht wissen, was sie hätten wissen sollen, ein Gebrauch der den Menschen natürlich ist? Das Kopfschütteln, einige zuerst nach der Rechten, andere nach der Linken. E [147]

*

Es war keiner darunter dessen Gegenwart unter 5 Fuß 10 Zoll gewesen wäre. E [160]

*

Unser Leben kann man mit einem Wintertag vergleichen, wir werden zwischen 12 und 1 Uhr des Nachts geboren, es wird 8 Uhr ehe es Tag wird, und vor 4 des Nachmittags wird es wieder dunkel, und um 12 sterben wir. E [212]

*

Man muß nicht zuviel glauben, nicht zu viel abstrahieren, die großen Raffineurs haben glaube ich die wenigstens Entdeckungen gemacht. Das ist eben der Nutzen der menschlichen Maschine, daß sie Summen angibt. E [410]

*

Wenn ich die Genealogie der Dame Wissenschaft recht kenne, so ist die Unwissenheit ihre ältere Schwester, und [ist] denn das etwas so Himmelschreiendes die ältere Schwester zu nehmen wenn einem die jüngere auch zu Befehl steht? Von allen denen, die sie gekannt haben, habe ich gehört, daß die älteste ihre eigne Reize habe, daß sie ein fettes gutes Mädchen sei, die eben deswegen, weil sie mehr schläft als wacht, eine vortreffliche Gattin abgibt. E [420]

*

♂ 23. Es regnete so stark, daß alle Schweine rein und alle Menschen dreckig wurden. F[100]

*

Oktober 1776.

♀ 2. Er hatte die Eigenschaften der größten Männer in sich vereint. Er trug den Kopf immer schief wie Alexander, und hatte immer etwas in den Haaren zu nisteln wie Cäsar. Er konnte Kaffee trinken wie Leibniz, und wenn er einmal recht in einem Lehnstuhl saß, so vergaß er Essen und Trinken darüber wie Newton, und man mußte ihn wie jenen wecken. Seine Perücke trug er wie Dr Johnson und ein Hosenknopf stund ihm immer offen wie dem Cervantes. (und nun auf einmal mit Magister Reinhold) F [214]

*

Er pflegte seinen Witz so [zu] rechnen wie Wein, sein 70er sagte er wäre der beste. F [297]

*

So traurig stund er da wie das Trinkschälgen eines krepierten Vogels. F [572]

*

Man kann nicht allein Dinge aus der Körper-Welt transzendent machen, sondern auch Dinge aus der Geister-Welt retroszendent auf die Körper-Welt zurück. F [791]

*

Unter den Ideen die aus der höchsten Mathematik auch zum Nutzen minder erhabner Wissenschaft retroszendent gemacht werden können ist die von den Differentialen eine der fruchtbarsten. Man lernt da die Verhältnis verschwindender Größen angeben. Jede für sich allein genommen ist nichts, verglichen kann das eine Nichts vom andern unendlich übertroffen [werden]. Newton und Kindermann in der Wickelschnur waren beide für uns wenigstens nichts. Als das kleine Herz im Mutterleibe in beiden sich zum erstenmal zusammenzog oder ausdehnte, wer hätte sehen können, daß da der eine als Mann die Planeten wog, der andre ein Sehrohr erfinden würde von Dresden aus die Schiffe auf dem Stillen Meer zu sehen, oder gar um die Welt herum zu sehen. (Was ich vor mir sehe, sehe ich um die Erde herum, wenn ich einen ganzen Zirkel addiere.) Zween schlechte Schriftsteller, die beide so schlecht sind, daß kein vernünftiger Mann im Stand ist drei Zeilen in ihren Werken auszuhalten, können einander unendlich übertreffen. Ich meine der eine kann auf einer großen Bahn auf Null stehen und der andere auf einer die am Ende zur berüchtigten Albernheit führt. So sollten Kritiker von Werken urteilen. Es gibt sehr große kleine Schriftsteller wollte ich sagen, und sehr kleine große. Wenn Gott Schriftsteller wägt, so glaube ich wägt er sie so. Es ist verdrüßlich Exempel zu geben. Allein ich glaube Klopstock hat es auf einer kleineren Bahn weit gebracht, Milton steht einige Staffeln tiefer auf einer größern, wären beide ins Unendliche gegangen, so wäre Klopstock gegen Milton verschwunden. Nach dieser Idee kann ein schlechter Dichter einen großen übertreffen. F [793]

*

Die Nachtigallen singen und wissen dabei wohl nicht, was für Lärm die Verliebten und Dichter aus ihren Gesängen machen und daß es eine Gesellschaft höherer Wesen gibt, die sich ganz mit Philomelen und ihren Klagen unterhalten. Vielleicht hält ein höheres Geschlecht von Geistern unsere Dichter wie wir die Nachtigallen und Kanarienvögel; ihr Gesang gefällt ihnen eben deswegen, weil sie keinen Verstand darin finden. G [141]

*

Wer eine Wissenschaft noch nicht so inne hat, daß er jeden Verstoß dagegen fühlt, wie einen grammatikalischen Fehler in seiner Muttersprache, der hat noch viel zu lernen. G [230]

*

In den Bibelerklärungen kommt mir vieles vor, wie in den Erklärungen der Figuren in der Baumannshöhle. Man hat da betende Jungfrauen, Taufsteine, Paten, Mönche, Rindszungen, Säulen, Eierstücke, Himmelfahrt Christi, Pauken usw. Man muß aber gemeiniglich schon wissen, was es sein *soll,* um es darin zu erkennen. G [231]

*

Ein untrügliches Mittel wider das Zahnweh zu erfinden, wodurch es in einem Augenblick gehoben würde, möchte wohl so viel wert sein und mehr, als noch einen Planeten zu entdecken. G [241]

*

Man stattete ihm sehr heißen, etwas verbrannten Dank ab. H [112]

*

Wären die elektrischen Erscheinungen in der Natur gemeiner als die des Feuers, so würde unsere ganze Physik umgekehrt werden. Aber das *Mehr* und *Weniger* ist für die eigentlich philosophische Betrachtung Nichts. Das ist es eben, was uns die Erklärung in den Erscheinungen der Natur so schwer macht, daß wir auf das Allgemein-Verbreitete zu viel rechnen, und auf das *kräftige Seltnere* zu wenig Rücksicht nehmen und leider nehmen können. Wir wissen, wie wenig Stoff, nach Volumen und Gewicht geschätzt, nötig ist, eine Menge Stoffs zu verändern z. B. Sauerteig den ganzen Teig, Schlangengift, tollen Hundesgift, ein Pünktchen Vitriolöl in Lackmustinktur usw. H [182]

*

Es ist möglich, daß ein Körper einem andern Licht mitteilt, oder vielmehr in ihm erweckt, der selbst keines zeigt. So leuchten Stückchen von grünem Flußspat auf einer Feuerschaufel die zwar heiß, aber dunkel ist. Die Spitzen einer Hechel gegen einen stark geladenen, aber dunklen, Konduktor gebracht, leuchten. Das St. Elms-Feuer wird durch eine dunkle Wolke verursacht. Es wäre also möglich, daß ein dunkler Hauptplanet Licht in seinen Trabanten erweckte, oder daß um eine dunkle Sonne sich leuchtende Planeten bewegten.

In diesem Fall würden uns die Planeten Kreise um ein unsichtbares Wesen zu beschreiben scheinen, gerade so wie in dem alten Systeme die Planeten um die Mittelpunkte ihrer Epicyklen. In den Mittelpunkt der Epicyklen setzten die Alten *nichts*. Wir nennen das unphysisch. Aber ist es begreiflicher, daß die Erde sich in einem Kreise bewegt, weil in dem Mittelpunkt desselben sich etwas Sichtbares aufhält, da doch durch den ganzen Raum, durch welchen der Zug ausgeübt wird, nichts sichtbar ist? Die Hauptsache ist immer unsichtbar. Was unser Auge bei diesem Umlauf gewahr wird, ist nicht das, was den Planeten hält.

Es ist überhaupt ein Beweis von der großen Eingeschränktheit unserer Sinnlichkeit, daß wir gerade die Hauptsachen nicht sehen. Beim Magnet sehen wir seine Farbe, und fühlen sein Gewicht, seine Undurchdringlichkeit, seine Härte; aber diese Eigenschaften sind es *nicht* – weder einzeln noch zusammengenommen – vermöge welcher er das Eisen zieht. Denn alle diese Eigenschaften besitzen auch andere Körper. H [201]

*

Mit den Kometen; erst 1835, und 1848 wieder einer, wie viel verloren. Was wird nicht für Zeit hingehen bis man in Richtigkeit kömmt, durch Fleiß kann man allerdings den Mangel des Lebensalters ersetzen; allein das menschliche Geschlecht will seine Jahre haben, um weise und erfahren zu werden. Warum man die Elefanten in Sibirien und im Altaischen Gebirge findet sind keine Probleme für unsere Zeit, Geschichte und Erfahrung. Wir müssen Retouren abwarten und mir kömmt es immer vor, als wenn unser Hainberg einmal wieder mit See übergossen werden müsse damit wir lernen warum er ehmals übergossen war, warum sollten diese Dinge nicht retour-fähig sein. Wie die Jahrszeiten, es konnten Jahrszeiten von 1000 von Jahren sein, Ebben und Fluten von großen Intervallis, daher hat auch vermutlich Herr Deluc so sorgfältig daran gearbeitet, den schnellen Abfluß zu erweisen; allein das, woraus er einen schnellen Abfluß schließt, können kleine Neben-Umstände sein. J [20]

*

Die Einrichtung des Weltgebäudes ist gewiß sehr viel leichter zu erklären, als die einer Pflanze. Es korrespondiert ersteres mehr mit Kohäsion und höchster Kristallisation. Doch wächst auch schon der Dianenbaum, und die schöne Eisblume an der Fensterscheibe. J [34]

*

Das Zimmer war ganz leer ein bißchen Sonnenschein aus der zweiten Hand ausgenommen, das auf der Erde lag. J [330]

*

Die Versuche *z. B. des Lesage* die Schwere, Attraktion und Affinitäten mechanisch zu erklären gehört ebenfalls hieher (Siehe den vorhergehenden §). Es ist immer so viel wert als eine Maschine erfunden zu haben, dieses auszurichten. *Wenn jemand eine Uhr machen könnte, die die Bewegung der Himmelskörper so genau als in der Natur darstellte, würde der nicht ein großes Verdienst haben obgleich die Welt nicht durch Räderwerk geht? Er würde selbst durch diese Maschine manches entdecken, was er nicht hin[ein]getragen zu haben glauben würde. Und was ist der Calcul anders, als etwas dieser Maschinerie Ähnliches? Es wird eine Rechenmaschine* NB. J [393]

*

Der Astronom, der mir eine Mondfinsternis Jahrhunderte auf eine Minute voraussagt, ist nicht im Stand mir den Tag vorher zu sagen ob wir sie werden zu sehen kriegen. Ja, was noch seltsamer ist, daß wir von der Stunde der großen Finsternis, unserem Tode nichts wissen. Es ist gar keine Basis da, trotz unserer Anatomie und Physiologie sind für uns gar keine Grundbeobachtungen hierüber zu machen.
J [449]

*

Ich habe den Weg zur Wissenschaft gemacht wie Hunde die mit ihren Herrn spazieren gehen, hundertmal dasselbe vorwärts und rückwärts, und als ich ankam war ich müde. J [489]

*

Nach den Londonschen Mortalitäts-Tabellen ermordern sich mehr Leute selbst als sie andere ermorden. In London sind in 75 Jahrem 539 ermordet worden. Selbst ermordet haben sich 2 869. Vor Alter [starben] 139 248 die also das Alter hingerissen. – Artig ist es daß ohngefähr so viel vor Alter sterben als an den Pocken; so daß also das Alter eine der gemeinsten und zugleich gefährlichsten Krankheiten des Menschen ist. Nur sterben an den Pocken nicht alle, die sie bekommen, aber am letzteren sterben alle die es bekommen. Es ermorden sich fast noch einmal so viel als am Seitenstechen sterben. Das Alter ist eine Krankheit die wenigstens nicht anstekkend ist, *oder* wenn das Alter eine Krankheit ist, so ist sie in manchen Familien ansteckend. J [495]

*

Vor 20 Jahren wohnte ich einem freiem Platze gegenüber, der zwischen 2 parallelen Straßen lag, und nur an der Seite gepflastert war. Ereignete sich nun der Fall, daß jemand – doch hier wird es gut sein erst eine Figur zu entwerfen und zwar der Kürze wegen bloß im Kopfe. Man denke sich ein Quadrat, dessen 4 Winkeln ich mit A B C D bezeichnen will, und zwar sollen A und B die beiden obern, C und D aber die beiden unteren andeuten, und A soll D, und B dem C gegenüber stehn. Ereignete sich, sage ich, der Fall, daß jemand von D nach A oder von C nach B wollte oder umgekehrt, welches wohl an jedem Tag leicht 500mal geschehen mogte, so wurde es so gehalten. War es schönes Wetter, so ging man so gut man konnte nach der Diagonale. Bei schlechtem Wetter oder wenn der ungepflasterte Teil sehr morastig war wählte man statt der Diagonale die zwei Seiten, wobei gemeiniglich, ehe die Reise angetreten wurde, erst nach dem gegenüberstehenden Winkel hingesehen, und der Schritt etwas beschleunigt wurde. So wie der ungepflasterte Boden mehr abtrocknete fanden sich entweder Kühnere oder solche die ihre Schuhe weniger schonten, und gingen nicht mehr um den ganzen Winkel, sondern kreuzten in Linien über die mit der Diagonale parallel liefen, diese Linien näherten sich nach und nach immer mehr der Diagonale und so ging es mehrenteils. Zuweilen kürzte aber auch [ein] kraftvoller Wanderer, der vor der Stadt schon einen schlechten Weg bestanden hatte, den ganzen Prozeß etwas ab, oder Menschen an deren Schuhen und Strümpfen wenig zu verderben war, oder die weder die einen noch die andern hatten. Die merkwürdigste Erscheinung ereignete sich aber am Morgen wenn des Nachts ein tiefer Schnee gefallen war. So bald es Tag wurde fand ich mehr oder weniger einzelne Punkte die in der Richtung der Diagonale liegen sollten, aber weder darin, noch in irgend einer einfachen Richtung von der ganzen Welt lagen. Sie gehörten öfter einer krummen Linie zu, von der sich 2 gegen eins hätte verwetten lassen, daß sie nicht um 1/8 kleiner als die beiden Seiten des Parallelogramms, aber die ganze Welt gegen einen Groschen verwetten ließ, daß sie nicht um $\frac{1}{1000}$ bequemer war (falsch). Um 8 Uhr waren die Punkte schon zu einer Linie verbunden und ehe es eilfe schlug sah man schon sehr gesetzte und weise Männer, die gewiß wußten, daß der kürzeste Weg von einem Winkel eines Parallelogramms nach dem gegenüberstehenden die Diagonale sei, mit stetem und ernsterem Tritt durch eine krumme Linie gehen, die vielleicht ein schläfriger Nachtwächter für die Diagonale gehalten hatte. Noch war er schmal, nun begegneten sich aber viele Menschen die gewöhnlich den Pfad so ehrlich teilten daß keiner etwas davon bekam, dadurch wurde er breiter. Damals dachte ich schon etwas über Gleise zu schreiben. J [528]

*

Theosophie, Astrologie und eine gewisse Meteorologie haben nicht bloß das gemein, daß man bei ihrem Studio sowohl als ihrer Ausübung die Augen nach dem Himmel richtet, sondern auch daß ihre Verehrer immer mehr sehn wollen als andere.

J [534]

*

Das Mädchen war so langsam, daß, wenn ich sie des Morgens zur Türe hinausgehen hörte, ich immer glaubte sie hätte 4 Beine, denn 2 hörte ich in der Stube und 2 auf dem Gange trappen. Vermutlich rührte das daher, daß sie immer noch etwas vergessen hatte, während sie schon *in* der Türe war. J [603]

*

Warum sollte man nicht die Philosophie mikroskopisch behandelt sagen können, das ist die Kantische. Man gebraucht erst das bloße Auge, dann kleine Fernröhre, dann die starken, um den Gang der Sterne zu beobachten braucht man keine Herschelsche Teleskope. J [724]

*

So wie Linné im Tierreiche könnte man im Reiche der Ideen auch eine Klasse machen die man Chaos nennte. Dahin gehören nicht sowohl die großen Gedanken von allgemeiner Schwere, Fixstern-Staub mit sonnenbepuderten Räumen des unermeßlichen Ganzen, sondern die kleinen Infusions-Ideechen, die sich mit ihren Schwänzchen an alles anhängen, und oft im Samen der Größten leben, und deren jeder Mensch wenn er still sitzt [eine] Million durch seinen Kopf fahren sieht.

J [850]

*

Etwas über die ungebauten Wege in den Wissenschaften zu schreiben, man muß sie notwendig einschlagen, wenn etwas gewonnen werden soll. Chladni bei den Tönen.

J [866]

*

Es verdiente einmal recht ernstlich für eigene Haushaltung untersucht zu werden: warum die meisten Erfindungen durch Zufall müssen gemacht werden. Die Hauptursache ist wohl die, daß die Menschen alles so ansehen lernen wie ihre Lehrer und ihr Umgang es ansieht. Deswegen müßte es sehr nützlich sein einmal eine Anweisung zu geben wie man nach gewissen Gesetzen von der Regel abweichen könne. J [1329]

*

In der leblosen Natur auf unserem Erdball geht alles mehr chemisch als mechanisch zu. Hingegen bei den Tieren finden wir den Hebel und den Strick, bei den Pflanzen ist viel Hydrostatisches. Was aber [geht] bei der Bewegung der Planeten bei der

Schwere und dem Anziehen der Kräfte selbst wieder [vor?] Könnte da nicht etwas *Hypermechanisches* sein, so wie gewiß etwas Hyperchemisches dabei ist. J [1368]

*

So wie beim Differenzieren die Konstante verloren geht, so ist es auch bei den chemischen Analysen. Man sollte also Schwefel = Phlog[iston] + Vitriol-S[äure] + Konst. schreiben NB (siehe hierüber auch noch Exzerpte p. 41) oder so: die chemischen Zerlegungen sind den Differential-Gleichungen in der höheren Rechen-Kunst ähnlich wobei die Konstanten verloren gehen. Hierbei kann vielleicht auch noch die Vorstellung gebraucht werden, deren sich Lukrez häufig bedient Ignis signi usw. Sieh[e] H.p. 6. J [1441]

*

Wenn die Erde so groß würde wie eine Flintenkugel, mit aller Materie darin in derselben Verhältnis wie jetzt? Und wenn hingegen der Turmalin zur Erde würde mit aller Materie in der Verhältnis wie jetzt? Diese Idee durchgesetzt. Analogien von Organisation. Der Turmalin hat gewiß so einen Bau wie die Nessel, um Turmalin zu sein, denn sonst wäre Turmalin und dessen chemische Ingredienzen zusammen geschmolzen eine und eben dieselbe Sache. Aber was Frucht der Zusammensetzung ist, das zerstören wir zugleich mit der Zusammensetzung. Wenn wir die Bücher chemisch zerlegten worauf würde man kommen? und diese regelmäßige Lage der Poren muß notwendig eine regelmäßig[e] Trennung in dem hervorbringen was umher geschieht, so bringt man mit dem Kamm verwirrte Haare in eine ordentliche Lage; so wird gehechelt gesiebt, gewurfelt, filtriert, getröpfelt ein Körper vermutlich sezerniert da gibts freilich Dinge genug die kein Gegenstand für die Waage sind. J [1488]

*

Durch das planlose Umherstreifen durch die planlosen Streifzüge der Phantasie wird nicht selten das Wild aufgejagt, das die planvolle Philosophie in ihrer wohlgeordneten Haushaltung gebrauchen kann. J [1550]

*

Der Witz ist der *Finder* (Finder) und der Verstand der Beobachter. J [1620]

*

In dem Versuch von Deiman und Paets van Troostwyk, da sie Wasser durch Elektrizität in dephlog. [Sauerstoff] und infl. Luft [Wasserstoff] verwandelt zu haben glauben, ist wohl die erste Frage: wie ist diese Verwandlung geschehen? Hat sie als Feuer gewürkt oder als bloß mechanisches Mittel? Schwerlich, sondern es ist vielmehr wahrscheinlich daß die elektrische Materie hierbei eine Verbindung mit den Wasser-Dämpfen eingegangen ist. Nach diesen Betrachtungen könnte dieser

Versuch, den man als eine so große Bestättigung der antiphlogistischen Theorie angesehen hat, ein sehr bedenklicher Zweifel *wider* dieselbe werden, dahin gehören die Zersetzungen der alkalinischen Luft, und der schweren inflammabeln, von Austin philos. Trans. Vol. 80. J [1742]

*

Die Zeit da die Chemie der Elektrizität entwickelt werden wird, wird vermutlich die sein, da die Franz. Chemie über den Haufen fallen wird. J [1746]

*

Es wäre wohl dem Himmel ein Leichtes gewesen uns einen Sinn zu geben, der uns unmittelbar die Entfernungen der Gegenstände angäbe denn so wie unser Ohr so zu reden Schwingungen von Saiten zählt. So wie das Licht nur die Lage der Gegenstände ihrer Richtung nach zeigt, so wäre wohl ein Sinn möglich, der die Entfernung unmittelbar angäbe. Die Entfernung[en] der Gegenstände werden alle bloß geschlossen. J [1782]

*

Richter sagte einmal zu mir: Die Ärzte sollten nicht sagen, den habe ich geheilt, sondern der ist mir nicht gestorben, so könnte man auch in der Physik sagen, ich habe davon Ursachen angegeben, wovon man am Ende die Absurdität nicht zeigen kann, anstatt zu sagen ich habe *erklärt*. J [1827]

*

Philosophie ist immer Scheidekunst man mag die Sache wenden wie man will. Der Bauer gebraucht alle die Sätze der abstraktesten Philosophie nur eingewickelt, versteckt, gebunden, latent, wie der Physiker und Chemiker sagt; der Philosoph gibt uns die reinen Sätze. J [2148]

*

Wir sehen in der Natur nicht Wörter sondern immer nur Anfangsbuchstaben von Wörtern, und wenn wir alsdann lesen wollen, so finden wir, daß die neuen sogenannten Wörter wiederum bloß Anfangsbuchstaben, von andern sind. J [2154]

*

. . . Der Mensch ist nur da die Oberfläche der Erde zu bauen, den Bau und die Reparaturen, die mehr in die Tiefe gehen, behält sich die Natur selbst vor. Dieser Bau ist ihm nicht anvertraut. Erdbeben die Städte umkehren kann er nicht machen und wenn er sie machen könnte würde er sie gewiß am unrechten Ort anbringen. Ich bin sehr geneigt zu glauben daß es mit unsern – – *archien* und *kratien* eben so geht. Was der Pflug und die Axt tun kann, das Können und Müssen ist für uns, aber nicht was den Erdbeben, den Überschwemmungen und den Orkanen zugehört, und vermutlich, ja gewiß eben so nützlich und so nötig ist. Wenn am Ende das Glück des ganzen Geschlechts in einer ... *kratie* besteht, wovon wir das erste Wort der Zusammensetzung gar nicht kennen, und das man nach Gebrauch der Mathematiker etwa durch x°kratie bezeichnen könnte, wer will dieses x bestimmen? Ein Freund las *Christo*kratie, und aus dem Innersten meiner Seele gesprochen, ich habe gegen diesen Wert von x nichts einzuwenden, wenn man nur erst über die Bedeutung des Worts *Christus* recht eins wäre, oder die so deutliche Bedeutung nicht mutwillig verkennen wollte. es ist aber zu fürchten, daß auch dieses Verständnis nur durch Reformationsrevolutionen und dreißigjährige Kriege wird bewirkt werden können.

K [16]

*

Man schreibt sehr viel jetzt über Nomenklatur und richtige Benennungen, es ist auch ganz recht, es muß alles bearbeitet und auf das Beste gebracht werden. Nur glaube ich, daß man sich zu viel davon verspricht, und zu ängstlich ist den Dingen Namen zu geben die ihre Beschaffenheit ausdrücken. Der unermeßliche Vorteil den die Sprache dem Denken bringt besteht dünkt mich mehr darin, daß sie überhaupt Zeichen für die Sache, als daß sie Denfinitionen sind. Ja ich glaube daß grade dadurch der Nutzen den die Sprachen haben wieder zum Teil aufgehoben wird. Was die Dinge sind, dieses auszumachen ist das Werk der Philosophie. Das Wort soll keine Definition sein, sondern ein bloßes Zeichen für die Definition, die immer das veränderliche Resultat des gesamten Fleißes der Forscher ist, und es in so unzählichen Gegenständen unseres Denkens ewig bleiben wird, daß der Denker daher gewöhnt wird sich um das Zeichen, als Definition gar nicht mehr zu bekümmern, und diese Unbedeutlichkeit auch endlich unvermerkt auf solche Zeichen überträgt die richtige Definitionen sind. Und das ist auch dünkt mich sehr recht. Denn da einmal nun die Zeichen der Begriffe keine Definitionen sein können, so ist fast besser gar keines derselben eine Definition sein zu lassen, als auf das Ansehen einiger Zeichen hin, die richtige Definitionen sind, so vielen andern die es nicht sind einen falschen Kredit zu verschaffen. Das würde eine Herrschaft der Sprache über die Meinungen bewirken die alle den Vorteil wieder raubte den uns die Zeichen verstatten. Es ist aber nicht zu befürchten, die sich selbst überlassene Vernunft wird immer die Worte für das nehmen was sie sind. – Es ist unglaublich wenig was ein solches definierendes Wort leistet. Das Wort kann doch nicht alles enthalten und also muß ich doch die Sache noch besonders kennen lernen. Das beste Wort ist das das jedermann gleich versteht. Also sei man ja behutsam mit der Wegwerfung allgemein verstandener Wörter, und man werfe sie nicht deswegen weg weil sie einen falschen Begriff von der Sache gäben! Denn einmal ist es nicht wahr, daß es mir einen falschen Begriff gibt, weil ich ja weiß und voraussetze, daß das Wort diene die Sache zu unterscheiden, und für das andere, so will ich aus dem Wort das Wesen der Sache nicht kennen lernen. Wer hat beim Metall-Kalch je an Kalch gedacht? Was kann es schaden die Kometen Kometen das ist Haar-Sterne zu nennen, und was würde es nutzen sie Brand- oder Dampf-Sterne zu nennen? (Sternschnuppe.) Es läßt sich selten viel in die Namen eintragen, so daß man doch erst die Sache kennen muß. Parabel, Hyperbel, Ellipse sind Namen dergleichen sich die Chymie weniger rühmen kann, denn [sie] drücken Eigenschafteen dieser Linien aus, aus denen sich alle die übrigen herleiten lassen, welches freilich mehr *reiner* Natur der Wissenschaft wohin diese Betrachtungen gehören als einem besonderen Witz der Erfinder dieser Namen zuzuschreiben ist. Aber was hilft eben diese Weisheit, man braucht sie wie den Namen Zirkel und Kreis oder Muschel-Linie, die keine Definition sind. Der Dispüt hat würklich etwas Ähnliches mit den puristischen Bemühungen der Sprachmelioristen, und Orthographen. Man hofft *zu viel* von guten und fürchtet zuviel von schlechten Wörtern. Die Richtigkeit des Ausdrucks ist es nicht allein sondern die Bekanntheit und der Wert eines Worts steht also gewissermaßen in der zusammengesetzten Verhältnis aus der jedesmalen Richtigkeit und der Bekanntheit. Freilich Regeln für die Wörterfertigung festzusetzen ist immer sehr gut, denn es kann ein Fall kommen, wo man sie gebraucht. Es ist würklich gut den Dingen griechische zu geben. Hätte man für die ganze Chemie hebräische Namen oder arabische wie Alkali pp, so würde man am besten dabei fahren je weniger man von dem Namen versteht.

K [19]

*

Nomenklatur. Auch hier ist die eingeschränkte Monarchie der Aristokratie vorzuziehen. Wenn man bloß vernünftig gewählte Ausdrücke gelten machen will, so gibts eine Aristokratie, und dann welche sind dann die vernünftigsten und wer soll darüber entscheiden? Es können ja viele gleich gut und gleich vernünftig gewählt sein. Ich halte auch hier einen geschnitzten Monarchen für den besten; geschnitzte Heiligen richten mehr aus als die beseelten. Am Umschaffen eingeführter Namen hat immer mehr Eitelkeit als Nützlichkeit Anteil, denn gewöhnlich werden sie alsdam erst nützlich wenn man sie so nimmt wie die alten, nämlich nicht mehr denkt *was die Dinge ihrem Wesen nach sind,* die sie bezeichnen, sondern bloß an die Dinge. Hypothesen sind Gutachten, Nomenklaturen sind Mandate.

K[20]

*

Was das Studium einer tiefen Philosophie so sehr erschwert, ist, daß man im allgemeinen Leben eine Menge von Dingen für so natürlich und leicht hält, daß man glaubt, es wäre gar nicht möglich, daß es anders sein könnte; und doch muß man wissen, daß man solcher vermeintlichen Kleinigkeiten größte Wichtigkeit erst einsehen muß, um das eigentlich so genannte *Schwere* zu erklären. Wenn ich sage: *dieser Stein ist hart* – also erst den Begriff *Stein,* der mehreren Dingen zukommt, diesem Individuo beilege; alsdann von Härte rede, und nun gar das Hartsein mit dem Stein verbinde – so ist dieses ein solches Wunder von Operation, daß es eine Frage ist, ob bei Verfertigung manches Buches so viel angewandt wird. »Aber sind das nicht Subtilitäten? braucht man das zu wissen?« – Was das erste anbetrifft, so sind es keine Subtilitäten, denn gerade an diesen simpeln Fällen müssen wir die Operationen des Verstandes kennen lernen. Wollen wir dieses erst bei dem Zusammengesetzten tun, so ist alle Mühe vergebens. Diese leichten Dinge schwer zu finden, verrät keine geringen Fortschritte in der Philosophie. – Was aber das andere anbetrifft, so antworte ich: *Nein!* man braucht es nicht zu wissen; aber man braucht auch kein Philosoph zu sein. K [65]

*

Wenn man die Natur als Lehrerin, und die armen Menschen als Zuhörer betrachtet, so ist man geneigt, einer ganz sonderbaren Idee vom menschlichen Geschlechte Raum zu geben. Wir sitzen allesamt in einem Collegio, haben die Prinzipien, die nötig sind, es zu verstehen und zu fassen, horchen aber immer mehr auf die Plaudereien unserer Mitschüler, als auf den Vortrag der Lehrerin. Oder wenn ja einer neben uns etwas nachschreibt, so *spicken* wir von ihm, stehlen, was er selbst vielleicht undeutlich hörte, und vermehren es mit unseren eigenen orthographischen und Meinungsfehlern. K [70]

*

Es gibt für jeden Grad des Wissens gangbare Sätze, von denen man nicht merkt, daß sie über dem Unbegreiflichen, ohne weitere Unterstützung, auf bloßem Glauben schweben. Man hat sie, ohne zu wissen, woher die Sicherheit kommt, mit der man ihnen traut. Der Philosoph hat dergleichen so gut, wie der Mann, der da glaubt, das Wasser fließe deswegen immer bergab, weil es unmöglich wäre, daß es bergauf fließen könne. K [71]

*

Ich glaube, man treibt in unseren Tagen die Geschichte der Wissenschaften zu minutiös, zum großen Nachteil der Wissenschaft selbst. Man liest es gerne, aber wahrlich es läßt den Kopf zwar nicht leer, aber ohne eigentliche Kraft; eben weil es ihn so voll macht. Wer je den Trieb in sich gefühlt hat, seinen Kopf nicht anzufüllen, sondern zu stärken, die Kräfte und Anlagen zu entwickeln, sich auszubreiten, der wird gefunden haben, daß es nichts Kraftloseres gibt, als die Unterredung mit einem so genannten Literator in der Wissenschaft, in der er nicht selbst gedacht hat, aber tausend historisch-literärische Umständchen weiß. Es ist fast als wie Vorlesung aus einem Kochbuch, wenn man hungert. Ich glaube auch, daß unter denkenden, ihren eigenen und der eigentlichen Wissenschaft Wert fühlenden Menschen die so genannte Literärgeschichte nie ihr Glück machen wird. Diese Menschen räsonieren mehr, als sie sich darum bekümmern, zu wissen, wie andere Menschen räsoniert haben. Was das Traurigste bei der Sache ist, so findet man, daß, so wie die Neigung an literärischen Untersuchungen in einer Wissenschaft wächst, die Kraft zur Erweiterung der Wissenschaft selbst abnimmt, allein der Stolz auf den Besitz der Wissenschaft zunimmt. Solche Leute glauben sich mehr im Besitz der Wissenschaft selbst zu sein, als die eigentlichen Besitzer. Es ist gewiß eine sehr gegründete Bemerkung, daß wahre Wissenschaft ihren Besitzer nie stolz macht, sondern bloß die von Stolz sich aufblähen läßt, die aus Unfähigkeit, die Wissenschaft selbst zu erweitern, sich mit Aufklärung ihrer dunkeln Geschichte abgeben, oder alles herzuzählen wissen, was andere getan haben, weil sie diese größtenteils mechanische Beschäftigung für Übung der Wissenschaft selbst halten. Ich könnte dieses mit Exempeln belegen, aber das sind odiöse Dinge. K [188]

*

Wäre es nicht gut, die Theologie etwa mit dem Jahre 1800 für geschlossen anzunehmen und den Theologen zu verbieten, fernere Entdeckungen zu machen? K [237]

*

Man sagte einem Menschen die Seele sei ein Punkt, worauf er antwortete, warum kein Semikolon, so hätte sie einen Schwanz. KA [135]

*

Allerlei Kunststücke

1. Einen Hund der zum Tor hinaus lauft mit drei Strichen zu zeichnen. Von Herrn v. Münchhausen.
2. Wieviel ist ein Drittel von 8?
3. Der Hahn, der Hahn und nicht die Henne.
4. Das Glas pp das ist nicht recht.
5. Die Wassernuß von frischem Brod, die nicht mit großer Gewalt entzwei geworfen werden kann.
6. Zwei Messer auf einem Glas zu balancieren.
7. Zwei Kirschen durch ein enges Loch im Papier zu stecken.
8. Ein Loch in eine Charte zu schneiden, so daß 4 Bouteillen Wein dadurch gehn.
9. In einem Gefäß sind 8 Bouteillen Wein mir werden zwei leere Gefäße gegeben davon das eine 3 das andere 5 hält ich soll den Wein im obigen Gefäß vermittelst dieser halbieren. (Der kürzeste Weg ist mit 6 Aus- und Abgießungen)
10. Eine Kette aus einer Charte zu schneiden.
11. 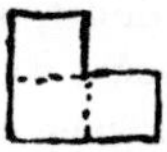 Diese Figur die aus dreien Quadraten besteht in 4 gleiche und ähnliche Teile zu teilen.
12. Einen Format für Papier anzugeben so daß Folio 4to und 8vo alle einander ähnlich werden.
13. Die ungerade magischen Quadrate.
14. zwo Personen zusammen zu binden und sie los zu machen ohne aufzubinden
15. 5 Quadrate so zu zerschneiden, daß man eines daraus legen kann.
16. zwölf Stücke Geld in ein Quadrat zu legen.
17. in einem Tropfen Wasser die Charten am Licht zu sehen.

18. As, König, Dame und Buben so in ein Quadrat zu legen, daß weder 2 mal Coeur pp noch auch 2 Damen pp weder in einer Horizontal- noch Vertikal-Reihe zu liegen kommen.
19. Geld durch einen Teller zu schlagen.
20. die Charten auswendig her zu sagen.
21. Die 4 Asse in die Mitte zu bringen durch die Volte.
22. Das Stück mit den 3 Haufen mit der Veränderung.
23. populeam virgam mater regina tenebat.
24. 8 Stücke Geld auf 4 Haufen zu legen und doch niemals mehr oder weniger als 2 zu überspringen.
25. Den Nürnberger Tand spielen.
26. Das Holz mit den Ringen.
27. Ein Billet 4eckigt zusammen zu stecken, welches mit Herr Kaltenhofer zeigte.
28. Der Tumbler.
29. Das Glas mit dem Papier darauf, herum zu wenden. vid[e] infra.
30. Die beiden Nußschalen zusammen zu knüpfen.
31. Einen Rechen zu zeichnen.
32. Ein Stück Bindfaden durch die Schlinge hinter dem Daumen zu stecken.
33. Ein Schnupftuch nach der Tür zu werfen und dabei über die andere Achsel zu sehen.
34. Die Karte so zu werfen, daß die oberste allein herum fliegt. KA [230]

*

Wie geht es, fragte ein Blinder einen Lahmen; Wie Sie sehen, war die Antwort. L [29]

*

Die absondernde Philosophie pp (S.M.C.S.13 Lion) trennt Trägheit vom Widerstand in der Lehre, vom Körper, so wie sie in der Anthropologie den bloß tierischen Menschen vom blaß vernünftigen trennt, aber beide vereinigt sind nur allein *wirklich* da. L [59]

*

ad p. 2. L. Ist es nicht eine sonderbare Situation, in der sich die Seele befindet, wenn sie [eine] Untersuchung über ihr eigenes Selbst liest; also in Büchern sucht was sie selbst wohl sein möchte? Es hat einige Ähnlichkeit mit dem Hunde, dem man einen Knochen an den Schwanz gebunden hat, sagte Lion wahr, aber etwas unedel. L[311]

*

Wenn er philosophiert, so wirft er gewöhnlich ein angenehmes Mondlicht über die Gegenstände, das im ganzen gefällt, aber nicht einen einzigen Gegenstand deutlich zeigt. L [320]

*

Morgenstern wurde er genannt. Man konnte aber wohl nicht den Phosphorus, den Vorboten eines schönen Tages gemeint haben, sondern entweder den Luzifer selbst oder eine bekannte Art Mordprügel womit man seinen Neben-Menschen den Hirnschädel einschlägt. L [416]

*

Man spricht viel von Aufklärung, und wünscht mehr Licht. Mein Gott was hilft aber alles Licht, wenn die Leute entweder keine Augen haben, oder die, die sie haben, vorsätzlich verschließen? L[472]

*

Theorie der Falten in einem Kopfkissen. L [476]

*

Wenn die *Not* die Mutter der Erfindung ist so wäre wohl der Krieg der die Not erzeugt der Großvater der Erfindung. Ein Beweis durch Sprüchwörter könnte man presque geometrique nennen. L [524]

*

Es ist ein närrischer Gedanke des Hofrat Herz zu Berlin, daß er Moritzen, der beklagte daß er so jung sterben müßte, antwortete, er solle sich vorstellen er wäre anno 1712 geboren. Närrischer Einfall ist hier bekanntlich ein Lob. Die Sache läßt sich verteidigen. L [540]

*

Es gibt Leute, die so wenig Herz haben etwas zu behaupten, daß sie sich nicht getrauen zu sagen, es wehe ein kalter Wind, so sehr sie ihn auch fühlen möchten, wenn sie nicht vorher gehört haben, daß es andere Leute gesagt haben. L [582]

*

An Deluc. Kant unterscheidet sich dadurch von andern Philosophen, daß er seine hauptsächliche Aufmerksamkeit auf das *Instrument* richtet; dessen Güte und hauptsächlich dessen Umfang untersucht, wie weit es reicht, und ob es auch dazu taugt Dinge auszumachen, die man damit ausmachen will, das ist er untersucht die Natur unsers Erkenntnis-Vermögens. – What right have we to suppose that our sensations are any thing more than our sensations? What is reality for us (perhaps to us), what is existence? Könnte faculty of cognition gebraucht werden? L [662]

*

Jeder Mensch erhält bei seiner Geburt ein Los in der großen Lotterie der Erfindungen, in welcher wohl gewiß am Ende des Jahres 1798 das größte Los noch nicht gezogen war. L [675]

*

Herr Kant (wie mir Herr Lehmann erzählte) pflegte zu sagen, wenn er vom Verdienst der Nationen um die Wissenschaften redete: Der Deutsche besorgte die Wurzel und den Stamm, der Franzose die Blüten, die Engländer die Früchte und die Italiäner die Blätter. L [678]

*

Ein großes Licht war der Mann eben nicht, aber ein großer (bequemer) Leuchter. Er handelt mit anderer Leute Meinungen. L [686]

*

Die Vorstellung des Kindes, das den Tisch schlägt, an den es gestoßen hat, ist wohl hier die richtigste, sie geht vor dem Räsonnement voraus, und das ist was wir wissen wollen. Der am Star Operierte sieht alle die Körper auf seinem Auge liegen, das ist richtig. Die Empfindung liegt im Auge, dessen *Entfernung* von seinem eignen Ich, die schon wieder eine Mischung von Gefühl und Schließen ist, er durch das Gefühl kennen gelernt hat. – Es ist in der Tat zu verwundern, daß der *materialen* Idealisten in der Welt so wenige sind, und der *formalen* so viele. L [798]

*

Frage: Was ist leicht und was ist schwer? Antwort: solche Fragen zu tun ist *leicht;* sie zu beantworten ist schwer. πμ L [833]

*

Ja nicht zu vergessen, was ich in diesem Buche (p. LII.) von der Zeit gesagt habe. Es bleibt eine ewige Hindernis für uns der Natur auf die Spur zu kommen. Ein sehr bekanntes Produkt muß 9 Monate in einer Wärme von 96 Fahrenheitischen Graden digeriert werden bis es zu Stande kommt. Wer will uns garantieren ob es nicht solcher hundertjährigen Prozesse in der Natur gibt, und ob nicht unsere Erde ihre Form einem 5 bis 6000jährigen zu verdanken hat. Franklins Federharz. Hauptbemühung der Physiker *Nutzen* für das menschliche Geschlecht. Hier gilt vorzüglich: nisi utile est quod facimus pp. Diese Betrachtungen verdienen *eine eigene Abhandlung.* Wir müssen so für künftige Physiker zu arbeiten suchen, wie die Natur für künftige Zustände arbeitet. Von Humboldts Kugeln mit Wasserdämpfen aufgeblasen. Man muß in Gläser einschließen. Sich vorhandene Hitze bei Manufakturen zu Nutz machen. Wie hat man denn die Weine durch Ruhe verbessert. Warum verbessert man nicht andere Dinge durch die Zeit. Die Weine, die Weine zu merken. Löst mir das Rätsel: warum kann man nicht aus neuem Rheinwein in Zeit von ein paar Stunden einen machen, den der größte Weinkenner mit altem verwechselt. Was für ein Deutsch wird man im Jahr 2000 in Sachsen sprechen? L [935]

*

Briefe

An A. B. Kästner, London, 17. 4.1770

... Mylord Marchmont, des Lord Polwarths Vater, ein großer Verehrer der Deutschen, hat mich auf meiner Stube besucht, ich habe nie einen eifrigeren Verehrer von Wolffen in Deutschland gesehen, als diesen Herrn, als ich neulich im Hause der Lords einer Versammlung beiwohnte, sprach er zum ersten Mal und nur einige Minuten mit mir, und dennoch fing er von Wolffen an. Er wunderte sich etwas spöttisch, daß die Deutschen viele Sachen erfänden, die man in Engelland nicht nachmachen könnte, und nannte mir Wincklern in der Elektrizität und Herrn Störcken mit seinem Schierling. Die Aufnahme der deutschen Literatur in England würde sehr gewinnen, wenn noch etliche solche Lords hier wären. Er versicherte mich von Harrisons *time keeper* daß die so sehr beschriene Genauigkeit desselben vermutlich ein bloßer Zufall sei, und konnte mir nicht genug beschreiben, was für elende Leute die englischen Künstler gemeiniglich in der Theorie wären. Er kann nicht begreifen, wie sie im Stande sind Maschinen, die sie oft ganz falsch erklären und verstehn, so gut zu verfertigen ...

*

An J. C. Dieterich, Hannover, 8./9. 4. 1772

... Heute habe ich mit einem englischen Tubus der 120 Reichstaler kostet in einem entlegenen Haus die Zärtlichkeit eines Kammermädchens und eines Bedienten beobachtet, der Auftritt schien dem Akteur mehr als 120 Taler wert zu sein. Der Kerl lag wahrlich einmal auf den Knien, ich konnte ihn ganz übersehen, aber seine Hand konnte ich nicht finden, glaube ich, und wenn mein Tubus 500 gekostet hätte. Die Szene war sehenswert ...

*

An Frau C. Dieterich, Hannover, 12. 6. 1772

... Glauben Sie mir, in Schwaben solls sehr schöne Mädchen geben, vermutlich, weil die Akademie der Wissenschaften sich noch nicht mit Verbesserung derselben abgibt. Wie weise doch die Natur ihre Gaben austeilt, sie hat den Schwaben zwar kalte Winter gegeben, aber auch wieder die Mittel dagegen im Überfluß. Holz haben sie so viel, daß sie welches nach England verkaufen, und Mädchen geben sie, wie Sie sehen, auch weg ...

*

An J. C. Dieterich, Hannover, 17. 7. 1772

... Eine lächerliche Historie, wozu einer dieser Kupferstiche die Hauptveranlassung gewesen ist, muß ich Dir doch erzählen. Mein Barbier und mein Perückenmacher sind ein Paar so neugierige vorwitzige Seelen, und geschwätzige Mäuler, als nur je eins in einer Badstube oder Puderkammer geplappert hat. Ich gebe mich daher öfters in guten Stunden mit ihnen ab, als z. B. ich lasse sie durch *Tubos* sehen, worin keine Gläser sind, die sie denn sehr bewundern und sagen, der muß viel Geld gekostet haben, weil er von außen sehr prächtig ist, oder ich zeige ihnen die Sonne und gebe dem Tubo eine solche Stellung, daß sie, ohne sich niederzulegen und die lächerlichste Stellung anzunehmen, nichts sehen können. Vorgestern als sie beide zugleich kamen, lag eben das Kupfer auf dem Tisch, das die Nerven des Herzens vorstellt. Sehen Sie, wisperte der Perückenmacher dem Barbier zu, was das scheußlich aussieht.

Der Barbier. (Etwas laut, damit ich es auch hören sollte) O das ist noch gar nichts, auf der Anatomie haben wir dergleichen noch viel schlimmer, und da riechts noch dabei. – – –

Der Perückenmacher. Pfui Henker (und spuckte aus), ich möchte kein Barbier sein.

Der Barbier. Und ich kein Perückenmacher.

Der Professor. (Bei Seite) und ich keins von beiden.

Nunmehr war die Seife fertig, und der Barbier avancierte gegen mich, da ich mit der Serviette auf dem Stuhle saß. Um Vergebung, sagte er, Herr Professor (und zog mir einen Bart von Seife), was soll das Bild dort vorstellen?

Der Professor. Welches Bild?

Der Barbier. Dort der Kerl, man kann das Herz und auch etwas von den *pulmones* sehen (so sagt der deutsch sprechende Barbier, wenn er Lungen sagen will).

Der Professor. (Der nun zum guten Glück schon um den Mund herum eingeseift war und das Lachen halten konnte wie ein Haubenstock.) O, das ist der Graf Struensee, wie er auf dem Rade liegt.

Der Barbier. Ha, der da!

Der Perückenmacher. Du lieber Gott, ich habe es aber gleich gedacht. Wie sie ihn verschändet haben, haben ihm die Haare abgeschnitten, denn ich erinnere es mich noch perfekt, wie er hier war, trug er sein eigen Haar.

Der Barbier. O, das wäre das Geringste. Vielleicht hat er sich noch eine Perücke machen lassen (hier platzte ich trotz meiner Seifenmaske los, aber mit dem Anschein, als wäre es über den Triumph des Barbiers, eigentlich aber lachte ich über alle beide, und daß der Spaß so eingeschlagen war).

Nun wird jeder die Nachricht, daß ich ein schönes aber gräßlich anzusehendes Bild vom Grafen hätte, seinem Herrn erzählen, und diese es den Herren, die sie ra-, und den Damen, die sie frisieren, und wenn es die Damen einmal wissen, ja dann – (die Worte von: und wenn an gerechnet kannst Du wegstreichen, so bald mir Christelchen wieder einen Brief geschrieben hat). Alle meine guten Freunde hier haben sich über diesen Streich gefreut, ich glaube, auch durch sie wird es so bald bekannt werden, daß ich den Streich gespielt, als durch die andern, daß ich den Kupferstich hätte ...

*

An J. P. Kaltenhofer, Hannover,

... Gestern erhielt ich die Nachricht, daß der König sein Wohlgefallen über meine Beobachtung bezeigt und resolviert habe, daß ich nach vollendeten Beobachtungen zu Osnabrück auch nach Stade gehen soll, es ist also nun kein Geheimnis mehr, mein Plan wäre also der: Ich gehe in 8 oder 10 Tagen von hier nach Osnabrück und bleibe da bis zu Ende des Oktober, alsdann gehe ich nach Göttingen und bleibe bis in den Februar, da ich nach Stade zu gehen gedenke.
Bei meiner Ankunft wurden mir die Beobachtungen eines gewissen Chevalier Brouain (es liegt nichts dran ob ich den Namen recht schreibe), der die Polhöhe von Hannover bestimmt hat, übergeben, nach dieses Mannes Beobachtung hat Hannover 51° 52′ und etliche Sekunden Polhöhe, da sie nach meinen Beobachtungen 52° 22′ 16″ ist. Es findet sich also zwischen unsern Bestimmungen ein unbeträchtlicher Unterschied von einem halben Grade! Ich wünschte fast, daß der Franzose recht hätte, denn so läge Hannover in der Gegend von Eimbeck und ich käme mit der nächsten Postkutsche wieder einmal zu Ihnen. Es sollte mir leid sein, wenn ich nicht mit Herrn Professor Meisters kleinstem *Astrolabio* die Sache genauer hätte finden wollen ...

*

An J. P. Kaltenhofer, Osnabrück, 12. 11. 1772

... Diese Geschöpfe haben neulich öffentlich und mit hundert Umständen ausgesagt, es wäre in der Nacht vom 3 auf den 4ten November um ein Uhr ein Mädchen zu meinem mittäglichen Fenster hinein gestiegen, und gegen 2 Uhr wieder heraus. Sie waren so bescheiden es unentschieden zu lassen, ob es in Herzens Angelegenheiten, oder in Geld Angelegenheiten, oder in Geld und Herzensangelegenheiten zugleich geschehen wäre, und zeigten es meinem Bedienten, der die nordöstliche Ecke bewohnt, am folgenden Morgen an. Weil nun dieses Einsteigen durchs Fenster, wenn es auch die Muse Uranie selbst gewesen wäre, nicht mit zur Bestimmung der Polhöhe gehört, und ich unter den Augen eines geizigen Ministerii nichts tun darf was nicht einige Beziehung auf *Latitudinem et Longitudinem geographicam* dieser Stadt hat, so frappierte es mich nicht wenig, zu sehen, daß die alten Weiber ein Lauffeuer angefangen hatten, in welches gewiß noch vor Abend die Minister, Subalterne und Damen ihre Büchsen, Pistolen und Buffertgen mischen würden ...

*

An J. P. Kaltenhofer, Osnabrück, 27. 11. 1772

... Da ich mit den Beobachtungen für die Länge nicht viel glücklicher hier, als in Hannover bin, da ich die Sonnenfinsternis gar nicht gesehen habe, und auch nur sehr wenige Jupiters Trabanten Entfinsterungen, auch von den noch zurückseienden immer weniger zu hoffen stehet, so kann ich nicht leugnen, quält mich zuweilen der Unmut etwas. Was doch das in Göttingen für ein bequemes observieren ist, wenn da ein Trabant ver- oder entfinstert werden soll, so ist es 1) eine große Frage, ob man ihm die Ehre antut zuzusehen, kommt 2) unvermutet eine Wolke, das hat nun gar nichts zu bedeuten, denn es ist in der Hauptsache nichts schlimmer, als wenn man gar nicht hingegangen wäre, und dieses ist (§ 1) eine Sache die man tun oder lassen kann. Schreibt man 3) bei einer Observation nur die Sekunden auf und findet am Ende daß man die Minuten nicht aufgeschrieben hat, so lacht man herzlich, denn es hätte ja eine Wolke kommen (§ 2) oder man hätte zu Hause bleiben können (§ 1), so wäre es dasselbe gewesen, das herzliche Lachen über den Spaß ausgenommen. Hier sind mir diese Begebenheiten so kostbar, daß so gar mein Heinrich schon den Tag zuvor davon zu reden weiß ...

*

Fortsetzung am 1. 12. 1792

... Hier ist ein gewisser Magister Namens Reinhold, der alles kann. Er will *Globos* von Kupfer verfertigen, 3/4 Schuh im Durchmesser, die beim Äquator auseinander genommen werden können, wo die Sterne der ersten Größe sind, will er Löcher bohren, das ginge nun noch alles an, aber die Löcher sollen so sein, daß man ein kleines Perspektivgen durch praktizieren kann -- Es können andere Leute etwas so einfältiges sagen oder tun, das einem, wenn man es erzählen will, die Zunge oder die Finger lähmt, in dem Fall bin ich jetzt mit den *Globis,* ich kanns nicht auserzählen. Mir selbst erzählte er daß er nun an das bewegliche Lineal seines Meßtischchens einen *Tubum* anbringen wollte, und weil er etwas von dem Branderschen Leim auf Glase gehört hat, so will er ein subtiles Kreuz auf das -- Objektiv-glas ziehen. Das ist der rechte Ort, wenn er sie sich auf den bloßen Hintern zöge, so könnten sie ihm beim visieren eben soviel nützen ...

*

An J. C. Dieterich, Osnabrück, Dezember 1772

... Neulich schriebe ich: hier sitze ich. Es war aber ein Versehen, ich sitze und hänge hier nicht, sondern ich klebe ...

*

An J. H. Lambert, Göttingen, 1. 3. 1774

... In der Abhandlung de affinitate *colorum,* auf die man so sehr neugierig gewesen ist, werden alle diejenigen, die Ew. Wohlgeboren Beschreibung einer Farbenpyramide kennen, nichts neues mehr finden. Gegenteils habe ich, der ich die Beschreibung der Pyramide nach der Mayerischen Abhandlung gelesen habe, sehr viel neues in der erstern gefunden. Wenn ich einige nicht sehr wichtige Rechnungen, die Benennungen der Fächer im Triangel, und dann noch ein paar Bemerkungen ausnehme, so steht alles vorzügliche in der Anzeige die Mayer in die Zeitung hat setzen lassen. Ja die Anzeige enthält so gar einiges was nicht in der Abhandlung steht. Z. E. daß sein g^{12} königsgelb und b^{12} bergblau ist, habe ich aus der Anzeige gesehen, in der Abhandlung bezeichnet er nur einmal im vorbeigehen den Zinnober mit r^{12}. Auf was Art er seine Mischung gemacht, oder wie nun einer, der sein Gelb, Blau und Rot vor sich hat, die Partienten in Gewicht verwandeln, oder wie er sich bei andern Farben die Regeln zu dieser Verwandlung durch Versuche selbst finden könne, davon sagt er kein Wort. Er erwähnt nicht einmal des Umstands von der verschiedenen Stärke der Farben. Aus der Abhandlung selbst zu schließen, würde kein bemalter Triangel mit derselben erschienen sein, auch wenn Mayer die Ausgabe selbst besorgt hätte. Es wird also auch dieses mal keiner mit aus gegeben werden. Nach der Art, wie dergleichen Sachen für die Buchhändler verfertigt werden müssen, würde auch Mayers Endzweck verfehlt werden, Leuten, die mit Farben umgehen, ein dem Probierstein und Stiften der Goldarbeiter ähnliches Instrument in die Hände zu liefern. Ich bin jetzt beschäftigt welche für mich zu verfertigen und von dem Erfolg werde ich Ew. Wohlgeboren nicht ermangeln Nachricht zu geben. Mayer hat bei seiner Vorlesung einen ausgemalten Triangel vorgewiesen, den ich jetzt, wiewohl sehr beschädigt, vor mir habe. Die Farben hat er nicht etwa in den gezeichneten Triangel mit dem Pinsel eingetragen, sondern jedes Fach ist ein kleines aus dickem Papier geschnittnes Sechseck, das besonders aufgeklebt ist. Vermutlich hat er also größere Stücken Papier auf einmal gefärbt, und die besten Stellen herausgenommen, welches Verfahren mir sehr gefällt, weil man, ganz ungebunden, noch mit dem Augenmaß richten kann, was die Waage vielleicht richtig gegeben, aber das Aufstreichen oder das Papier wieder verdorben hat. Seine Farben sind alle sehr klar, und sehen aus als wenn ihnen durch wiederholtes Anstreichen der Grad der Stärke gegeben worden wäre. Unter den roten Fächern, nach dem Mittelpunkt des Triangels zu, sind sich mehrere einander gleich, welches auch die Wirkung der Zeit sein kann. Vom Roten ins Gelbe sind freilich die Schritte weniger kenntlich als vom Blauen ins Rote und vom Blauen ins Gelbe, so blaß er auch sein Blau genommen. Viele, und darunter die schönsten Farben sind gar nicht in seinem Triangel. Mayer scheint aber auch nur diese Farben deswegen gewählt zu haben, weil sie ihm gleich weit von weiß und schwarz abzuliegen schienen, er nennt also einmal das Schwarze ein negatives Weiß. Auf diese Art müßte man die Farben in seinem Triangel als solche ansehen, in welchen das Weiße so wohl als das Schwarze oder vielmehr die Dunkelheit gleich o wäre, und so den Mayerischen Gedanken mit dem von Ew. Wohlgeboren verbunden, würde der Mayerische Triangel die gemeinschaftliche Basis zwoer Pyramiden werden, in deren einen Spitze das volle Licht und in der andern die volle Dunkelheit läge. In diesen Pyramiden würden alle Farben anzutreffen sein . . .

*

An J. A. Schernhagen, Kew, 16. 10. 1775

Am vergangenen Freitag bin ich von einer Reise von mehr als 72 deutschen Meilen in die Runde glücklich wieder zurückgekommen. Ich habe Oxford, Birmingham und Bath besehen. Wer die letzten beiden Orte nicht gesehen hat, darf kaum sagen, daß er in England gewesen ist. Diese Reise habe ich ohne Bedienten, ohne Koffer und selbst ohne *Portemanteau* getan, sondern ich ging nach London, legte da in einem Winkel meinen Glanz ab und bestieg, wie ein Webergeselle, mit ein paar reinen Hemden und Halsbinden in einem Schnupftuch, den Postwagen und kam, ohne aufgegessen worden zu sein, wieder hierher. Was ich auf dieser Tour gesehen habe, zu beschreiben, ist kaum für einen Brief. Ich führe nur an, daß ich Herrn Boltons berühmte Manufaktur oder ganzes System von Manufakturen zu Soho in Staffordshire bei Birmingham gesehen habe, wo täglich 700 Menschen Knöpfe, Uhrketten, Stahlschnallen, Degengefäße, Etuis, alle Arten von Silberarbeiten, Uhren, alle nur ersinnlichen Zierraten aus Silber, Tomback und anderen Kompositionen, Dosen pp machen. Jeder Arbeiter hat da nur ein ganz kleines Feld vor sich, daß er also gar nicht nötig hat Stellung und Werkzeuge zu verändern, wodurch eine unglaubliche Menge Zeit gewonnen wird. Jeder Knopf, der z. E. aus Buchsbaum oder Elfenbein oder sonst etwas aufgekittet ist, geht durch wenigstens zehn Hände. Ich habe da eine Feuer- oder Dampfmaschine von einer neuen Konstruktion gesehen, die hebt mit 112 Pfund Steinkohlen 20000 Kubikfuß Wasser 24 Fuß hoch in einer so kurzen Zeit, daß das Wasser durch seinen Fall ein Rad in Bewegung setzt, das so groß ist als eins an der Herrnhäuser Kunst. Herr Bolton macht noch ein Geheimnis daraus; ich habe aber so viel gesehen, daß der Stiefel oben zu ist, und daß die Stange des *Embolus* so genau in die Öffnung eingeschmiert ist, daß die Luft nicht auf den *Embolus* wirken kann, die ihn bei allen Londonschen allein hinunter treibt; Herr Bolton, der also das Gewicht der Atmosphäre, das bei anderen Maschinen so nötig ist, ausschließt, drückt also vermutlich den *Embolus* auch durch Dämpfe wieder nieder; dieses ist vermutlich das Geheimnis. Da die Kraft, die eingeschlossene Dämpfe ausüben, fast gar keine bekannte Grenzen hat, so kann er so viel Wasser auf einen Zug heben, als die Festigkeit der Maschine zuläßt. Ich muß nicht vergessen zu erinnern, daß die 112 Pfund Kohlen den Herrn Bolton auf der Stelle etwa 14 Pfennige hannoverschen Geldes kosten ...

*

An G. H. Hollenberg, Göttingen, März 1777

... Mein elektrischer Enthusiasmus hat mich wieder seit einigen Wochen befallen. Ich lasse mir einen Elektrizitätsträger machen woran mich die zinnerne Platte 55 Taler gekostet und zu dessen Kuchen 51 Pfund Pech genommen worden sind. Die Sache kostet Zeit und Vorsicht, ich gedenke ihn aber bald nach Ostern fertig zu kriegen ...

*

An J. D. Ramberg, Göttingen, 25. Dezember 1777

... Wäre eine Flinte, die stark genug gedacht werden muß, um nicht zu zerspringen, ganz mit Pulver angefüllt, und oben an der Mündung würde die Kugel hineingelegt, nicht tiefer als grade nur bei der horizontalen Lage des Gewehrs nicht herauszufallen, was würde der Erfolg sein, wenn man losdrückte? Die Kugel würde vor dem Gewehre niederfallen. Denn sobald nur ein paar Körnchen entzündet wären, so würden diese die ganze Masse Pulver vor sich her treiben, und ehe sich eine hinlängliche Quantität die Kugel stark fortzustoßen entzündet haben könnte, so wäre sie schon außer aller Verbindung mit der Flinte auf der Erde. Läge die Kugel einen Zoll tief im Flintenlaufe, so würde jede Trennung von der Flinte und die Wirkung des Pulvers etwas später erfolgen, das ist, die Kugel würde schon eine gute Strecke fortfliegen, also hierin liegt meines Erachtens der ganze Nutzen des Flintenlaufs: die Kugel bis zu gänzlicher Auflösung des Pulvers noch mit ihm in Verbindung zu erhalten. Je kürzer also bei übrigens gleicher Ladung der Lauf ist, desto geringer ist die Geschwindigkeit der Kugel. Die Versuche des Ritter d'Arcy, der Flintenläufe von 3½ Zollen bis zu 6 Fußen gebraucht hat, haben dieses bestätigt, sie schossen immer weiter, je länger der Lauf genommen wurde. Endlich würde sich freilich nicht allein ein Stillstand, sondern sogar eine Abnahme gefunden haben, denn sobald alle elastische Materie entwickelt ist und die Kugel alle die Geschwindigkeit hat, die ihr die Materie mitteilen kann, so sollte der Lauf aufhören, denn von dem Augenblick an wird er hinderlich durch Friktion ...

*

An J. A. Schernhagen, Göttingen, 9. 7. 1778

... Gestern traktierte ich von dem Leidenschen Versuch und ließ den Schlag unter einem sehr großen Zulauf durch einen Teich in meinem Garten gehen und mit dem Feuer, das durch das Wasser gelaufen war, zündete ich noch Terpentinöl. Die Versuche kosten mich indessen immer etwas. Da ich nun so viel in allerlei Instrumente stecke, und nochmehr hineinzustecken willens bin, so dächte ich meinen Hamilton über die Volkanen zu verkaufen. Das Werk ist ganz außer aller Verhältnis mit meinen übrigen Büchern, und es zu behalten wäre, glaube ich, nicht viel klüger, als in einem kleinen mineralogischen Kabinet einen Diamanten niederzulegen, den ich für 10000 Taler verkaufen könnte. Das Werk kostet 33 Dukaten, für 28 wollte ich es gerne lassen ...

*

An J. A. H. Reimarus, Göttingen, 2. 9. 1779

... Der stumpfe Wilson hat nun seine Abhandlung zur Verteidigung der stumpfen Ableiter, die in dem neusten Band der *Transactions* steht, apart drucken lassen unter dem Titul *an account of Experiments made at the Pantheon on the nature and use of conductors, to which are added some new experiments with the Leyden Phial.* Die Versuche mit der

Flasche sind gegen die Henleyischen gerichtet, deren Sie in Ihrem Werk über die Biltzableitung p. 645 §. 213 Erwähnung tun. Er will nämlich gefunden haben (und der Bericht ist auch von Cavallo und Dr Lind unterzeichnet, daß, wenn man sich, statt der Ketten des Herrn Henley, steter Körper bedient, grade das Gegenteil erfolge. Der Himmel weiß was das ist, daß Herrn Wilson alles anders ausfällt als andern Menschen. Ich werde die Versuche nachmachen. Er hat sein Buch an hiesige Sozietät geschickt und ist mir zur Rezension zugefallen, ich werde meine Meinung dem ohngeachtet sehr frei sagen ...

*

An J. A. Schernhagen, Göttingen, 25. 11. 1779

... Daß Ew. Wohlgeboren meine Rezension von Wilson approbieren, war mir eine große Freude. Sie würden gewiß trotz des vielen Schönen in dem Buch ungeduldig werden, wenn Sie sehen sollten, was für ein subtiler Kriecher er ist. Es ging ihm durch die Seele, sagt er, wenn er bedächte, daß das wichtigste Gebäude in England, das die teuersten Kleinodien (es sind nicht völlig seine Worte, denn ich habe das Buch nicht mehr) Englands, und die kostbarsten Leben enthielte, das Haus der Königin = (nun sollte man glauben, würde kommen: unterminiert und bereit mit 100000 Zentner Pulver wirklich zum auffliegen fertig läge, allein er fügt sehr ernsthaft hinzu –) mit spitzen Ableitern versehen wäre. Indessen der König hat die spitzen Ableiter abnehmen und stumpfe aufsetzen lassen. Noch kränkender ist es wenn man bedenkt, daß vielleicht das Ganze jetzt angezettult worden ist um dem Rebellen Franklin eine kleine *Contre*-Rebellion zu spielen ...

*

An J. A. Schernhagen, Göttingen, 6. 12. 1779

Diesen Morgen um elf Uhr sind meine elektrischen Zylinder glücklich auf meiner Stube angelangt und ausgepackt worden. Sie sind von ganz ungemeiner Schönheit und Größe. Ich glaube nun nicht, daß sie in Deutschland ihres gleichen haben; einer kommt aber auch mit Fracht und Emballage netto 30 Taler. Ich habe nie einen größern Raum mit Glas eingeschlossen gesehen. Jeder war in einem eigenen Kasten von 3 Fuß lang, 22 Zoll hoch und eben so breit ...

*

An Schernhagen, Göttingen, 9. 12. 1779

... Gestern zeigte ich in meinem *Collegio,* worin etwa 50 Personen gegenwärtig sein mochten, einen meiner Zylinder vor. Als er aus dem Kasten genommen wurde, entstund ein Geräusch, wie in Neapel bei Vorzeigung des Bluts des heiligen Januarius. Selbst die vordersten, die nichts verhinderte, stunden auf, gleichsam aus Respekt. Ich habe auch nie einen größeren Raum mit Glas ohne zutun eines andern Körpers eingeschlossen gesehen ...

*

An Frl. H. Koch, Göttingen, 15. 6. 1780

HochEdle

Hochzuehrende Jungfer Kochin,

Unter allen Personen, aus deren Nachbarschaft ich mit Gottes Hilfe den Blitz verbannt habe, sind Sie die erste, die mich dafür belohnt hat, und zwar mit den herrlichsten Früchten des Sommers. Die andern, zumal die, die in den kleinen Häusern wohnen, haben mir statt Rosen Flüche zugesandt. Ich werde die Geschenke beider Art nicht vergessen, und ich hoffe auch, daß der Himmel, da ich es so wenig im Stande bin selbst zu tun, beide vergelten wird ...

*

An Frau Meister? Göttingen, Juni 1781

... Hier kommt Blumenbachs Abhandlung von der Liebe der Tiere. Was ich von Ihnen wissen wollte, ist: ob Sie diese Abhandlung einem jungen Mädchen z. E. Ihrer ältesten Mamsel Tochter in die Hände geben würden. Ich dächte doch. Entweder die bösen Geschöpfe wissen schon etwas, je nun, was Schade, ob sie noch ein bißgen dazu wissen, und verstehn sie es gar nicht, so ist es wieder gut, verstehn sie es aber nur halb, so muß die Mama die andere Hälfte so erklären, daß die erste wieder darüber verloren geht, oder noch besser, sie so erklären, daß sie, ohne sie deswegen besser zu verstehen, doch auch künftig nicht nötig haben, die ganze Erklärung neu zu bauen, welches, da unser Gehirn einmal von dieser Welt ist und sich die Eindrücke summieren lassen, sehr ökonomisch gedacht ist. Ich erinnere mich immer mit Vergnügen an jene französische Dame, deren der außerordentliche Rousseau in seinem Emil als eines Musters Erwähnung tut. Diese wurde in einer großen Gesellschaft von ihrer kleinen Tochter gefragt: Mama, woher kommen die Kinder? Mein liebes Herz, antwortete die Mutter ohne im geringsten betroffen zu sein, die Mama pißt sie. Dieses befriedigte und demütigte das Kind ...

*

An G. H. Hollenberg, Göttingen, Sept. 1781?

... Sie können sich vorstellen, daß ich ging die Wirkungen zu besehen. Ich fuhr so gar nach Weende. Allein unsystematischere Blitze habe ich in meinem Leben nicht gesehen. Wenn der selige Münchhausen noch gelebt hätte, so wären sie gewiß anders ausgefallen, es war gar nichts dran zu lernen; Bretter, Balken, Türbekleidungen pp zersplittert, als wenn es unser einer mit einer Holzaxt getan hätte, nicht einmal ein blau angelaufner Nagel war da. Nach der Idee, die ich mir von einem Universitäts-Donnerwetter mache, sollte der Blitz deutlich angeben:

1) ob er aus der Erde oder aus der Wolke gekommen und das könnte durch + und − leicht eingebrannt werden (*)

(*) oder durch eine → wie Sie beim Wasserrad.

2) ob er kalt oder heiß schmelze, und das wäre ausgemacht, wenn einmal der Blitz einen Radnagel mitten in einer Pulvertonne schmelzte, und

3) ob ein *Professor Philosophiae* wirklich keine Ideen mehr hat, wenn er durch dieses beseelende *Fluidum* hingestreckt für tot aufgenommen wird.

Ich sitze nicht mit in der Fakultät, und habe keine Stimme, verbitte mir also diese Ehre. Es scheint aber, der Himmel bekümmert sich wenig um unsere Kompendien. In Weende wurde eine sehr schöne Frau vom Blitz umgeworfen, und daher wollten einige schließen, der Blitz habe Absichten gehabt, und sei deswegen von unten gekommen, weil die Weiber nur allein von unten einnähmen, Orakel-Sprüche wie die Delphische Pythia, oder – – – wie die Gött – – – und die Osnabrückischen Mädchen, ich leugnete aber dem, der das sagte, *majorem* schlecht weg, und sagte, was die Mädchen von unten einnähmen, sei *in dubio* allemal sehr positiv, und so war die Sache so ungewiß als vorher. Aber doch nun, liebster Hollenberg, Scherz bei Seite. Ich habe bei dem hiesigen Schlag etwas sonderbares bemerkt. Der Blitz traf den östlichen Giebel der Scheune, der wenigstens 50 Fuß hoch ist, lief an der äußeren Seite von a bis b fast in grader Linie herunter und verlor sich in einem Misthaufen bei c. Die Ständer waren alle zersplittert, aber mit dem wirklich merkwürdigen Umstand, daß die Späne nicht ganz abgerissen waren, alle oben fest hingen. Das ist alles, was ich von diesem Donnerwetter, das eins der fürchterlichsten war, die ich hier erlebt habe, in meine Sparbüchse geworfen habe ...

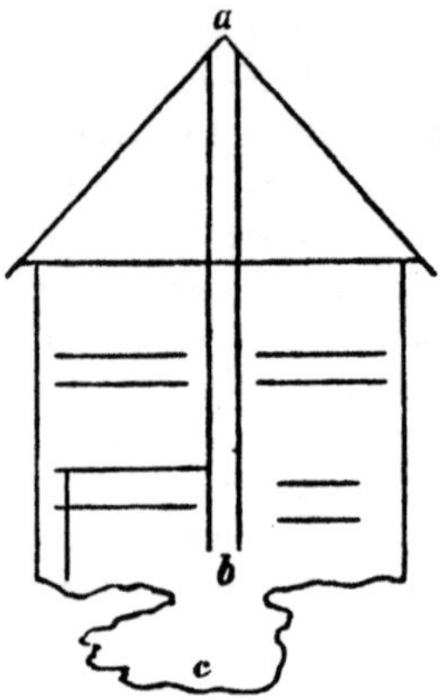

*

An F. F. Wolff, Göttingen, 20. 5. 1782

... Ich habe seit einiger Zeit die Elektrizität etwas liegen lassen, und beschäftige mich dafür mit den herrlichen Erscheinungen, welche die Entdeckungen mit den Luftarten gewähren. Ich habe in diesen Tagen eine Sackuhrfeder, die über einen Fuß lang war, in dephlogistisierter Luft angesteckt, daß sie abbrannte wie ein Bindfaden und das mit einem Licht, daß man auf 10 Schritte davon einen feinen Druck lesen konnte. Dieser Versuch, und der mit dem Phosphorus in dephlogistisierter Luft sind für das Auge die schönsten, die ich in meinem Leben gesehen habe. Man kann so gar in dephlogistisierter Luft vermittelst einer kleinen Batterie einen Eisendraht anstecken, daß er abbrennt, knüpft man ihn an eine Sackuhrfeder an, so gerät auch diese in Brand, und ich bin jetzt damit beschäftigt eine Federmesser-Klinge durch den elektrischen Funken anzuzünden ...

*

An F. F. Wolff, Göttingen, 10. 6. 1782

... *In Collegiis* über die Experimental-Physik muß man etwas spielen; der Schläfrige wird dadurch erweckt, und der wachende Vernünftige sieht Spielereien als Gelegenheiten an, die Sache unter einem neuen Gesichtspunkt zu betrachten. Ew. Wohlgeboren schöner und lehrreicher Versuch wird dem Burschen gewiß besser gefallen, wenn ein paar Fensterscheiben dabei zu Grunde gehen ...

*

An J. C. Dieterich, Göttingen, 13. 6. 1782

... Zu meiner Physik haben sich dieses mal 104 aufgeschrieben. Sie schwänzen aber jetzt schon, bis es blitzt und donnert ...

*

An J. A. H. Reimarus, Göttingen, Mitte Juni 1782

... Ich habe in diesen Tagen mittelst der künstlichen Elektrizität etwas ausgerichtet, was sich bisher nur der natürliche Blitz vorbehielt, nämlich eine Uhrfeder und eine englische Federmesserklinge so zusammen geschmolzen, daß ein Teil der Uhrfeder und ein 2 Linien langes Ende der Messerklinge in einen Tropfen zusammen liefen. Das Wunderbare fällt aber weg, wenn ich Ihnen sage, daß es in dephlogistisierter Luft war. Ich band nämlich an die Messerklinge ein 3 Zoll langes Stück einer Uhrfeder mit dünnem Eisendraht und an das andere Ende wieder ein 2 Zoll langes Stückchen feinen Eisendrahts, den ich sehr spitz gefeilt hatte, dieses *compositum* hing ich unter einer mit dephlogistisierter Luft angefüllten Campane auf und ließ einen Schlag aus 16 □ Fuß belegten Glases gehen, dadurch geriet der Stahldraht in Brand, ergriff die Uhrfeder, die ebenfalls schmolz und endlich das Federmesser anzündete. Machen Sie doch ja den Versuch eine Uhrfeder in dephlogistisierter Luft anzuzünden, und dann den Brandischen Phosphorus. Es sind die herrlichsten Schauspiele, die man sehen kann. Ich habe sie noch niemanden gewiesen, Kenner oder nicht Kenner, der nicht außer sich darüber geraten wäre ...

*

An F. F. Wolff, Göttingen, 30. 6. 1782

... Sie Herren Dilettanten bringen es gemeiniglich weiter in diesen Dingen, als wir Taglöhner. Wir haben gar zu vielerlei und ist kaum möglich alles in der Ordnung zu halten. Die elektrischen Instrumente erfordern notwendig ein eigenes Zimmer, allein das ist bei mir nicht möglich. Ich möchte fast sagen, ich koche und brate in meinem Saal, zwar nicht apiciusisch, aber doch chemisch; eine Art Versuche ist oft der Richtigkeit der anderen *e diametro* entgegen, und jetzt schwitzen täglich 100 Menschen auf meinem Saal und wenn es regnet, so werden 200 Schuhe und Stiefel auf meinen Dielen abgewischt. (Wenn nur ein Elektriker einmal etwas erfände die Luft abzutrocknen). Die größten Entdeckungen sind daher auch seit Jeher von

Dilettanten und nicht von Professoren gemacht worden, es müßte denn sein, daß die Glücksumstände derselben sie über den Zwang weggesetzt hätten, der die Ursache jener Hindernisse ist. Die englischen Professoren sind es eigentlich nur dem Namen nach und haben die herrlichste Muße . . .

*

An F. F. Wolff, Göttingen, 30. 6. 1782

. . . P. S. Ew. Wohlgeboren lege ich hier eine Federmesserklinge, mit einem noch daran sitzenden Stückchen Uhrfeder bei, welche ich durch Elektrizität in Brand gesteckt und zusammen geschmolzen habe. Bisher hat sich solche Versuche nur der Himmel vorbehalten. Weiter wollte die Klinge nicht fort schmelzen. Großer Gott! Wenn die Welt statt unsrer jetzigen Luft mit dephlogistisierter umgeben wäre. Ich glaube, man könnte die Welt mit einer Pfeife Tabak in Brand stecken. Gera wäre gewiß in 2 Minuten angebrannt. Da die dephlogistisierte Luft 6 bis 7 mal gesünder ist als die gemeine, so dachte ich einmal: vielleicht war bei der Schöpfung die Luft so rein, da nun 6 mal 70 420 macht, so dachte ich, ich hätte nun nichts geringeres entdeckt, als eine Erklärung, warum die Erzväter so alt geworden sind. Die vielen Vulkane, schloß ich fort, haben hernach die Luft phlogistisiert, und dieses nebst der treuen Mitwirkung der Doktoren und Apotheker haben uns endlich bis auf die elende 70 herunter gebracht. Allein meine Freude dauerte nicht völlig 5 Minuten, da mir einfiel, daß die Pflanzen in dephlogistisierter Luft sterben, also möchte es wohl schlecht in Adams Park ausgesehen haben. Doch nun noch ein paar ernstliche Betrachtungen oder vielmehr Winke. Aus dem Salpeter wird die reinste Luft, aus unsrer Luft kommt wieder Salpeter. Ohne Luft ist keine Flamme möglich, je reiner die Luft, desto stärker die Flamme *cæteris paribus*. Also die Luft enthält die Feuermaterie. Ist es notwendig, daß Luft dabei ist, konnte nicht die Feuer Materie allein sein? Was ist die Sonne? Das Sonnenlicht entwickelt dephlogistisierte Luft aus Pflanzen. Pflanzen gedeihen im Dunkeln nicht. Hier sind Sätze, worin mir ein Tag zu dämmern scheint, der sich bald über unsere Physik verbreiten möge . . .

*

An F. F. Wolff, Göttingen, 1. 8. 1782

. . . Franklin hat neuerlich nichts physisches geschrieben. Seine 13 Rädrige Politische Maschine hat ihm wohl die Einrädrige elektrische aus dem Sinn gebracht. Seine artige Theorie des Nordlichts ist, wo ich nicht irre, sein letztes physisches Produkt. Was das schreiben nicht zerstreut!

*

An F. F. Wolff, Göttingen, 28. 8. 1782

. . . Die Luftpumpe, so wie ich sie habe, ist noch nirgends beschrieben. Im Grunde aber ist es eine Smeatonsche, das heißt eine die durch Ventile exantliert und kompri-

miert, ohne daß man nötig hätte etwas andres zu tun als 2 Hähne zu drehen. Die Arbeit ist äußerst vollkommen, und niemand hat Nairne noch darin übertroffen. Er hat zuerst die Luft 2000 mal verdünnt, das will sagen die Luft unter der Exantlierten Glocke nimmt nach Zulassung der äußeren Luft nur den 2000ten Teil des Raumes ein, den sie als freie atmosphärische Luft einnahm. Allein dieser Versuch erfordert wie die Elektrizität ein Zusammenpassen von Umständen, die man nicht immer in seiner Gewalt hat. In Elektrisier-Maschinen ist ebenfalls in England niemand über ihm. Er hat zuerst den soliden Funken aus dem Konduktor auf 20 Zolle gebracht mit seinen Zylindern. Er schickte, wie er mir selbst erzählte, eine solche Masthine auf Verlangen an den Großherzog von Toscana. Die Rechnung betrug 50 *Guineen,* sie wurde dort von Kennern probiert, und er erhielt 100 *Guineen* dafür.
Wie verfertigen Sie Ihr *Amalgama* für die Kissen? Das aus Zink und Quecksilber ist das beste. Ich besitze ein Stück von Nairne, das hart ist wie Stein, von diesem schabe ich alle viertel Jahr einmal etwas auf das Kissen.
Nun etwas auf alte Fragen? Fürst Gallitzin im Haag hat eine Scheibe von 5 Fuß im Durchmesser. Ich weiß dieses von zwei Grafen von Bentink (Holländern) die bei mir die Physik gehört haben. Er hat große Dinge damit ausgerichtet, allein so weit als Nairne hat er es nie bringen können. Nairne war einmal auch bei den Scheiben, er hat sie aber wieder aufgegeben und sich zu den Zylindern gewendet. Unsre jetzige Theorie ist noch großes, großes Stückwerk. Wir tun noch immer am besten, wenn wir der Erfahrung folgen ...

*

An F. F. Wolff, Göttingen, 12. 9. 1782

... In meiner Physik würden Ew. Wohlgeboren wenig neues hören. Man kann nur das gemeinste beibringen. Denn es ist unglaublich wie unwissend die studierende Jugend auf Universitäten kommt, wenn ich nur 10 Minuten rechne oder geometrisiere, so schläft 1/4 derselben sanft ein. Außerdem ist ein halbes Jahr viel zu wenig für diese Wissenschaft.
Nunmehr haben meine Augen auch den neuen Planeten gesehen. Ich habe ihn 3 mal observiert. Was dieses für ein Dezennium ist! Man schmilzt Uhrfedern durch Elektrizität, man macht in England Gold; findet einen neuen Planeten, und Bergschütz verbreitet das Licht der Metallschmelzung im Hannöverschen! ...

*

An G. A. Ebell, Göttingen, 26. 10. 1782

... Die beste Beschreibung der so genannten *Steam-Engine* ist die von dem wackern Desaguliers, dessen Buch ich sogleich habe von der Bibliothek holen lassen und hier mit der ersten Post übersende. Ich habe die Stelle gezeichnet. Dieses ist die gewöhnliche, so wie sie in Chelsea und an mehreren Orten bei der Themse wirklich ausgeführt ist. Allein im vorigen Dezenium hat sie sehr merkliche Verbesserungen durch den Herrn Bolton in Birmingham erhalten, und die habe ich selbst gesehen, so viel man nämlich von einer Maschine, die unter vielem Getöse und Dampf in der größten Arbeit ist, an einem nicht sehr hellen Ort sehen kann. Eine Beschreibung von dieser werden Ew. Wohlgeboren in meinem Magazin finden, das aber noch nicht ausgegeben ist. Sie ist ohne Kupferstiche, und nur denen verständlich, die einen deutlichen Begriff von der gewöhnlichen schon haben.

Ich besitze in meiner Sammlung eine Luftpumpe, die auf ähnliche Art evakuiert. Ich glaube, es ist die einzige in Deutschland. Ich habe sie hier machen lassen und kostet mich etwa 40 Taler.

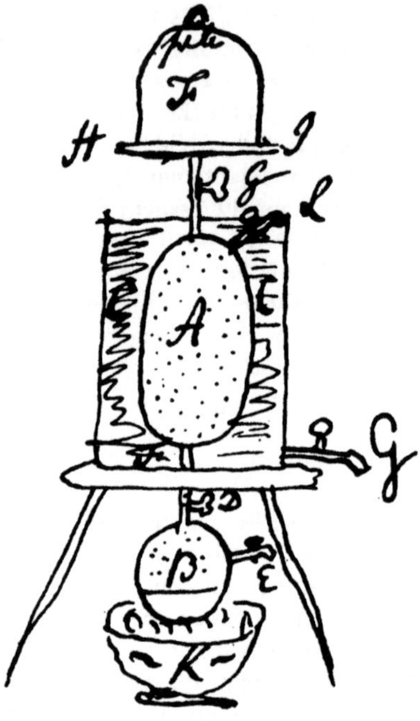

A ist eine 18 Zoll hohe kupferne Blase, und B eine Kugel von eben dem Metall. H J der Teller der Luftpumpe, F die *Campana*. K ein Feuerbecken mit Kohlen, D und G Hahnen Kommunikationen zu machen und zu hemmen. G sei geschlossen, so fülle ich B auf die Hälfte mit Wasser, öffne die Hahnen D und L. Wenn das Wasser in B kocht, so steigen die Dünste in A und kommen zu L puffend heraus, wie aus der Schnauze eines Teekessels. Geschieht dieses, so schließe ich plötzlich D und L, und öffne E, denn sonst würde B zerspringen und nun kommen die Dämpfe durch B und E heraus in die freie Luft ohne Gefahr, aber in A sind sie nun eingeschlossen. Hierauf wird der ganze Raum CC mit kaltem Wasser angefüllt. Bei mir ist auch dieser Zylinder, des guten Ansehens wegen, von Messing Blech, es könnte aber eben so gut Faßbinder-Arbeit sein, denn dieses Gefäß dient bloß das kalte Wasser zu halten. Hierdurch werden die Dämpfe in A kondensiert, fallen als gediegenes Wasser nieder und folglich entsteht in A ein *Vacuum Guerickianum;* wird nun G geöffnet, so stürzt die Luft aus F, der Glocke, in A und die Luft in F wird verdünnt; ist F geräumig, so muß die Operation wiederholt werden; man zapft das kalte Wasser aus CC durch den gemeinen Faßhahn G ab und fängt von neuem an Dünste in A zu lassen pp. Auf diese Weise zersprenge ich Glasplatten, Blasen pp und mache viele Versuche, wie mit der gewöhnlichen Luftpumpe. Die Operation ist freilich weitläufig, allein mir ist auch mehr darum zu tun die Wirkung der Dämpfe zu zeigen, als Versuche mit der Luft zu machen. Die ganze Maschine ist auf einen hölzernen Stuhl befestigt, wovon ich den 3ten Fuß nicht gezeichnet habe, um die Figur nicht zu verwirren . . .

*

... Könnten Ew. Wohlgeboren recht große Schweinsblasen etwa 1/2 Dutzende oder auch 1 Dutzend auftreiben, von der größten Art, und hierher schicken, so geschähe mir und dürftigen Arbeitern ein großer Dienst. Die großen Blasen sind, so wie die Stahlfedern, hier sehr selten, und erstere hauptsächlich jetzt im Wurst-Wonnemond. Alles auf Abrechnung, denn ich behalte sie nicht. Ich bedauere, daß ich Ihnen eine so gar schlechte schicken mußte. Sie sollen eine viel bessere haben, wenn Sie es befehlen. Sie wird Ihnen, verbunden mit der Elektrizität, tausend Vergnügen machen. Wenn man anfangs einen langen schweren Faden daran bindet, so kann man durch schickliche Abschneidung desselben der Blase immer die Schwere der äußern Luft geben. Lustig ist es alsdann zu sehen wie sie durch die Luft gesteuert werden und zwar von wem? von den Fliegen. Hier habe ich gesehen, daß unter den Fliegen das weibliche Geschlecht, bis jetzt wenigstens, beherzter ist als die Damen in Frankreich, denn sie setzten sich ungescheut auf die Blase. Dieses war leicht auszufinden. Ich habe es aus gewissen Vorfällen geschlossen, die ich nicht erzählen mag, aus Furcht Ew. Wohlgeboren keusche Ohren zu beleidigen. Bei jeder verübten Unzucht sank die Blase in den Abgrund. O wenn es doch mit unserm Erdball eben so wäre! So würde doch endlich dem leidigen Huren und Bulen mit Respekt zu sagen, endlich gesteuert werden ...

*

An F. F. Wolff, Göttingen, Dezember 1782

... Ich lasse jetzt an einer Ochsenblase für Sie arbeiten, allein ich fürchte ob etwas daraus wird, sie sind so ochsenmäßig dick von Fell, und alles daran so grob, daß die Frage ist ob nicht die innere Haut im Ganzen noch zu dick bleibt. Geht dieses nicht, so komme ich mit etwas drittem. Das *Amnium* der Kälber oder die Haut worin sie geboren werden soll ganz vortrefflich dazu sein. In Gotha hat jemand daraus eine Luftkugel verfertigt die sich 3 Tage an der Decke gehalten. Man muß sich also mit den Hebammen dieser Tiere bekannt machen, oder, noch besser, mit dem ehrlichen Mann, dem die Kühe in die Hände fallen, wenn sie während der Geburt sterben. Eine artige junge Dame mit der ich bekannt wurde, weil sie die Physik und ich die jungen Damen liebe, schlug mir vor, wir wollten eine trächtige Kuh in Kompagnie kaufen; ich sollte das *Amnium* mit dem Kalbe behalten, sie wollte das Fleisch und die Haut nehmen. Und wer soll die Hörner kriegen, fragte ich. Da wollen wir drum losen, sagte sie, und das mit einer Miene daß ich nicht für 20000 Taler mit ihr vorm Altar um die Hörner losen wollte ...

... Physik ist wahrlich das eigentliche Studium des Menschen. Theologie entbehrt man alsdann leicht, Jurisprudenz und Medizin sind lauter Dinge, die wir in jener Welt wenigstens nicht mehr brauchen, Kenntnis der Natur wird vermutlich auch im Himmel studiert. Wird diese Liebe allgemein, so wird die Welt sicher den größten Vorteil davon haben ...

*

An F. F. Wolff, Göttingen, 2. Januar 1783

... Ob aber die elektrische Materie mit der Materie des Lichts, oder des Feuerwesens einerlei, oder ob der elektrische Funke weiter nichts sei als eine glühende elektrische eigne Materie, getraue ich mir fürwahr nicht anzugeben, wenigstens nicht ohne die Überzeugung, daß ich vielleicht in 2, 3 Jahren etwas ganz anderes glauben müsse; es ist fast in der ganzen Physik nichts so dunkel als die Lehre von Feuer und Licht, durch das wir nur allein in der physischen Welt sehen. Gottlob nur, daß wir, independent von diesen lichtlosen Spekulationen, so viele herrliche Erscheinungen kennen, die uns eine neue Welt über uns so wohl als unter uns aufgeschlossen und erleuchtet haben ...

*

An F. F. Wolff, Göttingen, 13. Juli 1783

Ihre Briefe machen mir jederzeit außerordentliches Vergnügen, weil, wie sich Swift einmal ausdrückt, wenn man sie durchgeht, man immer erst auf eine Schicht *utile* und dann wieder auf eine Schicht *dulce* kommt und so fort ...

*

An G. A. Ebell, Göttingen, 29. 4. 1784

... Die Häute an Ihrem Luftball sind ganz vortrefflich, sind das Pferde-*Amnia?* Auf das Segeln in der Luft rechne ich nicht viel, wir können auf dem Wasser segeln, aber nicht im Wasser, denn so bald sich alle Teile der Maschine so schnell bewegen als die sie umgebende Luft, so ist alles segeln zu Ende, weil alsdann alle Punkte gleich geschwind gehen. Das man auf dem Meer segeln kann rührt daher, daß die Geschwindigkeit des Wassers in Rücksicht auf die Geschwindigkeit der Luft immer als Null angesehen werden kann. Indessen durch Räder, die sich schneller bewegen lassen, als die bewegte Luft, läßt sich alles ausrichten; so schwimmen die Fische gegen den Strom, und kräftige Bootsleute rudern gegen den Strom ...

*

An G. H. Amelung, Göttingen, 6. 5. 1784

... Die Montgolfiersche Erfindung hat die Physik in Deutschland doch wirklich etwas in Gang gebracht. Ich habe so eben den 8ten Burschen abgewiesen, weil mein Auditorium nur 100 hält, die ich schon in voriger Woche voll hatte ...

*

An A. G. Kästner, Göttingen, 4. 6. 1784

... Ich bin auch kein sonderlicher Freund von Hypothesen in der Physik, zumal von den Kratzensteinischen, der so gar einmal den Durchmesser eines Ätherkügelchens angibt. Das Verdienst solche Neuerungen angefangen zu haben ist wenigstens nicht größer, als das, durch 2 Punkte, durch die schon hundert krumme Linien gezogen sind, noch eine 101te zu ziehen . . .

*

An E. G. Baldinger, Göttingen, November 1784

. . . Dadurch, daß man predigt, ohne Mathematik lasse sich gar nichts in der Naturlehre tun, wie Herr Erxleben tut, macht man drum nicht mehr Mathematiker, sondern bewirkt nur, daß junge Leute weder Mathematik, noch Naturlehre treiben, umgekehrt hat mancher, der an Versuchen Vergnügen gefunden, erst Mathematik getrieben, ohne es zu wissen (denn jeder gute Kopf geometrisiert) und ist hernach zu dem geleitet worden, was mehr eigentlich Mathematik heißt. Es läßt sich vieles in der Physik gewiß ohne alle Mathematik lehren, so wie man einem Wist, l'hombre und Schach ohne Mathematik lehrt; man lehrt aber dadurch zugleich Mathematik mit ohne es zu wissen. Es gibt Leute die vortrefflich rechnen, ohne die 4 Spezies zu wissen. Die Juden brauchen die Regel *de tri in Forma* gar nicht. Herr de Luc und Franklin sind beide große Physiker und geometrische Köpfe, aber Mathematiker gewiß nicht. Aber eine Physik worin keine Mathematik *in Forma* vorkäme müßte auch ganz anders aussehen, als die bisherige, und würde weitläufig werden. Man kann nach Petersburg sehr gut zu Fuß reisen, allein ein warmer Reisewagen und Extrapost ist besser . . .

*

An F. F. Wolff, Göttingen, 22. 11. 1784

. . . Ich bedauere in der Tat, daß sie Volta nicht gesprochen haben. Er ist ein außerordentlicher Mann. De Luc hat Recht, der schrieb mir einmal: *qu'en Electricité Volta voyoit avec les yeux de Newton*. Er ist voller Ideen, und ein *Raisonneur sine pari*. Er hatte viele Instrumente bei sich; mir packte er sie aus, und ich hatte sie während seines Aufenthalts hier bei mir. Es war Schlosser-Arbeit, allein er richtete alles damit aus. Er hielt sich 5 Tage hier auf und davon war er sicherlich $^2/_3$ bei mir auf der Stube. Unglaubliches Vergnügen machten ihm meine Versuche mit der Luftelektrizität. Ich ließ nämlich aus dem Fenster einen 18 Zölligen Luftball an einem mit Silber durchwebten Seidenfaden steigen und erforschte die Elektrizität der Luft auf meinem Tisch nach allen Formen. Ich schlug Sonnen von 2 Zollen im Durchmesser. Es überfielen ihn dabei seine eignen Ideen, und er hörte und sah wirklich einige vornehme Burschen nicht, die ich ihm *in forma* präsentierte. Den folgenden Tag kam er mit Tages Anbruch und machte Anstalt die Versuche für sich zu wiederholen, tat es auch. An diesem Morgen war die Luft so stille, daß der Ballon auf meiner Altane auf 300 Fuß Hoch grade im Scheitelpunkt hing. Quer durch die Altantüre hatte ich ein seidenes Band gespannt, um dieses wurde der Faden des Ballons geschlungen und so nach dem Tisch hingeleitet. Weg also künftig mit den Drachen, wenigstens im *Collegio*. Ich kann die Ausmärsche mit den *Commilitonibus* nicht leiden. Hierauf wollte er mir einen Versuch zeigen zu beweisen, daß die Dünste positive Elektrizität wegschleppten. Er isolierte ein Feuerbecken mit wenigen schwach glühenden Kohlen; benetzte einen Linnenlappen und warf ihn auf die Kohlen, von dem Feuerbecken ab hatte er einen Draht nach einem sehr empfindlichen Elektrometer geleitet. Es erschien aber nichts, er fluchte französisch und italienisch. Da aber bekanntlich die Flüche bei solcher Gelegenheit wenig oder nichts helfen, so ging es nicht besser. Den Nachmittag wiederholte ich die Versuche mit der Aeolipila, und dann mit Äther und sie gingen vortrefflich. Ich erhielt zum Dank doch wenigstens ein *Voyés Vous*. Es ist ein schöner Kerl und bei einigen sehr freien Stunden, bei einem Abendessen bei mir da wir bis gegen 1 Uhr zusammen schwärmten, habe ich gemerkt daß er sich sehr auf die Elektrizität der Mädchen versteht. Ihr doppelter Elektrizitätsweiser fiel mir dabei ein:

*

An F. F. Wolff, Göttingen, 30. 12. 1784

O lassen Sie uns nicht über die 2 Materien streiten, ein Gegenstand, der selbst dadurch, daß man so viel darüber gestritten hat, und noch lange darüber streiten wird, beweist, daß er dunkel ist. Ich erkläre mich eigentlich für keine; im sprechen aber und schreiben, nämlich, wo nicht diese Materie selbst der Gegenstand ist, bin ich allzeit ein Frankliniauer, so wie ich deutsch schreibe ob ich gleich gerne zugebe, daß man auch teutsch schreiben könne, und letzteres wohl gar das bessere sein möchte. Ja, wäre es erwiesen daß teutsch das richtige wäre, so würde ich doch nicht eher so schreiben, bis etwa Wieland, oder ein Lessing pp so schriebe. Ich kann nicht leugnen, daß mich bloß die allzugroße Sicherheit, worin man sich in Rücksicht auf die Franklinsche Hypothese befindet, zuerst auf die von 2 Materien aufmerksam gemacht hat. Die schlimmsten Zeiten für die Physik und ihren Fortgang waren seit jeher die, in welchen man in Dingen, die jenseits unserer Sinne liegen, dezidieren zu können geglaubt hat. Ich habe mich allerdings im Text der Physik etwas vielleicht zu stark ausgedrückt, ich habe es selbst am Ende eingesehen, und daher mich am Ende der Vorrede erklärt. Wenn man so Brocken weiß schreibt und drucken läßt, wo oft selbst Laune einen Einfluß haben kann, da geht es so. Was ich sagen wollte und was ich im *Collegio* beständig sage, das ist, untersucht und nie entschieden, wo man über das Zeugnis der Sinne hinausgeht. Ich glaube, ohne dieses große Prinzip ist kein wahrer Fortgang in der Physik zu hoffen. Wo das Gegenteil einreißt, und nun was der Lehrer vielleicht noch geprüft haben mag, der Schüler ungeprüft nachbetet, da hat man in 100 Jahren wohl ein System der Naturlehre, aber keine Naturlehre. Doch

Ew. Wohlgeboren wissen so gut als ich, daß, was Aristoteles, Descartes, Newton und Boerhaave oft ernstlich behaupteten, sie völlig erwiesen zu haben geglaubt haben, und doch haben sie sich zuweilen geirrt, sie sind endlich durch die Folge der Zeit und des Fleißes unparteiischere Menschen, durch die unwidersprechlichsten Versuche widerlegt worden. Daß der fast übermenschliche Newton die achromatischen Fernrohre für unmöglich hielt, die Unmöglichkeit mit Versuchen und Rechnungen bewies, und sie dennoch möglich waren, ja daß sein hartnäckiger Verteidiger und Landsmann endlich selbst die wahren Versuche ausfinden mußte, sich und ihn zu widerlegen, ist eine Wahrheit, die man über jedes physikalische Laboratorium schreiben sollte . . .

*

An F. F. Wolff, Göttingen, den 6. 1. 1785

. . . Wir müssen also probieren auf 2 Materien, nicht um uns in der Lehre von der Elektrizität fortzuhelfen, denn dazu ist Franklins Hypotese nach meiner Einsicht jetzt hinreichend, sondern als Verwalter der allgemeinen Physik und Chemie, und Erforscher des Zusammenhangs der Dinge; Nicht bloß fragen, wie hängt alles in dieser Wissenschaft zusammen, sondern wie verträgt es sich mit dem Ganzen? Das macht Newtons allgemeine Schwere so reizend für den Verstand, ich begreife daraus so gut warum wir an der Sonne kleben, als warum der Tautropfen rund ist. Es gibt eigentlich in sich selbst und vor Gott nur Eine Natur, der Mensch macht sich Kapitel daraus, und traktiert jedes besonders, als wenn jedes eine eigene Welt wäre . . .

*

An F. F. Wolff, Göttingen, den 3. 2. 1785

Die Hastigkeit sowohl beim Ent- als beim Ver-korken hat überhaupt in der Welt schon viel Unheil gestiftet. Ich habe unter andern einmal aus einem genealogischen Kalender die wichtige Betrachtung gezogen, daß die Erbprinzen immer ein Jahr nach der Hochzeit geboren werden, da es doch eigentlich $^3/_4$ nach derselben geschehen sollte, das ist bloß Hastigkeit beim Verkorken; am letzten 18ten Jenner wollte ich die Gesundheit unsrer guten und großen Königin aus vaterländischem Hochheimer trinken, der Kork war eingerostet, ich riß und stieß mit dem Ellenbogen an einen Pokal, der mich $4^1/_2$ Taler kostet, den Wein nicht gerechnet, der schon daraus getrunken worden ist, und ob er gleich kaum eine halbe Sekunde brauchte auf die Erde zu kommen, so kostete es doch fast 4 Minuten ihn wieder heraufzubringen – Das war Hastigkeit beim Entkorken. Unter die letzte Klasse gehört denn auch ein gewisser Fall, der sich am vergangenen Sonnabend zu Hannover ereignet hat.
In der Tat war es mir leid; daß das Unglück grade das Instrumentchen betraf, von dem ich das meiste Vergnügen für Ew. Wohlgeboren erwartete. Ich habe um so weniger daran gedacht die Fäden besonders zu packen, als Volta das seine eben so mit sich durch die ganze Welt führt . . .

*

. . . Bei Volta fällt mir ein Rätsel ein, das ich ihm aufgab, als er bei mir speiste, da wir sehr lustig waren, und dergleichen Dinge mehrere vorkamen. Ich fragte ihn ob er das leichteste Verfahren kenne ein Glas, ohne Luftpumpe, luftleer zu machen. Als er sagte: Nein, so nahm ich ein Weinglas, das voll Luft war, wie alle leeren Weingläser, und goß es voll Wein. Er gestund nun ein, daß es luftleer sei, und dann zeigte ich ihm das beste Verfahren, die Luft ohne Gewalt wieder zuzulassen, und trank es aus. Der Versuch mißlingt selten, wenn er gut angestellt wird. Er freute ihn nicht wenig, und er wurde von uns allen mehrmale angestellt . . .

*

An J. H. Schröter, Göttingen, 21. 11. 1785

. . . Allerdings werden Herrn Herschels Bemühungen am Ende noch auf viel großes führen, das sich in einer so kurzen Zeit noch nicht erkennen läßt. Vielleicht läßt sich auch dereinst durch solche Instrumente an Sektoren angebracht aus machen ob alles Licht sich gleich schnell bewegt. Es ist mir dieses nicht ganz wahrscheinlich. Herrn Herschels *Planetary nebulae* wären hierzu vielleicht die geschicktesten Körper, wenn welche darunter bequem lägen. Denn wird das Licht nach Newton aus dem leuchtenden Punkte durch irgend eine Kraft getrieben, so fragt es sich, wird es nicht endlich langsamer zu gehen anfangen? und wird es nach Eulern durch das Zittern eines Mittels verbreitet, so könnte auch da die größere und mindere Dichtigkeit Unterschiede machen: Es könnte zum Beispiel langsamer von Sternen kommen, die in den Polen der Milchstraße stehen, als von denen im Äquator. Oder fänden sich gar in diesem Mittel Ströme, so könnte man vielleicht auf diesem Wege zur Kenntnis derselben gelangen. Überhaupt wissen wir von dem Physischen des Lichts noch sehr wenig, wenn wir überhaupt etwas davon wissen.

Das Maß der scheinbaren Größe der Fixsterne ist freilich gar zu unbestimmt, wenn man die Höhe der Bäume auf eben die Weise einteilen und etwa 8 verschiedene Größen annehmen wollte, so würden sich ähnliche Differenzen ereignen . . .

*

An J. D. Ramberg, Göttingen, 29. 5. 1786

. . . Bei Ihrem Überfirnissen der Planeten, oder schon bei meinem einleimen derselben, ist mir die Rechnung des Tischlers eingefallen, der in die Kirchen Rechnung einbrachte: Dem heiligen Geist ein Paar Federn in den Schwanz gesetzt, und doch glaube ich, sind unsere Vorstellungen vom Weltgebäude mit knöchernen Planeten und messingenen Zentralkräften noch immer besser, als die unserer Seligmacher Gilde vom heiligen Geist . . .

*

An S. T. Sömmerring, Göttingen, 2. 6. 1786

... Bürger sagt mir, Sie wären, wie er glaube, verliebt. Recht so. Mich freut es immer, wenn ich von einem verliebten Anatomiker und Physiologen höre; da schneiden sie und zerlegen, und betrachten die *Partes* und räsonieren, und am Ende müssen sie doch die unzerstückelte Maschine nehmen, um vergnügt zu sein ...

*

An J. D. Ramberg, Göttingen, 22. 6. 1786

... Wolffs Abhandlung ist wirklich ganz, ganz abscheulig, ich weiß nicht wo in aller Welt der Mann hingedacht hat, ich bin wirklich erschrocken wie ich es erfuhr. Ich hatte vorher schon wirklich einen ironischen Aufsatz *in petto* und hätte ihn Ew. Wohlgeboren gewiß zugeschickt. Ich wollte nämlich sehr gelehrt beweisen, daß die Stockschläge oder Schmerz dabei bloß elektrischen Ursprungs sei, und von dem Reiben herrühre, das der Stock in der Luft leidet ehe er den Konduktor-Buckel oder Buckel-Konduktor erreicht. Ich hatte so gar demonstriert, daß, wenn man oben Blei in die Prügel gösse, die Erschütterung sehr viel heftiger werde, wegen des Metalles, das die erriebenen Kräfte sammele, wodurch ein wahrer Sammelprügel (ein Leidenscher Prügel) entstehe, der alle unbelegten Prügel aller Reiche von Europa weit überträfe. Wären die Schützenhöfe im Winter, so würden so viele Schlägereien nicht entstehen. Im Sommer ist es selbst *Latus per se* wegen der Elektrizität der Luft ...

*

An J. D. Ramberg, Göttingen, 3. 7. 1786

Es hat mich ganz ungemein gefreut, daß Sie meine Ironie auf Wolffs Abhandlung approbiert haben. Die Ausführung muß aber nun wohl unterbleiben. – Ich bedaure nur mein schönes Kapitel von Tritten vor den A... sch. Das Schimpfliche, was diese Art von Elektrizitäts-Erweckung hat, habe ich wirklich aus der inflammablen Luft erklärt, die Adam schon mit diesem Instrument erzeugte, wie ich gewiß weiß. Dabei hatte ich eine gelehrte Ausschweifung gemacht und bewiesen, daß der Hintere eigentlich nichts anders sei als Volta's Luftpistole, und daß man schon im Paradies damit geschossen habe; auch daß die gefallenen Engel wahrscheinlich bloß damit geschossen haben, wie ich aus einer Stelle im Milton ganz unwidersprechlich dartue. Denn daß der Teufel sich mit Gestank entfernt, ist eben diese Parthische Verteidigungsart mit inflammabler Luft zu schießen, die er noch aus jenen Zeiten beibehalten hat ...

*

An J. D. Ramberg, Göttingen, 6. 8. 1786

... Sie haben wohl recht, der Besuch des Herrn Herschel verhielt sich für mein Gefühl zu dem von Herrn Lavater wie der majestätische Aufgang des vollen Mondes an einem Sommerabend zu dem Tanzen eines Irrwisches in einer Herbstnacht, oder wie Natur und Grillenfängerei. Die Gesellschaft des Mannes hat mir unendliches Vergnügen gemacht. Was er nicht noch tun wird, wenn er sein großes Teleskop, wovon der Hauptspiegel 1035 Pfung wiegt, fertig bekommt. Er wird das für den Himmel werden, was Leeuwenhoek für die Erde war, und die Kometen werden wie die Insekten nicht mehr gezählt werden können . . .

*

An G. A. Bürger, Göttingen, 1787

. . . Mit dem verbindlichsten Danke geht hier Meiners Psychologie zurück. Ich habe lange nichts so gelehrt Schlechtes gelesen, als diese Vorrede. Sie werden gewiß auch bemerkt haben, daß sein ganzes Raisonnement gegen Kant darauf hinausläuft: „Wenn Kant Recht hätte, so hätten wir ja Unrecht. Da nun aber dieses nicht wohl sein kann, indem unserer so viele gelehrte, tätige und rechtschaffene Männer sind, so ist sonnenklar, daß Kant Unrecht hat. Q. E. D." – Überhaupt, dünkt mich, ist der ganze Blick, womit Meiners die Sache ansieht, so äußerst unphilosophisch, daß ich mich gewundert habe, weil er die Betrachtung von Dingen, wovon man das Ende nicht gleich absieht, weggezogen haben will. Das ist doch gewiß philosophischer Despotismus. Wenn man aus des großen Eulers Werken alles wegnehmen wollte, was nicht unmittelbare Anwendung im Praktischen hat, so würden sie sehr zusammenschmelzen. Der große Mann hat sich sehr mit den abstraktesten Vergleichungen der Größe beschäftigt, welche die Nachwelt erst zu gebrauchen wissen wird . . .

*

An G. H. Hollenberg, Göttingen, 18. 2. 1788

. . . Die Frage, wie die besten Blitzableiter angelegt werden müssen, ist seit einigen Jahren sehr oft an mich getan worden. Nach gegenwärtigem Kurs ist sie wirklich leicht zu beantworten. Es stehet in so vielen Schriften, zumal im Reimarus und Hemmer so aus einander gesetzt, daß ich nichts zuzusetzen weiß. Etwas tiefer ausgeholt, wird aber die Sache schwer und in manchen Fällen bedenklich. Ihnen, als Philosoph, nicht als zur Verfertigung eines Blitzableiters nun mehr verordnetem Baumeister, kann ich gestehen, daß wir nur sehr wenig von der Natur des Einschlagens wissen. Hohe Berge und Eisgipfel leiten nicht ab, ich meine nicht allmählich, wie man doch denken sollte, da sie in die Wolken hineinstehen; die Donnerwetter wüten in den Tälern der Schweiz eben so fürchterlich und fürchterlicher als bei uns. – Es scheint also die elektrische Materie, die einschlägt, sich nicht so wohl allmählich anzuhäufen, als plötzlich zu entwickeln, und alsdann den besten Weg zu nehmen. Dieser können nun die Metalle freilich sehr oft sein, und in so fern lasse ich die gegenwärtige Einrichtung recht gut gelten. Wenn der Blitz das Metall erreicht, so folgt er ihm, das ist gewiß, und das ganze Problem von Blitzableitern läuft darauf hinaus, wie soll man ein Haus gegen den Blitz armieren, so daß kein Wetterstrahl das Haus, sondern immer die Armatur treffe?

Hierzu sehe ich nun keinen andern Ausweg, als den, die Häuser unter Käfige zu setzen, mit einer Spitze. Ein solcher Pavillon in einem Garten z. E. müßte herrlich aussehen. Freilich müßte der Käfig nach Proportionen größer sein, etwa in dem Verhältnis von hier eingeschaltetem.

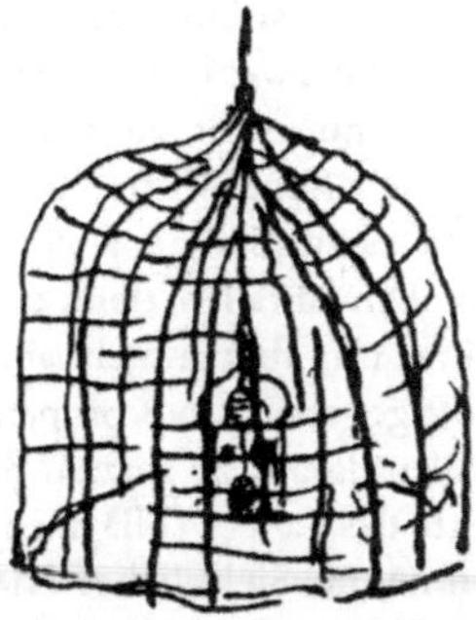

Das Eisen könnte allerlei Verzierungen enthalten z. E. Einen Jupiter, dem ein Professor der Physik den Blitz auspisset. Auch könnte man an das Eisenwerk Reben, Bohnen, Geißblatt und Hopfen pflanzen. Überhaupt aber ein solcher Käfig, in dem die Götter der Erde sich verkriechen müssen, wenn der Gott des Himmels zu donnern anfängt, Raum zu allerlei Witz geben. *Sed in crastinum jocosa.* Da wir aber unmöglich unsere Häuser, zumal solche wie das Osnabrücker Schloß unter Käfige setzen können, sondern von dem ganzen Käfige nur einige Drähte beibehalten wollen, aus Ökonomie, so ist die Frage, wie sind diese am besten anzulegen? Hierbei läßt sich nun freilich viel sagen, und ich diene sehr gerne, allein lassen Sie sehen ob Sie mir die Sache nicht erleichtern können. Ich habe bei Gelegenheit des Konduktors zu Mandelsloh auf Befehl des Herrn Ministers von Kilmannsegge ein Gutachten an das Hannöversche Konsistorium geschickt, welches sicherlich alles nötige enthällt ...

*

An G. H. Hollenberg, Göttingen, 23. 9. 1788

Liebster Freund,
Legen Sie mir ums Himmelswillen nicht zur Nachlässigkeit aus, daß ich Ihren mir so lieben Brief etwas spät beantworte, eigentlich hätte ich sagen sollen: erklären Sie, lieber, freundschaftlicher Mann, Ihrer Frau Liebsten, daß meine etwas verspätete Antwort nicht aus Nachlässigkeit fließe. Denn Sie, weiß ich, kennen mich, und

wissen, wie sehr mich alles interessiert, was Sie angeht, und wie viel Vergnügen mir jeder Umstand macht, der mich in nähere Verbindung mit Ihnen und Ihrer Familie bringt. – Also es lebe der *Dauphin,* Bernhard der erste, und seine wackern Eltern, und tausendfacher Dank für die Ehre der Gevatterschaft. – Ich war wirklich willens dem Kleinen selbst zu schreiben, und ich bedachte erst sehr spät, daß er den Brief schwerlich würde lesen können: Er fing so an: Willkommen, lieber Kleiner, in diesem Jammertal! Es freut mich ungemein Dich hier zu sehen, allein nimm Dich in acht, Du kannst gar nicht glauben was das für ein Nest ist, die Welt. Wenn Du glücklich sein willst, so halte Dich ums Himmelswillen mit Deinem Fuhrwerk auf der Chaussee, denn sonst riskierst Du, daß Dir die Pfaffen die Pferde ausspannen und da sitzest Du dann, oder kürzer: tue in allen Stücken wie Dein braver Vater und in den allerwenigsten wie Dein braver Pate, so kann es Dir nicht fehlen. Übrigens weine mir nicht zu viel, zumal sei des Nachts ruhig, und bedenke, daß Deine rechtschaffene Mutter auch schlafen will, und daß sie am Tage wenn Du schläfst mehr zu tun hat als auch zu schlafen. Fängst Du an zu laufen, so will ich Dir zwar erlauben zu fallen, denn ein rechtschaffener Junge fällt wenigstens des Tags dreimal. Stürze mir aber ja nicht auf den so genannten Hirnkasten, denn den hat Dir der liebe Gott gegeben um Kompendien zu schreiben, und nicht auf die Nase, denn die dient Brillen darauf zu setzen. Sondern Du wirst bald finden, daß Dich die Natur in der Mitte des Leibes (NB nach hinten,) mit 2 Polstern versehen hat, die man Hinterbakken nennt. Sieh, lieber Kleiner, diese beiden Dinger haben sonst keinen Nutzen in der Welt als folgenden, der sich füglich unter 4 Nummern bringen läßt 1) bei Erlernung der lateinischen Sprache und des Christentums, oder Ungezogenheiten, darauf anfangs mit der Hand gekloppt, und bei reiferem Verstand mit Ruten gestrichen zu werden. 2) Darauf zu fallen. Wenn Du also merkst, daß der Fall auf den Kopf gehen würde, so gibst Du Dir einen Schwung und fällst auf die *resp.* Fallkissen. 3) Sich darauf nieder zu lassen oder wie man spricht sich zu setzen. Weil nämlich die Stühle der Patriarchen von Holz oder Stein waren, so mußte die Natur die Kissen am Leibe anbringen. Heut zu Tage, da, zumal die Vornehmern, diese natürlichen Polster öfters verspielen, so hat man die Hinterbacken auf den Stühlen selbst angebracht. 4) und das ist ein Hauptgebrauch. Wenn Dich ein schlechter Junge schimpft, der nicht einmal Herz hat Dir so lange Stich zu halten, bis Du ihm ein Paar Ohrfeigen geben kannst, so machst Du Deinen Rock hinten auseinander und weist ihm Deine Polster. Diese Rache trägt, je nachdem der Feind gute Augen hat, weiter als eine gezogene Büchse oder eine Feldschlange und tötet niemanden, darf aber auch nie gebraucht werden, als da, wo keine Hoffnung ist, einen Schurken mit dem Arm oder dem Degen zu erreichen. – Bei gelehrten Streitigkeiten gilt indessen diese Art von Gegenwehr nicht, die Gelehrten haben einen ganz eigenen Hintern, den man den moralischen zu nennen pflegt, und der nicht in der Mitte des Systems liegt. Wie man sich den einander weiset, wirst Du auf Universitäten lernen, wo man reichlich Gelegenheit findet sich zu unterrichten; die Wissenschaft heißt die Polemik . . .

*

An G. A. Ebell, Göttingen, 19. 1. 1789

... Es ist der menschlichen Natur sehr angemessen, daß sie nur immer auf Verbesserung des bereits eingeführten denkt. Die Frage ist aber doch wirklich wenigstens des Anhörens wert: Sollte nicht eine ganz andere Einrichtung möglich sein? Warum haben wir keine *Hypocausta* mehr? – Wenn ich ein König wäre, ich würde entweder in einem Gewächshause wohnen, oder meine Zimmer wie die Gewächshäuser heizen lassen. O, wenn wir doch die dephlogistisierte und inflammable Luft so gemein machen könnten als das Wasser! Ist es nicht schade, daß man des Lieben Gottes Eichen und Buchen niedermetzelt um ein bißchen Extrakt von *Phlogiston* zu erhalten, und wie die Malteser mit den Türken, mit den Wäldern in einem ewigen Krieg lebt, bloß zu verhindern, daß unsere armen Seelen nicht verfrieren? – Wir lächeln, wenn wir von Völkern lesen, die den Gebrauch des Feuers noch nicht kennen. O! was wird die Nachwelt nicht über uns lächeln! Hat doch jetzt schon ein Mann ein ganzes Tafelzeug, so wie es vom Weber kam, in 2 Stunden gebleicht. Ich will nicht sagen welche Waschfrau, sondern welcher Physiker in der Welt würde dieses vor 5 Jahren für möglich gehalten haben. – Die Menge der Entdeckungen in den neusten Zeiten zeigt, was für Kombinationen, Konternationen u. s. w. noch für uns zurück sind! Mich soll es in Wahrheit nicht wundern, wenn ich einmal höre, daß so wie man eine Stadt in der größten Kälte abbrennen kann, man irgend einmal eine einfrieren läßt, wenn die Sonne im Krebs steht. Die Dinge differieren nur wie + und – ...

*

An J. R. Forster, Göttingen, 30. 9. 1790

... Also Sie haben die Freiheitsinfluenza in Ihrer Stadt auch gehabt? Wir auch, aber doch nicht so heftig. Herr Ayke kann Ihnen davon umständliche Nachricht geben, so wie ich demselben Auftrag gegeben habe mir die Geschichte des dortigen Fiebers mündlich zu überbringen. Man sieht doch immer daraus was der Mensch eigentlich ist, und lernt seinen Hut immer tiefer vor dem Galgen abziehen; er bleibt doch immer eines der nobelsten Instrumente, selbst das Herschelsche Teleskop nicht ausgeschlossen, auf welches die Menschen je verfallen sind, und ist dabei so simpel. Ich sehe nicht ab, warum man nicht einen goldnen unter die Reichsinsignien aufnimmt, und ausdrücklich einen neuen Kurfürsten dafür wählt, ihn bei der Krönung zu tragen.

Empfehlen Sie mich Ihrer geliebten Therese und vergessen Sie nicht

Ihren

G. C. Lichtenberg.

Gestern lernte ich einen Herrn Vay, einen Ungarischen Ingenieur von vortrefflichem Kopfe kennen, der zeigte mir ein Mikrometer von Ramsden, wodurch ohne Widerrede der Zoll in 362 000 geteilt werden konnte. Was wird das noch werden ehe es die volle 1800 schlägt!

*

An C. Girtanner, Göttingen, 24. 2. 1792

... Ich glaube mit Ew. Wohlgeboren daß wir über die eigentliche Natur des Lichts wenig wissen, allein wenn man einmal über seine Natur eine Sprache sprechen will, wäre es auch nur Bildersprache, so halte ich die Newtonische für die beste, weil nach der Modifikationstheorie die Refraktion nicht ohne die gezwungenste Hilfshypothese erklärt werden kann, und man bei der Lehre vom Doppelspat Voraussetzungen machen muß, die von dem gänzlichen Geständnis der Unwissenheit in diesen Dingen nur der Form nach unterschieden sind. Hingegen folgen z. B. die Erscheinungen beim Prisma so natürlich und leicht aus der Lehre der Attraktion und der Affinitäten, daß sich schon *a priori* so etwas hätte mutmaßen lassen, so bald man gewußt hätte, daß das weiße Licht gemischt sei. Für das 2te ist hier ein *Argumentum ab auctoritate* von Wichtigkeit, nämlich dieses, daß Newton selbst auf die Modifikationstheorie geraten war, sie aber am Ende aufgegeben hat, weil ohne Einschachtelung von Hypothesen nicht durchzukommen war ...

*

An G. A. Ebell, Göttingen, 18. 10. 1792

... Bei der Wärmung der Kirchen ist mir eingefallen, daß vielleicht eine in den kältesten Monaten ununterbrochene Erwärmung, wie in den Gewächshäusern, im Ganzen und verglichen mit der Hauptabsicht nicht so kostbar sein möchte, als die unterbrochene, die sich doch wohl schon den Freitag anfangen müßte. Ein mäßiges Feuer beständig unterhalten und nur an den Haupttagen etwas verstärkt würde mehr tun als ein starkes das plötzlich angezündet würde, das den Nahesitzenden lästig und den Entfernten unmerklich sein würde. Doch getraue ich mir hierüber nicht zu entscheiden. Röhren am Fußboden wie in den Gewächshäusern scheinen mir vorzüglich gut. Ein erwärmter Boden erwärmt die Luft leicht, allein eine selbst heiße Luft hat nur wenig Einfluß auf einen kalten Boden ...

*

An J. W. v. Goethe, Göttingen, 7. 10. 1793

... Ew. Exzellenz hätten mir nicht leicht ein größeres Vergnügen machen können, als durch die gütige Mitteilung Ihres vortrefflichen Aufsatzes. Sie haben mich dadurch auf einen Teil der Lehre vom Lichte aufmerksam gemacht, um den ich mich bisher wenig bekümmert hatte. Es waren mir zwar einige der gemeinsten Phänomene bei den farbigen Schatten bekannt, aber die Wahrheit zu gestehen, ich hatte nicht gedacht, daß dort noch so vieles läge, das einer weitern Entwicklung so sehr bedürfte. Die Sache ist sehr angenehm und soll mich, wenn es meine Kräfte verstatten, nicht wenig beschäftigen ...

Trotz der frappanten Versuche, womit Ew. Hochwohlgeboren Ihre Theorie unterstützen, und so sehr derselben auch die Beobachtungen des eben genannten Herrn T. zu statten zu kommen scheinen, so kann ich mich doch, nach einigem, was ich beobachtet habe, noch nicht entschließen sie für ganz ohne Einschränkung richtig zu erkennen. Ich rechne nämlich bei der ganzen Schattengeschichte sehr viel auf die Unbestimmtheit der Ausdrücke weiß, weißes Papier u. s. w. Die Menschen wissen freilich was das für eine Farbe ist, die sie weiß nennen, aber wie vielen mag wohl je die reine weiße Farbe zu Gesicht gekommen sein? Im gemeinen Leben nennen wir weiß, nicht was weiß aussieht, sondern was weiß aussehen würde wenn es dem reinen Sonnenlichte ausgesetzt wird, oder doch einem Lichte, das der Qualität nach nicht sehr von dem Sonnenlichte abweicht. Es ist mehr die Disposition zum weiß werden und weiß sein können, in allen ihren Gradationen, was wir an den Körpern weiß nennen, als ihre reine weiße Farbe selbst. Ich halte diesen Boden Papier z. B. für weiß, in der tiefsten Dämmerung, selbst in der Nacht beim schwächsten Sternenlicht, bei Talg- Wachs- und Lampenlicht, im höchsten Sonnenschein, in der Abendröte, bei Schnee und Regenwetter, im Walde und im tapezierten Zimmer pp, ich bin aber überzeugt, daß er, den höchsten Sonnenschein, etwa auf einer Alpenspitze ausgenommen, wo man noch den Widerschein des blauen Himmels entfernt hätte, nichts weniger als weiß ist. Wir merken dieses freilich nicht, weil in allen unsern Urteilen. die sich auf Gesichtsempfindungen gründen, Urteil und Empfindung so zusammengewachsen, daß es uns in gewissen Jahren kaum möglich ist sie wieder zu trennen; wir glauben jeden Augenblick etwas zu empfinden was wir eigentlich bloß schließen. Daher rührt es, daß die schlechten Porträtmaler die Gesichter ganz über und über mit Fleischfarbe anstreichen; sie können sich gar nicht vorstellen, daß in einem Menschengesicht blaue grüne gelbe und braune Schatten sein können . . .

*

An J. C. Dieterich, Göttingen, 11. 8. 1794

. . . Die Ruhr, die Ruhr reißt hier sehr ein. Ich habe mir aus den bisherigen Trauerfällen folgende Regeln abstrahiert, die ich dem nächsten zu Liebe bekannt mache. Sie befällt 1) hauptsächlich Leute die sich im 72ten Jahre noch rote Kleider machen lassen, und den Bräutigamstrott laufen 2) Personen, die noch um die Gespensterstunde bloß essen was ihnen gut schmeckt, und weil es ihnen gut schmeckt. 3) alle Whistspieler. Es sind ihrer schon 3 gestorben und mit *quatre honneurs* begraben worden. Ich habe es selbst gesehen. Von Frauenzimmern sterben alle, die nicht nähen und nicht spinnen, und doch bekleidet sind wie die Lilien auf dem Felde. Es ist wirklich traurig; unsere halbe Stadt geht darüber zu Grunde . . .

*

An J. A. H. Reimarus, Göttingen, 18. 8. 1794

. . . Ich bin daher so sehr mit Ew. Wohlgeboren über diesen Artikel eins, daß ich immer sage, Übergang von elektrischer Materie in einen gleichgültigen Körper fände in der Natur nie statt. Der positive Funke schlage immer auf negative Körper (und *vice versa*), nie auf gleichgültige. Ja ich habe, und ich glaube mit Recht, auch diese Theorie auf den Magneten ausgedehnt. Ich sage nämlich, der Magnet ziehe nie Eisen, sondern bloß Magnete. Aber er macht sie sich erst – aus dem Eisen. Dieses scheint mir überhaupt eine so allgemeine Verfahrungsart in der Natur zu sein (Assimilation) daß ich zuweilen Neigung bei mir verspürte, Ähnlichkeiten dazu selbst in der moralischen Welt aufzusuchen . . .

*

An Ch. H. Pfaff, Göttingen, Ende 1794

. . . Und hier finde ich bei der französischen Chemie Zweifel überall. Diese schaden ihrer jetzigen Vorzüglichkeit nicht, machen mir aber die Nomenklatur im Ganzen verächtlich. Hypothesen sind *Vota,* aber neue Namen sind *Decreta,* wo will das am Ende hinaus? Die neue Chemie wird gewiß nicht dauern, und die Epoche ihres Falles wird die sein da die Chemie der Elektrizität aus den Samenkörnern, die wir bereits haben, zu keimen anfangen wird. Die Namen aber werden bleiben, und müssen gelernt werden, so lange noch vortrefflich Sachen damit vorgetragen werden. Ich kehre jetzt zur Hauptsache zurück. Die Frage über das *Phlogiston* ist, glaube ich, ganz einfach, nämlich diese: setzen die Körper bei dem Verbrennen, Verkalken pp etwas ab oder nicht? Darauf kommt alles an. Was dieses etwas ist können wir noch einige Zeit unentschieden lassen, denn es könnte wohl sein, daß es nicht immer dasselbe wäre. Bei der Kohle haben die Franzosen ihren Kohlenstoff der mit dem *oxygène* Luftsäure macht, bei der Verbrennung des Schwefels, des Phosphors und dem Verkalken der Metalle haben sie nichts, und sie nennen daher diese Dinge einfach. Ganz adäquat folgt daraus die Einfachheit noch nicht. Die Kohle ist nicht einfach, verbände sich die erzeugte Luftsäure mit dem *Residuo* und machte eine tropfbare Säure aus, so würde man sie für so einfach gehalten haben als den Phosphor . . .

*

An S. T. Sömmerring, Göttingen, 5. 6. 1795

. . . Nun zum Beschluß noch ein Anliegen. Vielleicht haben Sie irgendwo gelesen, daß ich das Leben des Kopernikus für das deutsche Pantheon schreiben soll. Sie sind des Kopernikus Landsmann. Sind Sie ein Deutscher? Und wenn Sie es sind, was für einen Anspruch machen Sie auf diesen Titul? Helfen Sie mir hier ein wenig Sie und Kopernikus zu einem Deutschen zu machen. Wenn wir es nur so weit darin bringen, daß der Satz: Sömmerring und Kopernikus sind Deutsche, nicht unerlaubter klingt als der: Kant und Haller sind Deutsche, das hört man denn doch wohl . . .

*

An A. G. Kästner, Göttingen, 16. 8. 1798

. . . Die Vorstellung von Lalande, wie er die Erdaxe wieder verlängert, ist gewiß sehr schön, und wenn er das mindeste Gefühl für echten Witz hat, so muß ihm die glückliche Zweideutigkeit in dem ersten Hexameter der Unterschrift gewiß gefallen. Ich dachte ihn mir dabei in der Stellung, die öfters meine Herrn Auditores annehmen, wenn sie ein Paar luftleere, ziemlich große Guerickische Halbkugeln vermittelst der Henken an den Polen auseinander reißen wollen. Die Stellung hat viel Ähnliches mit der eines Küpers, der einen festen Kork aus einer Bouteille ziehen will. Die Gesichter die gewöhnlich dabei gemacht werden sind das schönste bei der ganzen Operation. Diese Idee möchte ich ihm nicht kommunizieren. – Wenn die Herren noch lange messen, zumal südliche Stücke anderer Meridiane, so werden sie am Ende wohl gar die Welt noch rund kriegen, wie man im Deutschen sagt . . .

*

An L. C. Lichtenberg, Göttingen, 18. 2. 1799

. . . Bekanntlich hat Aristarch von Samos mehr als 1000 Jahr vor Kopernikus gelehrt daß die Sonne stille stehe und die Erde um sie herum laufe, aber das waren einzelne Lichtblicke, die sich in dem übrigen Wust von Dunkelheit wieder verloren. Kant spielt einmal, wo ich nicht irre in der Vorrede zu seiner Kritik der reinen Vernunft, auf so etwas mit großer Feinheit an. Das Gleichnis hält Stich. Man hat bisher geglaubt, wir seien das Werk der Dinge außer uns, von denen wir denn doch nichts wußten und wissen konnten, als was unser Ich uns angab. Wie also, wenn es gerade die Natur unsers Wesens wäre, was diese Welt eigentlich macht? Hier ist Umlauf und Umdrehung der Erde um die Axe dem Umlaufe der Sonne und des Sternenheeres um sie entgegengestellt. Er gibt ja Alles auf die Probe. Ein dogmatisierender Kantianer ist gewiß kein echter. Selbst Fichte, *quod pace tua dixerim,* hat mehr wider die Klugheit verstoßen, als wider die Philosophie. Es war von ihm, wie mich dünkt, strafbarer Mutwille, jetzt so zu sprechen, und wird es wohl immer bleiben. Wir feinen Christen verachten den Bilderdienst, das ist unser lieber Gott besteht nicht aus Holz und Goldschaum, aber er bleibt immer ein Bild, das nur ein anderes Glied in eben derselben Reihe ist, feiner, aber immer ein Bild. Will sich der Geist von diesem Bilderdienst losreißen, so gerät er endlich auf die Kantische Idee . . .

Aufsätze

Neue Erfindungen, Moden, physikalische und andere Merkwürdigkeiten

In des Königs von Frankreich Kabinett befindet sich jetzt ein Affe, der sich von allen übrigen Arten durch eine sehr schöne Nase, die der menschlichen gleicht, unterscheidet, auch ist die Zwischenwand zwischen den Naselöchern (septum), die gewöhnlich bei den Affen sonst sehr dick ist, bei diesem dünne, wie bei den Menschen. Der Schriftsteller, aus dem ich diese Nachricht entlehne, meint, dieser Affe sei, seiner Ähnlichkeit mit dem Menschen wegen, eine wahre Demütigung für den Stolz desselben. Das hat aber Alles wohl wenig zu bedeuten, so lange die Affen, und hätten sie auch die Nase des vatikanischen Apoll, keine Menschen in ihren Naturalienkabinetten aufstellen ...

VS 6, S. 470–471 (veröffentl. 1788).

Von dem Nutzen den die Mathematik einem Bel Esprit bringen kann

Ungeachtet wir jetzt in so aufgeklärten Zeiten leben, daß niemand leicht mehr den Nutzen der Mathematik leugnet, von dem Logiker an, der sie sonst beschuldigte, sie mache ihre Verehrer zu Zweiflern, da er hätte sagen sollen, zu Leuten, die nicht glauben können, was nicht wahr ist, bis zu dem galanten, allerliebsten leeren Kopfe, der, weil er nicht Geld genug hat, seinen Verstand und seine Sitten zu Paris *in loco* selbst zu verderben, sich in Deutschland mit *Histoires amoureuses* und *Lettres galantes* eben so weit bringt; ungeachtet, sage ich, diese den Nutzen der Mathematik nicht mehr leugnen, so kann es doch zuweilen nützlich sein, ihn noch in besonderen Fällen darzutun, wo er nicht so deutlich in die Augen fällt. Auf diese Art hat uns ein großer deutscher Meßkünstler ihren Nutzen in der Moral gezeigt und ihren Wert gewiesen, wenn man sie als einen Zeitvertreib betrachtet.

Ohne meine Untersuchung im geringsten, sowohl was die Richtigkeit des Gegenstandes, als die Ausführung selbst betrifft, den eben erwähnten Abhandlungen an die Seite zu setzen, will ich meinen Lesern zeigen, daß auch die so genannten Schöndenker, oder witzigen Köpfe von Profession, Nutzen aus der Mathematik ziehen könnten, wenn sie Deutsch genug dächten, dieselbe weiter zu erlernen, als bis an die Geometrie im Wolfischen Auszuge aus einem Auszuge. Dieses ist freilich schon viel von einem schönen Geiste verlangt. Ich habe dieses etwas zu spät bedacht. Wenn mich also die Meisten, denen ich eigentlich nützlich sein wollte, nicht verstehen sollten, so muß ich mich mit der Unmöglichkeit entschuldigen, Leuten deutlich zu schreiben, die in der ganzen Reihe der menschlichen Wissenschaften überhaupt nur bis an die freundschaftlichen Briefe, oder bis auf die gemeine poetische Kenntnis von Mädchen, Wein und Westwinden gekommen sind.

Die Gelegenheit zu dieser Untersuchung gab mir das Vorurteil, welches ich schon längst unter einigen Leuten bemerkte, daß sie nämlich glauben, die Schäfernatur sei nur allein fähig, Gleichnisse und Anspielungen abzugeben, alle andern Dinge hätten die Kraft nicht, und die Mathematik sei ganz ungeschickt dazu. Ich werde also diesen Herren zu Gefallen einen Versuch machen, und ein paar, auch in andern Absichten erbauliche Wahrheiten mit solchen Anspielungen vortragen; vielleicht, wenn sie dieselben loben hören, so werden sie aus Neugierde Meßkünstler, so wie sie aus Neugierde Steganographen oder Freimaurer werden.

Der Begriff von entgegengesetzten Größen, und der schöne Ausdruck: weniger als nichts, sind von vielen Schriftstellern mit Vorteil gebraucht worden. Jedermann weiß es, wie erbaulich der letzte schon längst dem Stutzer geworden ist.

Denn weniger als nichts ist vielmals ihr Vermögen. (Kästner.)

Ich gestehe gerne, daß er schon schön an und für sich ist, ohne daß man ihn als eine Anspielung auf gewisse Lehren in der Mathematik betrachtet. Er ist es auch wirklich ohnedem gewesen. Im 62. Psalm wird er gebraucht, und er sagt so Vieles mit so vieler Kühnheit, als zwanzig Hexameter mit aller ihrer genauen Weitläufigkeit nicht sagen würden. Einige Schriftsteller haben sich sehr an diesem Ausdrucke geärgert. Herr von Justi greift ihn in einer Schrift an, wo man es vielleicht nicht gesucht hätte, allein auf eine Art, die mich zweifeln läßt, ob er ihn jemals, so wie ihn der Mathematiker braucht, verstanden habe. Er sagt, das Nichts habe keine Grade; aber wer wird denn dieses nicht wissen? Und wer wird mit allen Zurüstungen der Metaphysik einen so unschuldigen Ausdruck anfallen? Heißt dieses nicht so viel als Anstalten zum Begräbnis machen, wenn ein Erschrockener spricht: Ich bin des Todes; oder wenn ein verliebter Marquis mit gesundem Herzen sagt: Je meurs d'amour? Meine Absicht ist nicht, diesen Ausdruck zu erklären; es ist dieses schon längst geschehen, und wenn nach dieser Erklärung, auf die ich hier den Leser verweise, noch einige Zweifel übrig bleiben, der tut überhaupt besser, wenn er sich mit andern Dingen abgibt, die den Verstand nicht so angreifen, und ihn in der Falte ruhig lassen, die er im 15. Jahre angenommen hat. Ich will hier nur überhaupt erinnern, daß sich der Meßkünstler oft solcher Ausdrücke bedient, um schnell und kurz zu sagen, was sonst kaum ein langsam konvergierender Paragraph würde gesagt haben, und dieses verdiente in allen Wissenschaften, wo es ohne Undeutlichkeit geschehen kann, nachgeahmt zu werden; allein vielleicht fürchtet man sich vor einer solchen Erfindung in denen Wissenschaften, wo noch Platz übrig ist, und wo nicht, wie in der Mathematik, Alles noch voll bliebe, wenn man auch gleich ganze Kapitel durch eine einzige Zeile darstellte.

Wem bekannt ist, was man in der höheren Geometrie Asymptote nennt, wird Vieles in der Natur kurz, und dennoch mit einer Deutlichkeit beschreiben können, deren selten eine Umschreibung fähig ist. So kann man sagen, Homer und Virgil wären die Asymptoten der neueren epischen Dichter; Praxiteles und Lysippus der Bildhauer; Raphael der Zeichner. Wenn ich sagen wollte, die Natur sei es, so ist dieses nicht mehr so eigentlich gesprochen; die Künstler bleiben bei der größten Näherung noch immer unendlich weit von der Natur weg; das Bild in der *Camera obscura* ist schon viel weiter, als der Künstler jemals kommt; hier ist die Wolke gemalt, daß sie sich bewegt, und die Sonne ist nicht allein rund und helle, sondern sie brennt auch. Ich hoffe, es wird Niemanden befremden, daß ich den Homer und Virgil zu Asymptoten gemacht habe. Sie waren es wirklich bisher, man hat nach diesem Muster gearbeitet, und dieses mit Recht. Diese Schriftsteller sind, so zu reden, Karten von der Natur, auf die man sich fast immer verlassen kann, wenn man in diesem Felde gehen will. Allein man konnte mit der größten Bemühung nicht richtiger gehen als sie, weil so gehen wie sie, bloß richtig hieß. Da man aber jetzt anfängt, die Regeln nicht mehr im Homer, sondern da zu suchen, wo sie Homer selbst gesucht hat, so ist vielleicht noch eine andere Linie die eigentliche Asymptote, da es Homer nur in einer sehr großen Länge noch zu sein schien, und mein Gedanke falsch.

Gleichung. Wenn ich sage, die Gleichung für manchen Herrn käme heraus, wenn ich in der Gleichung für seinen Bedienten verschiedene Eigenschaften — o setzte, so erhalte ich dadurch, wenn ich nur einen Bedienten recht kenne, zugleich einen Begriff von vielen Herren, der noch den moralischen Nutzen hat, daß er uns die nahe Verwandtschaft von beiden sehr lebhaft zu erkennen gibt, und zeigt, wie alle Tage einer aus dem andern werden kann. Um ein sehr lehrreiches Exempel zu geben, so setzt man einmal, die relative Grobheit des Bedienten werde absolut, ich glaube nicht, daß ein stolzerer Herr möglich ist, als der, den diese Formel gibt.

Moment. Das Moment des Eindrucks, den ein Mann auf das gemeine Volk macht, ist ein Produkt aus dem Wert des Rocks in den Titel. Eben so kann man den Schaden, den ein Staat leidet, wenn ein Mann in demselben leidet, nach dem Produkt aus der Wichtigkeit des Mannes in die Größe seines Unglücks schätzen. Man hat bemerkt, daß dieses Produkt verschwindet, wenn ein Goldmacher den Hals bricht, da nun das Halsbrechen gewiß nichts Geringes ist, so muß wohl der andere Faktor sehr klein sein.

Größte und Kleinste. Dieses Kapitel in der Rechnung des Unendlichen ist überhaupt sehr lehrreich für viele Leute, die es verstehen könnten, aber nicht verstehen. Denn ich wüßte nicht, ob es einen Stand in der Welt geben kann, worin es unnütz sei zu wissen, daß, bei immer zunehmenden Bemühungen, zu einem Endzwecke zu gelangen, der Endzweck zuweilen gänzlich verfehlt werden kann. Ich bin bei Gelegenheit einer Hausapotheke auf diesen Gedanken gekommen: denn es ist hier klar, daß bei wachsender Vorsorge für die Gesundheit, diese ein Größtes werden kann, wenn die Vorsorge offensiv wird.

Mittlere Richtung der Kräfte. Ich habe bemerkt, daß die Denkungsart vieler Leute die mittlere Richtung ist, die der Geist nehmen muß, wenn er von Jurisprudenz und Possen, Medizin und Possen, oder belles lettres und Possen zugleich gezogen wird.

Schwerpunkt. Wenn man den gemeinschaftlichen Schwerpunkt der Häuser in einer Stadt suchte, und hernach den gemeinschaftlichen Mittelpunkt der Leute, die darinnen wohnen, so würden sie oft weit von einander liegend angetroffen werden. Mir ist eine Stadt bekannt, wo der erste auf den Markt, der andere ganz nahe an die Stadtmauer fallen würde.

Ich übergehe hier die Lehren vom anziehenden Mittelpunkt, von dem zusammengesetzten Verhältnis und andere Dinge, die von neuern Schriftstellern mit vielem Vorteil sind gebraucht worden, sehr geschwind und kräftig zu sagen, was sie sagen wollten. Außerdem aber, daß man zuweilen mit der Mathematik witzig tun kann, so werden ihre Lehren ganz, wie sie sind, in ein Gedicht gebracht, wenn es mit Kunst geschiehet, für den denkenden Teil der Gelehrten (denn es gibt ja noch einen andern) allemal ein Vergnügen sein. Die alten, und die ihnen ähnlichen neuern Dichter sind voll davon. Aber wie viel unter unsern schönen Geistern in Duodez wissen wohl, was *aquosus Orion* ist? Ja, wenn sich Minellius deutlicher erklärte, und was sind die Hundstage? Warum heißen sie so? Ei, weil die Hunde um diese Zeit toll werden. Gut! Also werden im Jänner die Eselstage fallen, weil um diese Zeit alle Esel erfrieren würden, wenn sie nicht im Stalle ständen, oder keine Motion hätten. Solche Forderungen lassen sich aus einer so ungeschickten Erklärung machen.

Dieses waren einige Proben, wie sich Lehren der Mathematik im Diskurs gebrauchen lassen, und wie wenig man sie auch in Kleinigkeiten entbehren kann. Dessenungeachtet wird sie von dieser Gattung von Leuten, die ich oben erwähnt habe, nie erlernt werden, so lange man nur ihren Nutzen im Ernst zeigt. Vernünftige erlernen zwar immer die Wissenschaften ihres Nutzens wegen, aber der galantere Teil der Welt fängt erst alsdann an zu lernen, wenn man ihm durch einen Beweis, der auch ein Spaß sein muß, zeigt, daß man auch eine Wissenschaft zum Spaß lernen kann, oder um damit zu spielen. Daher sind die *Récréations mathématiques,* die Erquickstunden, die Methoden, Schiffe zu rechnen, entstanden; daher muß oft der größte Naturkündiger in seinem Vortrag einen mittleren Weg zwischen dem Lustigen und Ernsthaften nehmen. Schwenters Aufgabe, eine Sonne zwischen zwei Monde zu malen, hat mehr Stutzer zum Nachdenken gebracht, als eine Mondfinsternis. Ich tadele dergleichen nützliche Betrügereien nicht, nur muß man sie nicht in Bücher einmischen, die auch der Vernünftige lesen soll, der sich dergleichen Dinge selbst erfindet, oder, wenn er sie lesen will, sie unter dem Titel Spielsachen, und nicht in einer erleichterten Geometrie sucht. Ich finde, daß eine gewisse lustige Nation diese Methoden liebt. Alles soll leicht gemacht werden, und man glaubt dazu nur zwei Wege offen: das Flüchtige und das Lustige. Vermutlich wird man auch bald anfangen, die Religion so vorzutragen, zumal da man selbst im Spanischen geistliche Komödien hat. In Deutschland wollen diese Methoden nicht recht fortkommen. Euklid und seine großen Nachfolger haben bei uns ihr Glück gemacht, und sie werden nicht eher wieder durch die obigen verdrängt werden, als bis der Hanswurst wieder die Bühne betritt, und, wie vor sechs Jahren in einer berühmten Hauptstadt mitten in der rührendsten Szene der ganzen Alzire, die Hosen hebt, und das weinende Parterre versichert, daß seine Katze sechs Junge bekommen habe.

VS 3, S. 55–62 (veröffentl. 1766).

Von einer neuen Art die Natur und Bewegung der elektrischen Materie zu erforschen

Unter die merkwürdigsten Erfindungen, durch welche die Lehre von der Elektrizität neuerlich bereichert worden ist, gehört unstreitig der Elektrophor, für dessen Erfinder man nicht ohne Grund den jetzigen Professor der Physik zu Stockholm Hrn. Wilke, unsern ehemaligen Mitbürger, zu halten hat. Denn Volta hat dieses Instrument nicht eigentlich erfunden, sondern ihm nur seine jetzige bequemere Einrichtung und seinen Namen gegeben, und es dadurch zum Range eines elektrischen Werkzeugs erhoben; da Wilke sich schon früher, im Jahre 1762 zum Behuf einiger Versuche mit der Leydener Flasche, einen ähnlichen Apparat hatte verfertigen lassen, bei welchem anstatt des Harzes Glas gebraucht war. Indessen ist zu bemerken, daß der italienische Physiker höchst wahrscheinlich von den Versuchen des schwedischen nie etwas gehört hatte, und daß die Verdienste desselben um dieses Instrument noch immer so groß sind, daß ihm, wenn auch nicht der Name des Erfinders, doch ein gleiches Lob und gleicher Ruhm als diesem gebührt.

Merkwürdig ist dieses Instrument ohne Zweifel, teils wegen der Erscheinungen selbst, die es darbietet; teils wegen des neuen Sporns, den es den Physikern gegeben hat, die wunderbaren Eigenschaften der Elektrizität zu erforschen. Und eines solchen Sporns bedurften besonders die deutschen Physiker, die, was dieses Kapitel der Naturlehre belangt, größten Teils entweder nichts taten, oder sich mit Spielereien zu beschäftigen, und hundert Mal wiederholte Sachen noch einmal zu wiederholen angefangen hatten.

Als ich zum ersten Mal einen Elektrophor sah, gefiel er mir sogleich, nicht nur wegen seiner einfachen Einrichtung, und ausnehmenden Wirksamkeit, sondern auch wegen der Beschaffenheit der dazu erforderlichen Materialien, die überall leicht zu haben sind; und da ich bemerkte, daß ein solches Instrument von achtzehn Zoll im Durchmesser schon so große Wirkung tat, als kaum eine kostbare gewöhnliche Elektrisiermaschine: so nahm ich mir vor, mir einen Elektrophor von beträchtlicher Größe zu verfertigen. Hierzu bewog mich noch mehr die scheinbare Abweichung seiner Wirkungen von den gewöhnlichen – eine Abweichung, die ich durch ein größeres Instrument nicht ohne Grund zu heben hoffen konnte. Denn Versuche mit großen Instrumenten anstellen, ist eben so viel als die Erscheinungen, die sie darbieten, unter das Vergrößerungsglas bringen. Das, was sich vorher durch seine Kleinheit dem schärfsten Gesicht und der angestrengtesten Aufmerksamkeit entzog, kann, auf diese Art vergrößert, oft auch einem stumpfern Sinn und einem nachlässigern Beobachter nicht mehr entgehen.

Ich ließ mir also einen Elektrophor machen, wo der Kuchen, der aus gemeinem Harz, mit burgundischem und Terpentin gemischt, bestand, sechs pariser Fuß, und der Teller, aus Zinn, fünf Fuß im Durchmesser hielt. An diesem nahm ich bald eine Menge von Erscheinungen wahr, die ich vorher nicht gesehen hatte, die jedoch meistens so beschaffen waren, wie sie sich von der Größe des Instruments erwarten ließen. Diese übergehe ich daher jetzt, und führe nur ein Beispiel an, woraus man die Stärke meines Elektrophors, im Vergleich mit andern gewöhnlichen Instrumenten dieser Art, schätzen kann. Die Funken (wenn man anders das, was seiner Gestalt und Wirkung nach kleinen Blitzen ähnlich war (so nennen darf), die ich hier erhielt, waren bisweilen vierzehn bis fünfzehn Zoll lang; fing man sie mit der Hand auf, so erschütterten sie den ganzen Körper sehr heftig; und fuhren sie selbst vom Teller gegen die Basis, was öfters geschah, so durchbohrten sie bisweilen den Kuchen mit lautem Geprassel.

Ich komme jetzt auf den Hauptgegenstand dieser Abhandlung, nämlich auf die Erscheinung, die ich zwar an dem großen Elektrophor zuerst beobachtet, aber bald darauf auch auf den kleinsten hervorbringen gelernt habe; eine Erscheinung, die, so viel ich weiß, neu ist und von der ich überzeugt bin, daß sie durch die Untersuchungen geschickter Naturforscher, denen zugleich ein reichlicher Vorrat physikalischer Instrumente zu Gebote steht, für die Physik überhaupt wichtig werden, und einen neuen Weg zur genaueren Erforschung der elektrischen Materie bahnen kann.

Denn es macht keine geringen Schwierigkeiten bei diesen Untersuchungen, daß die elektrische Materie sich entweder, wie die magnetische, unserm Blick gänzlich entzieht, oder da, wo sie sichtbar ist, mit einer solchen Geschwindigkeit und, was mir nicht unwahrscheinlich ist, in Verbindung mit einer Menge unsichtbarer Stoffe, fortgeht, daß man sehr oft außer der Stelle, wo der Funken überschlägt, und der Gestalt desselben – was doch nur ein unbedeutender Teil der ganzen Erscheinung ist – nichts deutlich bemerken kann. Und das ist kein Wunder. Denn man hat es hier nicht mit einer Materie zu tun, deren Schnelligkeit etwa ein unbefangener Zuschauer mit der Schnelligkeit des Blitzes zu vergleichen verleitet werden könnte, sondern mit dem Blitze selbst. Mit Recht haben sich daher die Physiker immer bemüht, wenigstens die Spuren einer Erscheinung aufs sorgfältigste zu beobachten, die sie selbst nicht aufhalten konnten. Es kann niemandem, der nur ein wenig Belesenheit besitzt, unbekannt sein, mit wie vielen Geschichten vom Blitze, von Gefäßen, die er durchbohrt, von Draht oder Geld, das er geschmolzen u.s.w. – die Schriften der Physiker angefüllt sind. Nicht selten sind die Erzählungen z. B. von dem Wege den der Blitz von der Spitze des Schornsteins bis in die Küche genommen hat, aus allzugroßer Genauigkeit so weitläufig, daß sie ganze Bogen füllen, und man mehr als eine Stunde braucht, um die Beschreibung von dem zu lesen, was in einem Augenblick geschehen ist. – Ferner haben die größten Physiker die Flecken, die die Leydner Flaschen bei ihrer Entladung auf polierten Körpern erzeugen, imgleichen die kleinen Löchelchen, die sie durch Papier schlagen, ihrer Aufmerksamkeit wert geachtet; und unter den vortrefflichen Entdeckungen und Beobachtungen von Priestley ist die Beobachtung der Ringe, die er durch einen Schlag seiner großen elektrischen Batterie auf polierten Metallplatten hervorbrachte, nicht die geringste.

Die Versuche, die ich Ihnen, hochgeschätzte Mitglieder und Zuhörer, jetzt zur Prüfung vorlegen will, übertreffen noch, wie ich glaube, die eben erwähnten, sowohl an Schönheit, als an Wichtigkeit. Denn wenn sie gleich nicht in die Klasse der glänzenden elektrischen Versuche gehören, so können sie mit diesen selbst wohl um den Vorzug streiten; und ich zweifle nicht, daß mein Apparat – was ihm zu keiner geringen Empfehlung gereicht – dereinst noch von Taschenspielern und Zauberern gleich einem Zauberstabe werde gebraucht werden. Was aber die Wichtigkeit der Versuche anbelangt, so bieten sie erstens dem Naturforscher ein leichtes Mittel dar, die Natur der elektrischen Materie auf eine ähnliche Art zu untersuchen, wie es bei dem Magneten in Ansehung der magnetischen Materie durch aufgestreuten Feilstaub geschieht; zweitens lehren sie, daß in elektrisierten Körpern, besonders Nichtleitern, Veränderungen vorgehen, von denen die Physiker bisher nichts wahrgenommen hatten; nicht zu gedenken, daß sie auch zur Erklärung anderer Naturerscheinungen dienlich sind.

Die Veranlassung zur Entdeckung dieser Erscheinung war folgende: Die Verfertigung meines großen Elektrophors war gegen das Frühjahr 1777 zu Stande gekommen; in meiner Kammer war noch Alles voll von feinem Harzstaub, der beim Abhobeln und Glätten des Kuchens oder der Basis aufgestiegen war, sich an die Wände und auf die Bücher gelegt hatte, und oft bei entstehender Bewegung der Luft, zu meinem großen Verdruß, auf den Deckel des Elektrophors herab fiel. Nun fügte sichs, daß der Deckel, der von der Decke herabhing, einmal etwas längere Zeit von der Basis abgehoben war, so daß der Staub auf die Basis selbst fallen konnte, und da geschah es, daß er sich hier nicht, wie vorher auf den Deckel, gleichförmig anlegte, sondern an mehreren Stellen zu meinem großen Vergnügen kleine Sternchen bildete, die zwar anfangs matt und schlecht zu erkennen waren, als ich aber den Staub mit Fleiß stärker aufstreute, sehr deutlich und schön wurden, und hier und da erhabener Arbeit glichen. Es zeigten sich bisweilen unzählige kleine Sterne, ganze Milchstraßen, und größere Sonnen; die Bogen waren von der hohlen Seite matt, von der erhabenen aber mit Strahlen geziert; ferner sehr niedliche kleine Ästchen, denen nicht unähnlich, welche die Kälte an den Fensterscheiben erzeugt; kleine Wolken von mannigfaltiger Gestalt und Schattierung: endlich noch mancherlei Figuren von besonderer Gestalt, von welchen ich nur eine auf der ersten Kupfertafel nebst einigen Sternchen habe abbilden lassen (Taf. 1). Dabei war es ein sehr angenehmes Schauspiel für mich, als ich sah, daß sie sich kaum zerstören ließen; denn wenn ich auch den Staub mit einer Feder oder einem Hasenfuß behutsam abwischte, so erzeugten sich doch dieselben Figuren von neuem, und oft noch schöner als vorher.

Ich nahm daher ein schwarzes Blättchen Papier, das mit einer klebrigen Materie bestrichen war, und drückte es leise auf die Figuren, wodurch es mir gelang einige Abdrücke von ihnen zu bekommen, von denen ich der königlichen Sozietät sechse vorgelegt habe. – Diese neue Art von Druckerei war mir um so erwünschter, da ich, wenn ich in meinen Untersuchungen weiter gehen wollte, weder Zeit noch Lust hatte, alle Figuren abzuzeichnen oder zu zerstören.

Alle Figuren, von denen ich bis jetzt gesprochen habe, hatte der Zufall erzeugt, und die Art ihrer Erzeugung war mir noch gänzlich unbekannt. Denn ich tat nichts, als daß ich den Deckel des Elektrophors aufhob, und den Kuchen mit Harzstaub bepuderte; was alsdann an Sternen zum Vorschein kam, das verdankte ich lediglich dem Glücke, das seine Gaben schon sparsamer zu spenden anfing. Denn da ich sah, daß die Kraft des Elektrophors durch den aufgestreuten Staub und die Figuren nicht wenig vermindert wurde: so mußte ich ihn öfters abwischen und von neuem elektrisieren, wodurch die Figuren zugleich von Grund aus zerstört wurden. Dieser mißlichen Erregungs-Methode und dieses Spiels wurde ich endlich müde, der Reiz der Neuheit verschwand; und ich fing daher an über die schon gemachten Versuche sorgfältig nachzudenken, und die vorhandenen genauer zu betrachten. Da erinnerte ich mich eines lebhaften Knisterns an der Stelle des Elektrophors, die hernach die meisten Sternchen zeigte; wodurch es wahrscheinlich wurde, daß die Figuren entweder durch das Eindringen der elektrischen Materie aus dem Deckel durch das Harz in die untere Form, oder wenigstens durch ein Überströmen derselben in das Harz selbst erzeugt worden waren. Hiervon wurde ich noch mehr überzeugt, als ich die Versuche im Dunkeln anstellte, und sah, daß aus dem Deckel leuchtende Büschel herabfuhren, die auf die Basis projiziert jene Sternchen bildeten. Ich fand auch, daß die Elektrizität der Basis an dieser Stelle positiv war, denn wenn ich einen kleinen Teller darauf setzte und auf die gehörige Art wieder abhob, so war er negativ. So sah ich mir ein neues und weites Feld von Versuchen eröffnet, und dies gab mir neuen Mut. Zuerst legte ich kleine runde Blätterchen von Zinnfolie auf die Basis; diese wurden von dem aufgehobenen Deckel angezogen und bald darauf wieder auf die Basis zurückgestoßen, wo sie herumrollten, und ihren Weg mit den niedlichsten Strahlen bezeichneten; die Spitzen aufgesetzter Körper, z. B. eines Zirkels, wurden mit strahlenden Kreisen umgeben; blecherne Röhren oben mit einem polierten Knopf versehen brachten, wenn sie auf die Basis gesetzt wurden, die prächtigsten Sonnen hervor. Nachdem ich also die Ursache der Erscheinung entdeckt hatte, gebrauchte ich kleinere Elektrophore, und fand, daß alle Versuche auch mit diesen ohne Mühe und große Kosten gemacht werden können. Damit aber niemand vergebliche Mühe anwende, so will ich meinen Apparat, und besonders die Einrichtung meines doppelten Elektrophors, der sowohl zu diesen als zu vielen andern Versuchen sehr geschickt ist, kurz beschreiben.

Man nehme ein Brett, z. B. von Lindenholz, von länglicher Gestalt, (IV. Taf. 1. Fig.), ungefähr zwei Fuß lang, einen Fuß breit, und etwa einen Zoll dick, und überziehe es zuerst mit Zinnfolie oder Goldpapier, so daß auch der Rand des Holzes bedeckt wird; dann fasse man es mit einer Einfassung von dünnem und biegsamen Holz ein, die etwa zwei und eine halbe Linie hervorragen, und wenigstens mit einigen metallenen Nägeln befestigt sein muß. Diese Schüssel – denn so sieht es aus – richte man mit einer Wasserwaage, und gieße dann so viel von der harzigen Mischung hinein, als hinein geht. Die Mischung wird am besten aus gemeinem und burgundischem Harz gemacht und mit etwas Terpentin versetzt, um sie geschmeidiger zu machen und zu verhindern, daß sie bei den Veränderungen, die das Brett von der Temperatur der Luft erleidet, nicht springt.

Der Deckel, der zehn Zoll im Durchmesser halten muß, kann entweder von Zinn, oder von Holz oder Pappe mit Zinnfolie überzogen sein, und muß, wie gewöhnlich, in seidenen Schnüren hängen (IV. Taf. 2. Fig.). Den meinigen habe ich von Lindenholz machen lassen. Die untere Seite wird etwas ausgehöhlt, und ehe man sie mit der Zinnfolie belegt, mit Leder oder Leinwand oder etwas dickem Papier überspannt, um die Berührung mit dem Kuchen des Elektrophors teils vollkommener, teils sanfter zu machen. Diesen Deckel kann man sowohl in P als in N (IV. Taf. 1. Fig.) auf den Elektrophor stellen, so daß er von der Einfassung um einen Zoll absteht, und zwischen den Kreisen, die er in beiden Lagen einnimmt, ein Zwischenraum von zwei Zollen bleibt.

Das Verfahren, wodurch ich diesen Elektrophor elektrisiere, ist eben so einfach als wirksam, und der Aufmerksamkeit der Physiker nicht unwürdig. Wir wollen annehmen, der Elektrophor habe gar keine Elektrizität, so muß man die Stelle, wo der Deckel die positive Elektrizität (die ich immer mit + E bezeichnen will,) bekommen soll, entweder mit der trockenen Hand, oder mit dem zusammengerollten Bart von einer Schreibfeder gelinde reiben. Dann setzt man den Deckel darauf, macht die gewöhnliche Verbindung zwischen ihm und einem Nagel der Einfassung, indem man den einen mit dem Daumen, den andern mit dem Mittelfinger berührt, hebt ihn an den seidenen Schnüren ab, und bringt ihn an die metallene Röhre, oder was es sonst für ein metallener Körper sei, den man in N aufgesetzt hat, um das bißchen + E von jenem in diese überzuleiten. Man schiebt darauf die Röhre mit dem Finger, oder was noch besser ist, mit einem idioelektrischen Körper, z. B. einer Schreibfeder, oder Siegellackstange, etwas fort; und verfährt dann eben so, wie vorher. Hat man dieses Verfahren drei oder vier Mal wiederholt, und immer das + E des Deckels in die Röhre innerhalb N übergeleitet, nachdem man diese vorher auf eine andere Stelle gerückt, so wechselt man um: man setzt die Röhre in P, und den Deckel auf N, der nun, wenn man ihn aufhebt, negativ elektrisch sein wird. Sein – E bringt man in die Röhre in P; und so fährt man abwechselnd fort, Deckel und Röhre bald auf die eine, bald auf die andere Seite zu setzen, bis man sieht, daß die Seite P dem Deckel eine starke positive, und die Seite N eine starke negative Elektrizität erteilt. Auf diese Art habe ich gesehen, daß der Elektrophor, der anfangs in P kaum Fünkchen so groß wie Pulverkörner, und in N gar keine hervorbrachte, binnen vier Minuten durch sich selbst so sehr verstärkt wurde, daß der Deckel anderthalb Zoll lange Funken +E und –E gab. Setzt man den Deckel in P und N so auf, daß die

Teile der Kreisflächen, die von ihm bedeckt werden, im umgekehrten Verhältnis der Intensität ihres +E und −E sind: so zeigt er, wenn man ihn aufhebt, gar keine Elektrizität; und bedeckt man gleiche Teile, so ist seine Elektrizität, wenn er aufgehoben wird, der Summe der Elektrizität beider Kreise gleich.

Nach dieser Vorbereitung wird ein jeder sehr leicht folgende Versuche anstellen können. Nur muß er noch einige Scheiben von Gummilack oder gemeinem Harz zur Hand haben; auch sind Scheiben von gefärbtem Schwefel oder Siegellack, und gefärbtem Glase gut. Über dies braucht man verschiedene metallene Röhren, die oben entweder mit einem Knopf oder einer scharfen Spitze versehen sind; ferner einen kleinen Vorrat von gestoßenem Harz, Schwefel, Glas, von Hexenmihl und dergleichen – ingleichen eine Leydener Flasche mit einer Kette u. s. w.

Erster Versuch

Man stelle die Röhre mit dem polierten Knopf auf die Scheibe von Gummilack oder Harz, (IV. Taf. 4. Fig.), und lasse einen Funken +E auf den Knopf schlagen; dann nehme man die Röhre mit der bloßen Hand weg, und bepudere die Stelle mit Hexenmahl oder zerstoßenem Harz: so wird eine solche strahlende Sonne zum Vorschein kommen, als auf der II. Taf. abgebildet ist. Nimmt man aber die Röhre vermittelst eines idioelektrischen Körpers weg, so fehlt der schwarze Kreis, aus dem die Strahlen hervor schießen.

Zweiter Versuch

Wird die Röhre negativ elektrisiert, und dann mit bloßer Hand abgehoben: so entsteht die Figur, die auf der III. Taf. vorgestellt ist. Braucht man einen idioelektrischen Körper zu Abheben, so fehlen an der Figur die schwarzen Ästchen fast ganz. Hier muß ich noch bemerken, daß ich, nachdem die zweite Kupfertafel schon fertig war, durch die positive Elektrizität öfters Figuren mit drei und mehren konzentrischen Kreisen umgeben hervorgebracht habe. Da es aber jetzt nicht meine Absicht ist, Alles zu beschreiben, was ich gesehen habe, sondern was andere zu tun haben, um es selbst zu sehen: so wollte ich nicht mehrere Figuren beifügen, und spare meine Hypothesen für eine andere Abhandlung.

Dritter Versuch

Man lege eine Scheibe von Gummilack auf eine etwas kleinere Röhre, und stelle die vorher gebrauchte Röhre oben darauf, so wie die 5. Fig. der IV. Taf. vorstellt; alsdann elektrisiere man A positiv, so wird auf der obern Seite der Scheibe eine strahlende, und auf der untern eine negative strahlenlose Figur entstehen, die zwar nicht ganz so wie die hier abgebildeten aussehen, aber deren Ähnlichkeit mit diesen auch ein ungeübtes Auge leicht erkennen wird. Auf diese Art kann man die Elektrizität durch mehrere Scheiben zugleich gehen lassen, und ihren Weg untersuchen. Wendet man anstatt der positiven die negative Elektrizität an, so ist Alles umgekehrt.

Vierter Versuch

Man stelle eine Leydener Flasche auf die Harz-Scheibe, und elektrisiere ihren Knopf positiv; dann wird auch die Figur auf der Scheibe in die Klasse der positiven gehören; hingegen wird sie negativ sein, wenn man die Flasche negativ elektrisiert. Ein aufmerksamer Beobachter wird hier mancherlei Verschiedenheiten beobachten. Ich habe die artigsten Ringe, und die schönsten elliptischen und kreisförmigen Flecken gesehen, in denen ich, wenn ich sie näher ans Auge brachte, öfters wieder die zartesten Ellipsen und konzentrischen Kreise wahrnahm. Die schönsten Figuren dieser Art, deren bewundernswürdige Bildung und Regelmäßigkeit ich mit Worten nicht beschreiben kann, erhielt ich, wenn ich ein gemeines Bierglas voll Wasser auf die Scheibe von Gummilack setzte und vermittelst der oft gedachten Röhre das Wasser positiv oder negativ elektrisierte (Fig. 6.).

Fünfter Versuch

Hierher läßt sich auch eine neue Art von Steganographie rechnen, auf die ich zufälliger Weise geriet, und die einem jeden, der Sinn für den Genuß hat, den die Betrachtung der Natur gewährt, viel Vergnügen machen wird. Man lade eine Leydener Flasche, die von außen mit einer Kette versehen ist (IV. Taf. 7. Fig.), stark positiv; dann halte man mit der einen Hand die Kette an einem Nagel der Einfassung des Elektrophors D, fasse mit der andern die Flasche an ihrer äußern Belegung an, und mache mit ihrem Knopf allerhand Züge auf der Oberfläche des Elektrophors: so werden diese, wenn man sie nachher bepudert, selbst noch nach mehreren Tagen sehr nett zum Vorschein kommen, und den Kränzen aus Schachtelhalm (equifetum) nicht unähnlich sein. Isoliert man aber den Elektrophor, und hält den Knopf der Flasche an die Einfassung, und schreibt mit der Kette, (Fig. 8.): so sehen die Züge wie Perlenschnüre aus.

Mehrere Versuche anzugeben habe ich jetzt weder Zeit, noch halte ich es zu meiner Absicht für nötig. Nur einen einzigen will ich noch besonders anführen, weil er mir bis jetzt nur zwei Mal gelungen ist, und daher schwerlich von allgemeinen Ursachen herrühren kann. Wenn ich auf die Oberfläche meines großen Elektrophors so viel Wasser tröpfelte, daß es ungefähr einen Kreis von einem Zoll im Durchmesser bildete; dann die Röhre mitten hineinstellte und positiv elektrisierte: so fing das Wasser, wenn ich es bepuderte, immer an sich mit einer Atmosphäre zu umziehen, die aber in den eben erwähnten Fällen unvollkommen war. Es fehlte nämlich der elliptische Fleck a (Fig. 9. Taf. IV.), von welchem das Pulver zurückgestoßen wurde; dagegen entstand außerhalb der Atmosphäre eine andere größere Ellipse A, die das Pulver anzog. Der Grund dieser Erscheinung ist mir noch unbekannt; wahrscheinlich fand zwischen a und A eine verborgene Leitung statt. Indessen werden diejenigen, die sich mit diesen Versuchen beschäftigen, öfters Gelegenheit haben solche Erscheinungen zu beobachten, deren Erklärung für die Theorie der Elektrizität nicht anders als vorteilhaft sein kann. Ich füge noch einige Beobachtungen und Vorsichtsregeln bei:

1. Man kann zwar Glasscheiben anstatt der Harzscheiben nehmen, allein die Figuren werden selten so nett und deutlich darauf. Bisweilen habe ich Spielkarten, elastisches Harz, Bretter u. s. w. mit verschiedenem Glück und mit verschiedenem Erfolg gebraucht.

2. Man muß die Scheiben sogfältig abwischen; denn da die Figuren sich schwer vertilgen lassen, so könnte es geschehen, daß, wenn man dieselbe Scheibe zu mehreren Versuchen hinter einander brauchte, man dasjenige einer Ursache zuschriebe, was die Wirkung mehrerer wäre. Hat man aber das Pulver abgewischt, so kann man mit einem einzigen Hauch alle Wirkung der vorigen Elektrizität zerstören.

3. Zum Pudern muß man das feinste Harz- oder Schwefel-Pulver, in einem leinenen Säckchen eingeschlossen, und von Metallen die feinsten Feilspäne nehmen.

4. Es wäre vielleicht gut, ähnliche Versuche unter der Luftpumpe anzustellen.

5. Ich habe Harzscheiben auf einen Magnet gelegt und die feinsten Eisenfeilspäne darauf gestreut, aber bis jetzt nichts Merkwürdiges wahrnehmen können.

6. Um konzentrische Kreise hervorzubringen, taugen Röhren, die mit Spitzen versehen sind, besser als andere.

7. Man muß die Harzscheiben bei den oben beschriebenen Versuchen auf leitende oder anelektrische Körper legen.

8. Die konzentrischen Kreise und Ringe, die überall bei diesen Versuchen vorkommen, verbreiten nicht wenig Licht über die sinnreichen Schlüsse von Wilke, und über die Erklärung der elektrischen Pausen von Grosse, wovon künftig ein Mehreres.

Ph 9, S. 49–80 und Tafeln I–IV (veröffentl. 1778).

T. I.

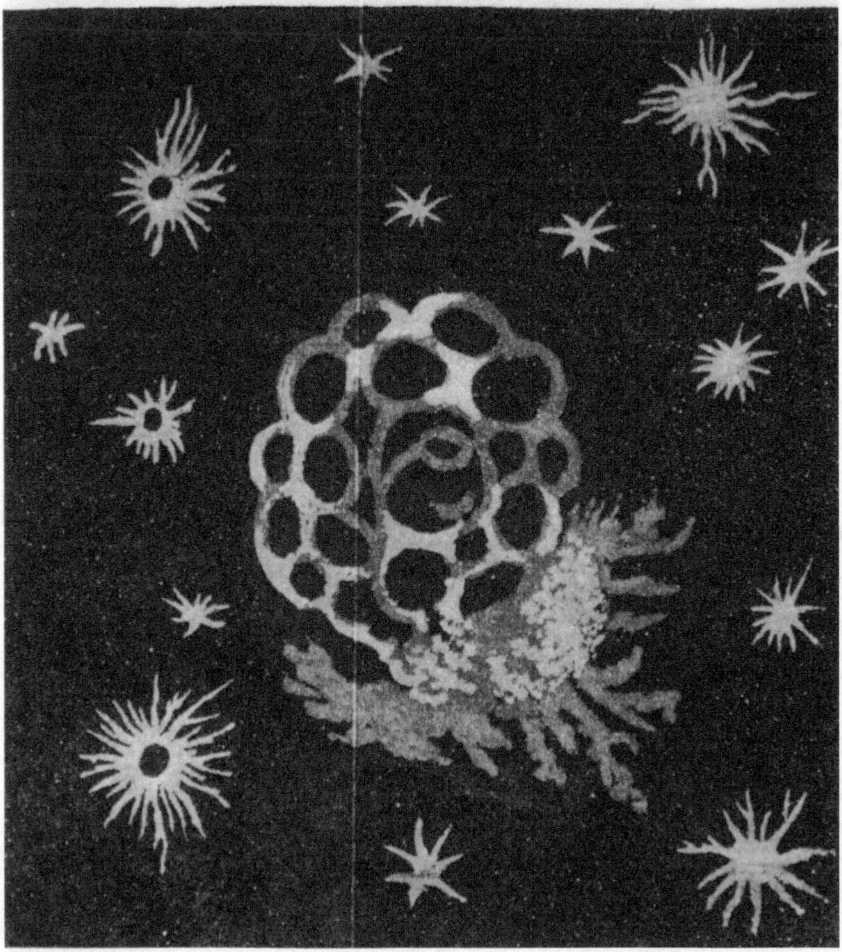

T. II.

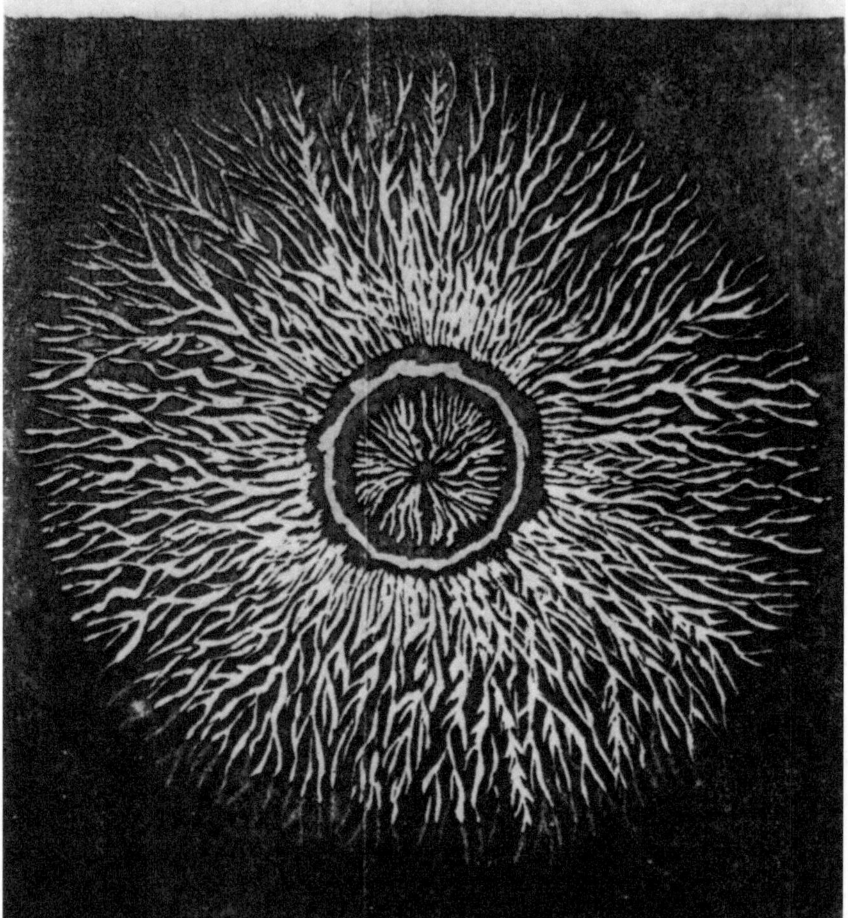

T. III.

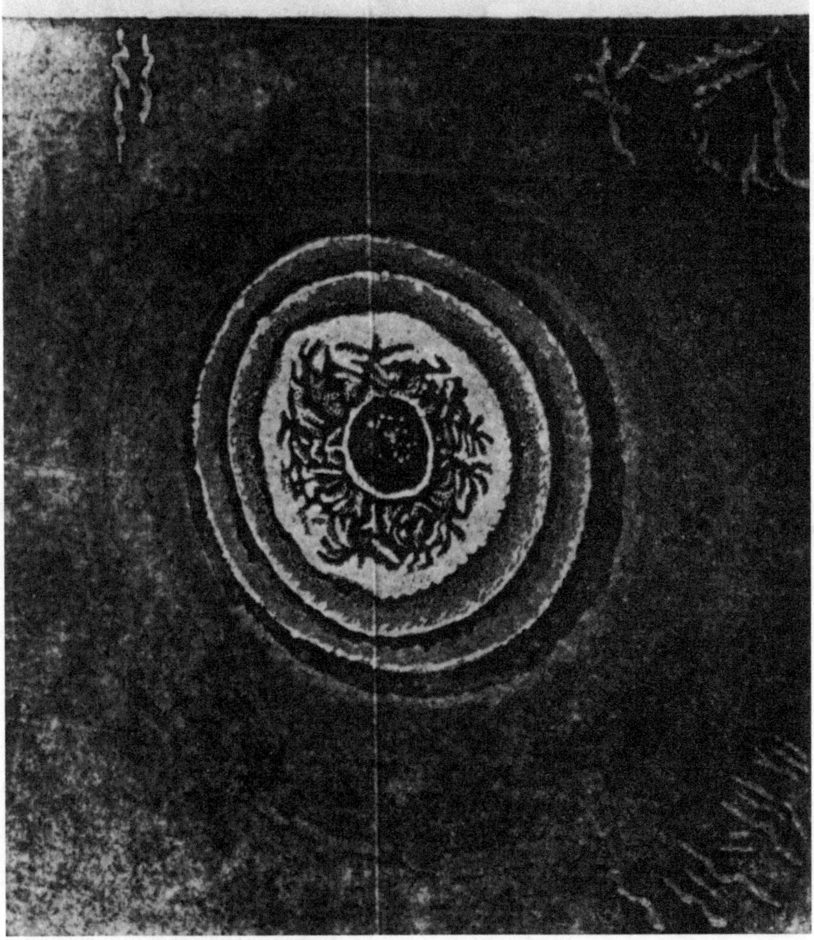

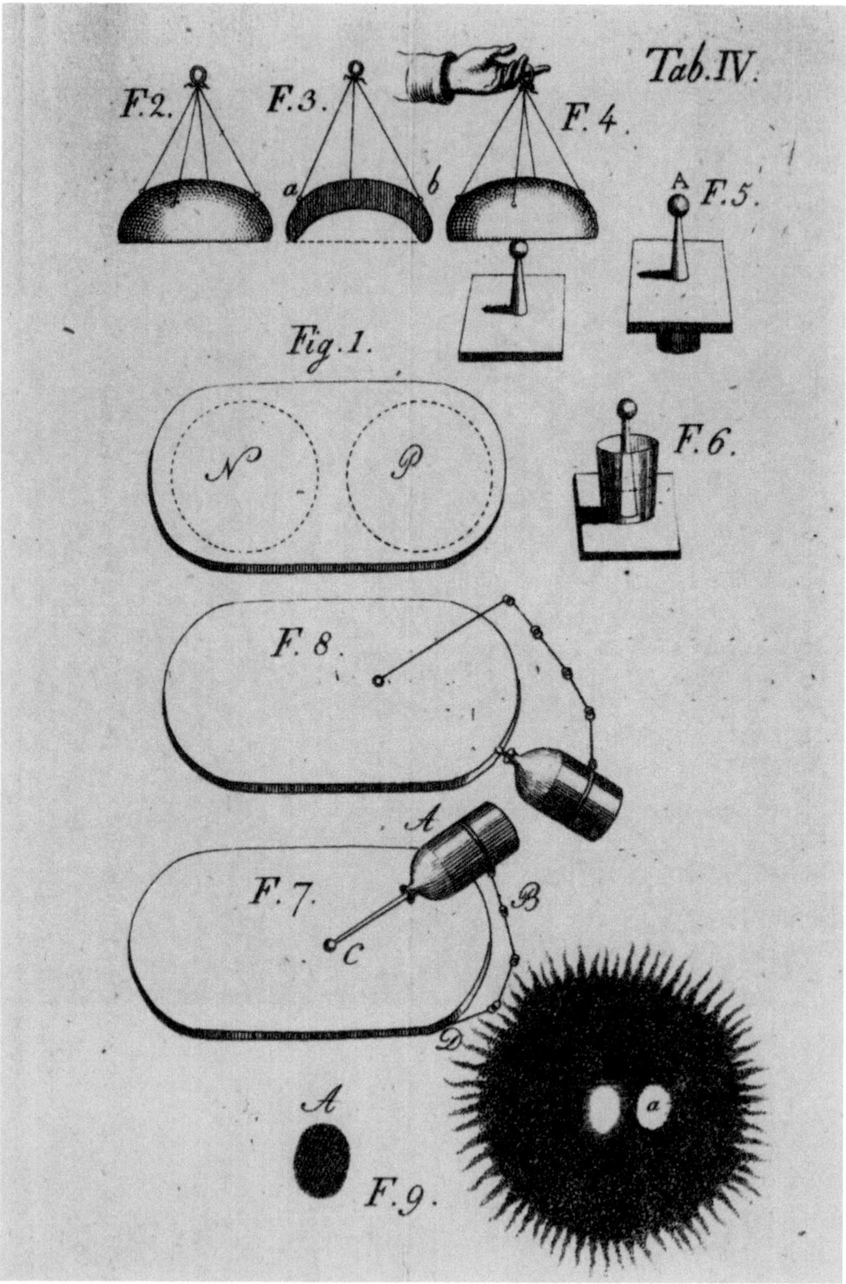
Tab.IV.
F.2.
F.3.
a
b
F.4.
A
F.5.
Fig.1.
N
P
F.6.
F.8.
A
F.7.
B
C
D
A
a
F.9.

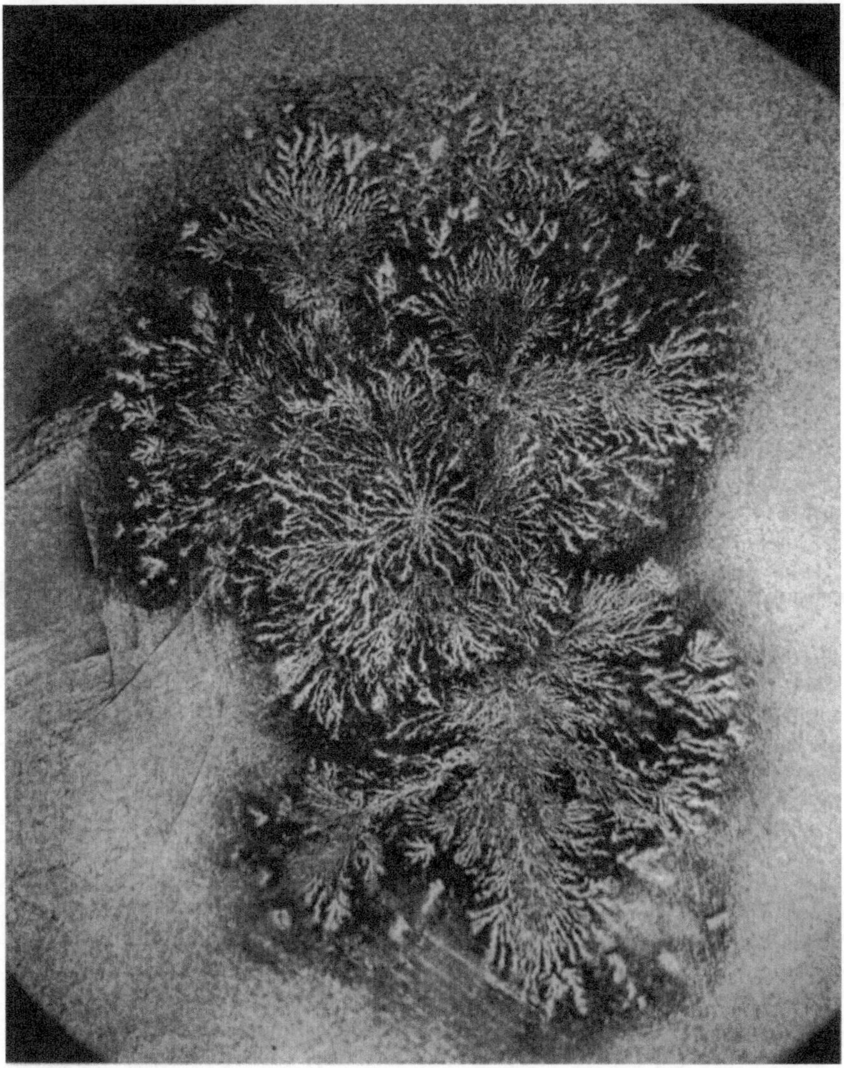

Moderne Demonstration von Lichtenbergfiguren auf einer Glasplatte mit Lykopodiumpulver

Neueste Geschichte der Blitzableiter

Erfahrungen sowohl, von nicht gemeinen Umständen begleitet, als die kostbaren Versuche einiger Naturkündiger haben neuerlich die Lehre von den Blitzableitern wieder in ein so vortreffliches Licht gesetzt, daß wir eine kleine Nachricht davon unsern Lesern unmöglich vorenthalten können. Es scheint ausgemacht: der Mensch kann sich eben so kräftig vor dem Strahl einer Donnerwolke verwahren, als vor ihrem Regen, und kräftiger; denn einen guten Blitzableiter anzulegen, erfordert nicht mehr Kunst und Arbeit als ein guter Regenschirm, und gewiß weniger als ein gutes Dach. Ganze Städte gegen die Belagerungen der Donnerwetter, und wo nicht gegen ihre gefrorenen, doch gewiß gegen ihre glühenden Kugeln sicher zu stellen, würde ein Leichtes sein, wenn der Mensch nur den hundertsten Teil von Sorgfalt und Geld auf diese Festungswerke verwenden wollte, die er auf andere verwendet, wodurch er zuweilen die Person des Feindes, aber niemals dessen Verwüstungen zurückhält. Ja, uns kommt es vor, wenn der Mensch nicht in den nächsten 50 Jahren sich Mittel verschafft, den Blitz hinschlagen zu machen, wo er will, er der Kenntnisse nicht würdig wäre, die ihm der Himmel in den letzten 30 Jahren hierüber verliehen hat. Solche gefährlichen Batterien zum Schweigen zu bringen, oder sich gar ihrer zu bemächtigen, müssen nur die Naturkündiger nicht den Mut verlieren. Sie sind jetzt schon, möcht' ich sagen, unter den Kanonen, und haben erst einen einzigen Mann verloren.

Folgende merkwürdige Nachricht ist aus einem Schreiben des Hrn. Pistoi, Prof. der Math. zu Siena, an den berühmten Abt Rozier, genommen. Siena im Toskanischen, liegt hoch, und seine Kirchen sowohl, als hohen Gebäude haben seit jeher vom Blitz gelitten. Dieses brachte endlich die Vorsteher der Kathedralkirche und anderer öffentlicher Gebäude auf den Gedanken, den Glockenturm der ersteren, der einer der schönsten von ganz Italien ist, die Spitze der Hauptfassade und den Turm auf dem sich die Stadtuhr befindet, mit Ableitern zu versehen, und dadurch den ewigen Reparaturen und damit verbundenen Kosten vorzubeugen. Das Volk nahm zwar im Ganzen diese Neuerung so ziemlich wohl auf, indessen gab es doch ungläubige Murrköpfe darunter, die dagegen eiferten und sogar den Stangen den Namen Ketzerstangen gaben. Indessen war jedermann begierig auf den Erfolg. Endlich rückte wieder ein Donnerwetter an, es war am 18ten April 1777. Abends um 6 Uhr, es stürmte und regnete dabei heftig. Die Leute, die an dem großen Platz bei der Kirche wohnen, kamen aus den Häusern und Boutiquen hervor, um zu sehen, wie sich die Ketzerstange verhalten würde. Auf einmal fuhr der Blitz unter einem heftigen Schlag, in Gestalt einer purpurfarbenen Kugel, auf die Stange, lief längs der Ableitungskette hin, und verlor sich in einem kleinen Wasser, nach welchem man die Kette geführt hatte. Der Turm wurde darauf gleich von erfahrenen Leuten genau besichtigt, und man fand Alles unverletzt, selbst bis auf die Spinneweben, die hier und da zwischen dem Ableiter und der Wand gesessen hatten. Die Freude und das Lob, das man Hrn. Franklin bei dieser Gelegenheit erteilte, war unbeschreiblich.

In der Tat hat auch die Begebenheit in der Geschichte der Naturlehre ihres gleichen nicht. Ein ungläubiges Volk stellt sich hin, und wartet erst, um zu glauben, auf eine Bestätigung vom Himmel, und erhält sie in dem Augenblick, da es dieselbe verlangt, eben als wären Zweifel, Appellatien und entscheidendes Urteil in dem engen Bezirk eines Hörsaals gemacht und gegeben worden. In den Jahrbüchern der Stadt Siena wird sich einst folgender Artikel nicht übel ausnehmen: Am 18. April 1777 ward unsere hiesige Kathedral-Kirche durch eine Ketzerstange vor dem Blitz und seinen fürchterlichen Folgen geschützt ...

Ph 6, S. 210–215 (veröffentl. 1779).

Vermischte Gedanken über die aerostatischen Maschinen

Unser achtzehntes Jahrhundert wird sich sicherlich nicht zu schämen haben, wenn es dereinst sein Inventarium von neu erworbenen Kenntnissen und angeschafften Sachen an das neunzehnte übergeben wird, auch selbst wenn die Überreichung morgen geschehen müßte. Wir wollen einmal einen ganz flüchtigen Blick auf dasjenige werfen, was es seinem Nachfolger antworten könnte, wenn es morgen von ihm gefragt würde: was hast du geliefert, und was hast du Neues gesehen? Es könnte kühn antworten: Ich habe die Gestalt der Erde bestimmt; ich habe dem Donner Trotz bieten gelehrt; ich habe den Blitz wie Champagner auf Bouteillen gezogen [Leidener Flasche]; ich habe Tiere ausgefunden, die an Wunder selbst die Fabel der Lernäischen Schlange übertreffen; Fische entdeckt, die, was der olympische Jupiter nicht konnte, die Schwächern, selbst unter dem Wasser, mit unsichtbarem Blitz töten; ich habe durch Linné das erste brauchbare Inventarium über die Werke der Natur entwerfen lassen; ich habe einen Kometen wiederkehren sehen, als der Urlaub aus war, den ihm mein Halley gegeben hatte, und in meinem 89sten Jahr erwarte ich den zweiten; statt einer einzigen Luft, die meine Vorfahren kannten, zähle ich dreizehn Arten; ich habe Luft in feste Körper und feste Körper in Luft verwandelt; ich habe Quecksilber geschmiedet; ungeheure Lasten mit Feuer gehoben; mit Wasser geschossen wie mit Schießpulver; ich habe die Pflanzen verführt, Kinder außer der Ehe zu zeugen; Stahl mit brennendem Zunder wie Butter fließen gemacht; ich habe Glas unter dem Wasser geschmolzen; das Gold von seinem Thron, den es als schwerster Körper Jahrtausende usurpierte, heruntergeschmissen und ein weißes Metall eingesetzt; ich habe eine neue Art vortrefflicher Fernröhre angegeben, die selbst Newton für unmöglich hielt; ich habe die Pole des natürlichen Magneten in einer Sekunde umgekehrt und wieder umgekehrt; ich habe Eier ohne Henne und ohne Brutwärme ausgebrütet. Ich habe gemacht, daß man jetzt einen Bischof zu Rom hat so gut wie zu Hildesheim. Ich habe einer mächtigen und gefährlichen Ordens-Hydra [Jesuitenorden] den Kopf zertreten; und was ich gesehen habe? O genug. Ich habe Peter den Ersten gesehen, und Katharina und Friederich und

Joseph und Leibniz und Newton und Euler und Winckelmann und Mengs und Harrison und Cook und Garrick. Bist du damit zufrieden? Gut. Aber sieh noch hier ein Paar Kleinigkeiten: Hier habe ich einen neuen ungeheuren Staat, hier einen fünften Weltteil, da einen neuen Planeten, und ein kleines überzeugendes Beweischen, daß unsere Sonne ein Trabant ist, und sieh hier endlich habe ich in meinem 83sten Jahr ein Luftschiff gemacht, und da – da habe ich einen kleinen Plan, von dem ich dir nur ein Paar Worte von der Aufschrift zeigen will: – – – des Türkischen Reichs – – und – – zu Konstantinopel. . . .

Ph 8, S. 321–330 (veröffentl. 1783, et. = laut Promies).

Fragment von Schwänzen

Silhouetten.

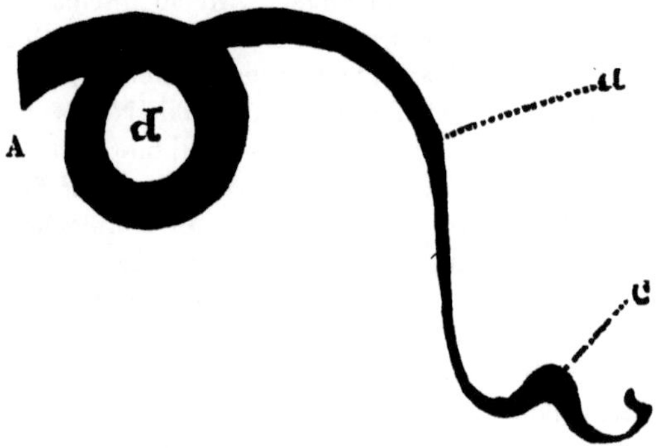

Fragment von Schwänzen

1. Heroische, kraftvolle.
   A. Ein Sauschwanz.
   B. Englischer Doggenschwanz.

A. Wenn du in diesem Schwanz nicht siehest, lieber Leser, den Teufel in Sauheit (obgleich hoher Schweinsdrang bei a), nicht deutlich erkennest den Schrecken Israels in c, nicht mit den Augen riechst, als hättest du die Nase drin, den niedern Schlamm, in dem er aufwuchs, bei d, und nicht zu treten scheinst in den Abstoß der Natur und den Abscheu aller Zeiten und Völker, der sein Element war – so mache mein Buch zu; so bist du für Physiognomik verloren.

Dieses Schwein, sonst geborenes Urgenie, luderte Tage lang im Schlamm hin; vergiftete ganze Straßen mit unaussprechlichem Mistgeruch, brach in eine Synagoge bei der Nacht, und entweihete sie scheußlich; fraß, als sie Mutter ward, mit unerhörter Grausamkeit drei ihrer Jungen lebendig, und als sie endlich ihre kannibalische Wut an einem armen Kinde auslassen wollte, fiel sie in das Schwert der Rache, sie ward von den Bettelbuben erschlagen, und von Henkersknechten halb gar gefressen.

B

B. Der du mit menschlichem warmen Herzen die ganze Natur umfängst, mit andächtigem Staunen dich in jedes ihrer Werke hinführst, lieber Leser, teurer Seelenfreund, betrachte diesen Hundeschwanz, und bekenne, ob Alexander, wenn er einen Schwanz hätte tragen wollen, sich eines solchen hätte schämen dürfen. Durchaus nichts weichlich, „hundselndes, nichts damenschösichtes, zuckernes" mausknapperndes, winziges Wesen. Überall Mannheit, Drangdruck, hoher erhabener Bug und ruhiges, bedächtliches, kraftherbergendes Hinstarren, gleichweit entfernt von untertänigem Verkriechen, zwischen den Beinen, und hühnerhündischer, wildwitternder, ängstlicher, unschlüssiger Horizontalität. Stürbe der Mensch aus, wahrlich der Szepter der Erde fiele an diese Schwänze. Wer fühlt nicht hohe, an menschliche Idiotität angrenzende Hundheit in der Krümmung bei a. An Lage wie nach der Erde, an Bedeutung wie nach dem Himmel. Liebe, Herzenswonne, Natur, wenn du dereinst dein Meisterstück mit einem Schwanze zieren willst, so erhöre die Bitte deines bis zur Schwärmerei warmen Dieners, und verleihe ihm einen wie B.

Dieser Schwanz gehörte Heinrich des VIII. Leibhunde zu. Er hieß und war Cäsar. Auf seinem Halsbande stand das Motto: *aut Caesar, aut nihil,* mit goldenen Buchstaben, und in seinen Augen eben dasselbe, weit leserlicher und weit feuriger. Seinen Tod verursachte ein Kampf mit einem Löwen, doch starb der Löwe fünf Minuten früher als Cäsar. Als man ihm zurief, Marx der Löwe ist tot, so wedelte er dreimal mit diesem verewigten Schwanze, und starb als ein gerochener Held.

Molliter ossa quiescant.

C. Silhouette vom Schwanze eines, leider! zur Mettwurst bereits bestimmten Schweinsjünglings in G . . . von der größten Hoffnung, den ich allen warmen, elastischen, beschnittenen und unbeschnittenen, Genie ausbrütenden Stutzern, von Mensch- und Sauheit bitterweinend empfehle. Fühlt's, hört's! und Donner werde dem Fleischer, der dich anpackt.

Noch zur Zeit nicht ganz entferkelt; mutterschweinische Weichmut im schlappen Hang, und läppische Milchheit in der Fahnenspitze. Aber doch bei p schon keimendes Korn von Keilertalent; ja wäre bei M nicht sichtbarlich städtische Schwäche und mehr Spickespeck, als Heugeist, und wäre unter dem Schwanz bei o minder Rauchkammer- als Ruhmstempel, und minder Mettwurst als Triumph, so sagte ich: dein Ahnherr überwand den Adonis, und der Ebergeist des Herkulesbekämpfers ruht auf deinem Schwanz.

Einige Silhouetten von unbekannten meist tatlosen Schweinen.

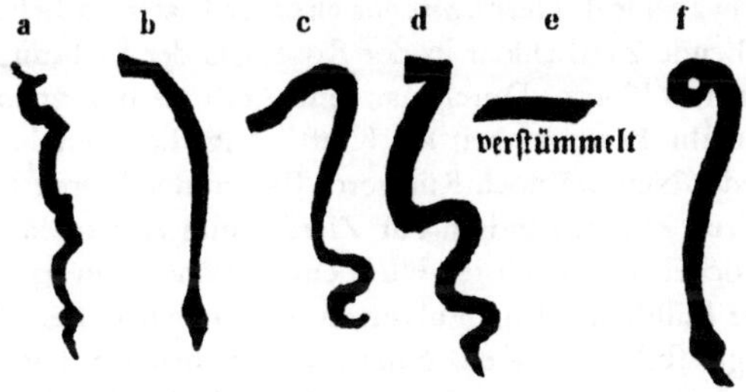

a, schwach arbeitende Tatkraft; b, physischer und moralischer Speck; c, unverständlich, entweder monströs oder Himmelsfunken lodernder Keim vom Wanderer zertreten; d, vermutlich verzeichnet, sonst blendender, auffahrender Eberblitz; f, Kraft mit Speck vertatloset.

Acht Silhouetten von Burschenschwänzen zur Übung.

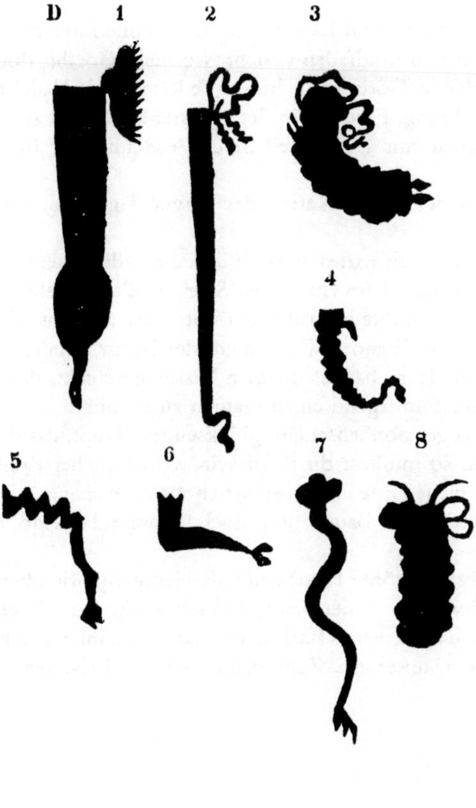

Erklärungen.

D. 1. Ist fast Schwanzideal. Germanischer eiserner Elater im Schaft; Adel in der Fahne; offensiv liebende Zärtlichkeit in der Rose; aus der Richtung fletscht Philistertod und unbezahltes Konto. Durchaus mehr Kraft als Besonnenheit.

2. Hier überall mehr Besonnenheit als Kraft. Ängstlich gerade, nichts Hohes, Aufbrausendes, weder Newton noch Rüttgerot [bekannter Mörder], süßes Stutzerpeitschchen, nicht zur Zucht, sondern zur Zierde, und zartes Marzipanherz ohne Feuerpuls. Ein Liedchen sein höchster Flug, ein Küßchen sein ganzer Wunsch.

3. Eingezwängter Fülldrang. Eine Pulvertonne unter einem Feuerbecken vergessen, wenns auffliegt, füllts die Welt. Edler, vortrefflicher Schwanz, englisch in beiderlei Verstand. Schade, daß du von sterblichem Nacken herabstarrst. Flögst du durch die Himmel, die Kometen würden sprechen: welcher unter uns will es mit ihm aufnehmen? Studiert Medizin.

4. Satyrmäßig verdrehte Meerrettichform. Der Kahlköpfigkeit letzter Tribut, an Schwanzheit bezahlt. Alte Feldmarschallskraft, zu Fähnrichs Natur aufpomadet, aufgekämmt und aufaffektiert. Kampf zwischen Natur und Kunst, wo beide auf dem Platz bleiben. Strecke du das Gewehr, armer Teufel, und laß die Perücke einmarschieren.

5. An Schneidergesellheit und Lade grenzende schöne Literatur. In dem scharfen Winkel, wo das Haar den Bindfaden verläßt, wo nicht Goethe, doch gewiß Bethge [berühmter Schneider in Göttingen], hoher Federzug mit Nadelstich. Polemik in der horizontalen Richtung, Freitisch in der Quaste. In der fast zu dünne gezeichneten Wurzel Winzigkeit mit Hände reibender Pusillanimität. Informiert auf dem Klaviere.

6. Sicherlich entweder junger Kater oder junger Tiger, mit einem Haarübergewicht zum letztern.

7. Abscheulich. Ein wahrhaftes Pfui! Wie kannst du an einem Kopf gesessen haben, den Musen geheiligt! Im trunkenen Streit mußt du vielleicht einmal irgend einem Badergesellen oder Stadtmusikanten entrissen und aus Triumph am Burschenhaar geknüpft sein. Elendes Werk, nicht der Natur, sondern des Seilwinders. Hanf bist du, und als Hanf hättest du dich besser geschickt, den Hals deines geschmacklosen Besitzers an irgend einen Galgen zu schnüren.

8. Heil dir und ewiger Sonnenschein, glückseliges Haupt, das dich trägt. Stünde Lohn bei Verdienst, so müßtest du Kopf sein, vortrefflicher Zopf, und du Zopf, beglückter Kopf. Welche Güte in dem seidenen zarten Abhang, wirkend ohne Hanf herbergendes maskierendes Band, und doch Wonne lächelnd wie geflochtene Sonnenstrahlen.

So weit über selbst gekrönte Haarbeutel als Heiligenglorie über Nachtmütze.

Sechs solcher Schwänze in einer Stadt, und ich wollte barfuß deine Tore suchen, du Gesegnete, die Schwelle deines Rathauses küssen und mich glücklich preisen, mit meinem eigenen Blut unter die Zahl deiner letzten Beisassen eingezeichnet zu werden.

Fragen zur weitern Übung.

Welcher ist der kraftvollste?
Welcher hat am meisten Tatstarrendes?
Welcher Schwanz wird schwänzen?
Welcher ist der Jurist? der Mediziner? der Theologe? der Weltweise? der Taugenichts? der Taugewas?
Welcher ist der verliebteste?
Welcher alterniert mit dem Haarbeutel?
Welcher hat den Freitisch?
Welchen könnte Goethe getragen haben?
Welchen würde Homer wählen, wenn er wiederkäme?

VS 4, S. 111–119 (veröffentl. 1783).

Fortsetzung der Betrachtungen über das Weltgebäude: Von Kometen

... Um sich einiger Maßen begreiflich zu machen, wie viel um uns her vorgehen mag, von dem wir nichts wissen, und was man von den Träumereien zu halten hat, wodurch man die Ursachen des Zugs, von dem ich rede, hat erläutern wollen, denke man sich einmal den Menschen (die Vorstellung ist leicht,) mit verschlossenen Augenlidern, die zwei Klappen zu beiden Seiten der Nase, bloß verleimt. Wie würden unsere Kompendien der Physik aussehen? Gerechter Himmel! Keine Sonne, kein Fixsternhimmel, keine Farben, und mit einem Mal Alles weg, was zu den erhabensten und angenehmsten Betrachtungen führt. Was für Hypothesen würde man nur allein nicht über die Jahreszeiten machen. Die Ärzte würden nicht ermangeln den Grund davon im Körper zu finden, und sie für epidemische Wechselfieber erklären; noch ein Glück, wenn sie alsdann bloß Wildschuren verschrieben, – und was wäre die Ursache aller dieser Unwissenheit und Verwirrung? Antwort: Ein Paar verleimte Klappen zu beiden Seiten der Nase. – Wie wenn es nun dem Schöpfer gefallen hätte, noch einige Paare solcher Klappen mehr zu öffnen? Wie würden alsdann die Kompendien der Physik gegen die jetzigen aussehen? Vermutlich nicht viel anders als die Physik des jetzigen Menschen gegen die der Auster. – Wer dieses bedenkt, wird nicht ohne Bewunderung für die über Alles dieses erhabene Geometrie, als eine Wissenschaft, die keinem dieser Wechsel unterworfen ist, von der Betrachtung zurückkehren. Sie kann Irrtümer berechnen, allein die Berechnung derselben ist immer so wahr, als die Berechnung der Wahrheit ...

... Man will überhaupt längst etwas bei den Prophezeihungen der Kometen gewittert haben, was mehr oder weniger von allen neueren Prophezeihungen gilt. Es sind nämlich, um sie gehörig zu gründen, zwei Personen unumgänglich nötig: der Prophet und der Ausleger; auf den letzten kömmt Alles an, der erstere braucht nur sehr wenig Witz zu haben, vorausgesetzt, daß der, der ihm abgeht, dem letztern in doppeltem Maße zufließt. Wenn sich die Kometen irrten, so haben die Ausleger diesen Irrtum freundschaftlich verbessert, und so sich und den Kometen Ehre gemacht. Leider ist es aber auch hier, trotz aller angewandten Mühe, den Auslegern oft so ergangen, wie einem gewissen Chronologen, dessen Name mir entfallen ist, der bemerkt haben wollte, daß die größten Begebenheiten der Welt immer in solche Jahre unserer Zeitrechnung gefallen wären, die aus mehreren gleichen Ziffern beständen, z. E. 111, 222, 333. – 999 u. s. w. Nun kam die erste Zahl aus vier gleichen Ziffern, nämlich 1111, ein so außerordentlicher Fall, daß er nur alle 1111 Jahre wieder kömmt. Was ereignete sich da? Nachdem er alle Bücher durchgeblättert, so fand sich nichts, als daß in diesem Jahr ein allgemeines Hühnersterben in Europa gewütet hat. Wirklich ging es dem Lubienitz so, der ein Werk über die Kometen geschrieben hat, worin er die Erscheinung derselben mit den Begebenheiten vergleicht. Da nun im Jahr 1454 ein Komet sogar zwischen dem Mond und der Erde durchgegangen war, so weiß der gute Mann nichts zu finden, was dieser bedeutet haben könnte, als den großen Vorfall, daß in diesem Jahre die Bürgerschaft zu Lüneburg rebelliert, und den Magistrat abgesetzt habe. Auch haben die Kometen des siebenjährigen Krieges das ganze Geschlecht, selbst bei dem gemeinen Haufen, fast um ihren Kredit gebracht. Der eine, der den Krieg verkündigen sollte, erschien im Jahr 1758, also zwei Jahre zu spät, und der andere, der vermutlich für den Frieden bestimmt war, oder den Lieferanten drohen sollte, zeigte sich im Mai 1765, wiederum 2 Jahre zu spät ...

... Ja, wenn man endlich bedenkt, daß schon einmal ein Komet (der nämlich, der des Lüneburgischen Magistrats wegen kam,) zwischen uns und dem Monde durchgegangen, ohne irgend eine andere Wirkung auf uns zu haben, als daß jener Magistrat abgesetzt wurde; daß ferner 1770 einer, den ich selbst beobachtet habe, so nahe als der Mond an unserer Erde vorbeiging, ohne daß auch nur die mindeste Erhöhung der Flut bemerkt worden wäre, so muß man in der Tat anfangen, sehr geringe Ideen von ihrer Dichtigkeit und Schädlichkeit zu fassen ...

Ph 6, S. 352–354, S. 365–368, S. 412–413 (veröffentl. 1787).

Etwas von Herschels neuesten Entdeckungen ...
Nachtrag

... Was für ein Gedanke: diese Wildnis von Sonnen, die wir in einer heitern Winternacht überschauen, sei ein Wölkchen, deren ähnliche Hr. Herschel allein 2300 gezählt hat, und dieses Wölkchen, wovon unsere Sonne mit allen ihren Planeten und Kometen bei weitem nicht den Millionsten Teil ausmacht, rundet sich ab, wie ein Schaumtröpfchen, das durch die Luft schwimmt, oder der Quecksilbertropfen, der über den Tisch hinrollt, und Alles durch eben dieselbe Kraft. Hier in einem

Punkt von Zeit für den, dessen Lebensdauer höchstens Achtzig ist, dort in einem Punkt von Zeit vor dem Throne dessen, dem Tausende von Jahren sind wie eine Nachtwache. Einen solchen Gedanken ursprünglich gedacht oder auch nur nachgedacht zu haben, läßt in dem Geist sicherlich große, unauslöschliche Spuren zurück. Wer schafft uns denn, und wer entwickelt unsern Geist, wenn wir es nicht selbst tun? Was außer uns ein Traum sein mag, ist immer in uns und für uns wenigstens reell, und gibt Stärkung für schwere Fälle, wo beides reell sein kann. Wenn Entwickelung von Kräften in mir da ist, die sonst vielleicht tot gelegen hätten, so kann es mir gleich viel sein, wodurch sie entwickelt worden sind. War es ein leerer Traum, der mich mit Hoffnungen täuschte; recht gut, so lerne ich Behutsamkeit, und die ist auch Entwickelung von Geisteskräften, und zwar gerade die, die man nicht genug empfehlen kann.

Ph 6, S. 345–347 (veröffentl. 1790).

Naturgeschichte der Stubenfliege

Ich weiß nicht, ob es allen unsern Leserinnen und Lesern bekannt ist, daß es Naturforscher gegeben hat, die die gemeine Stubenfliege mit unter die wiederkäuenden Tiere mit gespaltenen Klauen gezählt haben. Ob ihre Absicht dabei war, einem künftigen Systematiker Anlaß zu geben, sie mit unter die Ochsen zu rechnen, oder vielleicht den Juden, sie ohne Gewissensbisse zu speisen, weiß ich nicht. Genug, es ist falsch befunden worden, und zwar von der sehr gelehrten Demoiselle Lemasson le Golft. Diese hat mit bewundernswürdigem Fleiß dieses kleine Tier zergliedert, und nur einen einzigen Magen und auch sonst nichts gefunden, was irgend auf ein Wiederkäuen schließen ließe. Vielmehr glaubt sie, daß der kleine Tropfen, den man zuweilen vor dem Rüssel der Fliegen sitzen sieht, und woraus man das Wiederkäuen geschlossen hat, ein Saft sei, womit sie sich putzen, so wie die Wasservögel ihre Flügel ölen. So viel ist gewiß: kein Tier putzt sich so viel als die Stubenfliege. Alle Zeit, die ihnen Essen und Schlafen und die Sorge für Nachkommenschaft übrig läßt, wird auf Putzen verwendet, auch behauptet die Demoiselle Lemasson le Golft, daß sie sich so gern auf die Spiegel setzten, rühre bloß daher, weil sie ein Vergnügen darin fänden, sich zu beschauen. Was (mir wenigstens) diese Bemerkung interessant macht, ist, daß jene Naturgeschichtschreiber in der Fliege ein Stück Rindvieh, hingegen diese Demoiselle eine Dame erblickt haben. Jedes nach seiner Art. Die Toleranz erfordert, jedem seine Stimme zu lassen. Es wäre hart oder wenigstens unartig, einer Dame zu verwehren, zu sagen was sie will, und noch härter vielleicht dem, der da drischt, das Maul zu verbinden.

VS 5, S. 321–322 (veröffentl. 1790).

Was vermag Elektrizität nicht?

Wenn man sich die Geheimnisse der Natur in Kästchen verschlossen vorstellt, so ist wohl die Elektrizität der Hauptschlüssel zu den niedlichsten darunter, denn man hat vermittelst derselben erklärt: 1) Die Donnerwetter. 2) Die Erdbeben. 3) Die Nordlichter. 4) Die Wasserhosen. 5) Die Bewegung des Mondes um die Erde. 6) Die Kometenschwänze. 7) Die Winde. 8) Die Entstehung der hohen Strichwolken. 9) Das Steigen und Fallen des Barometers. 10) Das Aufsteigen der Flüssigkeiten in den Haarröhrchen. 11) Das Leuchten des Seewassers. 12) Das Leuchten der Ringelblumen. 13) Das Wachstum der Pflanzen. 14) Das Feuerschlagen. 15) Die Einwirkung der Seele auf den Leib. 16) Das Aufsteigen der Dünste. 17) Das Fallen des Taues. 18) Hilft sie bei der Gährung. 19) Die Verdoppelung beim Isländischen Kristall. 20) Das Zerspringen der Bologueser Flaschen. 21) Das Gefrieren des Wassers. 22) Die Kristallisation bei den Schneefiguren. 23) Die Lebenskraft überhaupt. 24) Den Glanz Mosis. 25) Die feurigen Zungen der Apostel. 26) Alle Auflösungen. 27) Die Veränderung der Kristallinse beim Sehen. 28) Die Sternschnuppen und Feuerkugeln. 29) Die Irrwische. 30) Die Streifschüsse, da nämlich Personen von nahe vorbeifahrenden Kugeln verwundet werden. 31) Viele Krankheiten aus dem Mangel oder Überfluß derselben im Körper. 32) Die Form der Wolken. 33) Fast Alles was im Dunkeln leuchtet ohne zu brennen. 34) Die St. Elmo's-Flämmchen, Castor und Pollux; und endlich als die Krone von Allem: 35) Eine Erscheinung bei dem Stoße, da nämlich eine Billardkugel, wenn man mit dem äußren Ballen der Hand in einer vertikalen Richtung, die aber nicht durch den Mittelpunkt derselben gehen muß, anschlägt, erst zur Seite fortläuft, und dann wieder zurückkehrt. Vermutlich sind dieses die Anwendungen bei weitem noch nicht alle, wie ich daraus schließe, daß mir das St. Elmo's-Feuer, eine der besten, fast zuletzt eingefallen ist. Es ist nur hierbei zu bedauern, daß der schöne Schlüssel, der freilich nicht umsonst da ist, zwar so ziemlich in die Schlüssellöcher paßt, auch sich zuweilen drehen läßt, aber Nro. 1 und Nro. 2 ausgenommen, noch gar kein Kästchen völlig geöffnet hat. Hin- und herdrehen mit Hoffnung ist beinahe Alles, was er verstattet. Es ist ein gar trügliches Schlüsselchen. Dieses ist auch wohl die Hauptursache, warum die französischen Chemisten sich gar nicht bei ihren Unternehmungen um ihn bekümmert haben, obgleich sehr vortreffliche Männer behaupten, daß ohne ihn in der Chemie nicht viel bleibendes in den Prinzipien ausgefunden werden könne ...

Ph 6, S. 471–473 (veröffentl. 1792).

Fliegen in Madeira ertränkt

Es ist bekannt, daß Franklin, als er einmal in Amerika eine Bouteille Madeira öffnete, die er mit aus England gebracht hatte, in derselben einige ertrunkene

Fliegen fand. Die meisten Menschen würden sie weggeworfen haben. Allein diesen außerordentlichen Menschen verließ sein Beobachtungsgeist, der Schutzgeist der wahren Naturlehre, nie, auch selbst nicht beim Öffnen einer Weinbouteille. Er nahm sie auf, legte sie auf ein feines Sieb und setzte sie der Sonne aus. Nach einiger Zeit kamen alle wieder zum Leben bis auf eine. Ich nahm mir vor den Versuch zu wiederholen, allein ehe ich ein Paar Fliegen auf diese Weise eine Tour mit vielen Unkosten durch Deutschland machen ließ, wollte ich erst versuchen, ob sie den Tod im Madeira ohne Reise überstehen würden. Denn wenn sie, dachte ich, alsdann nicht wieder zum Leben kommen, so wird es noch viel weniger geschehen, wenn sie acht Tage auf einem deutschen Postwagen zugebracht haben. Ich ertränkte also am 27. August 1791 zwölf Stubenfliegen, eine große blaue Schmeißfliege, und, als diese bereits untergegangen waren, auch noch eine Wespe, in einer halben Quartierbouteille, die über die Hälfte mit Madeira angefüllt war, verkorkte sie, und ließ sie auf einem Gartenhause in einem verschlossenen Schranke stehen. Am 4ten September, also am neunten Tage nachher, als eben die Sonne warm und angenehm schien, nahm ich sie heraus, legte sie auf feines Fließpapier und setzte sie so der Sonne aus. Dieses geschah ungefähr um 9 Uhr des Morgens, allein ob ich sie gleich den ganzen Tag über in diesem Zustand erhielt, so kam doch nicht eine einzige wieder zum Leben. Ob irgend eine Ungeschicklichkeit von meiner Seite Schuld daran war, oder ob sie den Göttingischen Madeira nicht haben vertragen können, weiß ich nicht. Es will überhaupt mit dem Wiedererwecken der Ertrunkenen in Deutschland noch nicht recht fort.

Ph 6, S. 476–478 (veröffentl. 1792).

Ein paar neue Schlüsse aus alten Londonschen Mortalitätstabellen

a) In 75 Jahren starben in London am Selbstmord gerade noch einmal so viel als am Seitenstich.

b) In 75 Jahren wurden in London ermordet 559 Menschen; sich selbst ermordet haben 2869, also mehr als fünfmal so viel. Dieses dient, wenigstens für jene Stadt, zur Bestätigung zweier Sprichwörter: Jeder ist sich selbst der nächste, und: Des Menschen ärgster Feind ist er selbst.

c) In demselben Zeitraum riß das Alter so viele Menschen hin, als die Pocken. Vielleicht ist dies die Ursache, warum man in den Jahren der Überlegung, ich meine zwischen 17 und 25, so eifrig bemüht ist sich das Alter, wonicht inokulieren zu lassen, doch wenigstens dafür zu sorgen, daß man nicht daran sterbe. Auch erhellt hieraus ein Trost für Eltern, deren Kinder die natürlichen Pocken bekommen, den sie freilich von einer andern Seite leichter und stärker haben können, nämlich, daß ein Kind, das die Pocken bekommt, noch eben sowohl vor Alter sterben kann als an den Pocken, wie viel wahrscheinlicher ist es also, daß es überhaupt durchkommt. Das Alter ist die tödlichste aller Krankheiten, denn man hat noch kein Beispiel, daß jemand, der davon befallen wurde, durchgekommen wäre, und doch kann man mit Grunde dabei ausrufen: Schade, daß sie so wenige Menschen bekommen!

VS 6, S. 445 (veröffentl. 1792).

Trostgründe für die Unglücklichen, die am 29sten Februar geboren sind

Man mag sagen was man will, so ist ein Mensch, der nur alle vier Jahre einen Geburtstag hat, immer kein Mensch wie andere. Ja, einer der in seinem Leben der Geburtstage zu wenige hat, kommt mir in mancher Rücksicht nicht viel glücklicher vor, als die weitläufige Klasse von armen Teufeln, die der Väter zu viele haben; denn was ist dem unsterblichen Wesen, das in uns wohnt, angenehmer, als zu sehen, ja unter der Hand auch wohl gar zu schmecken und zu riechen, daß sich außer ihm noch Wesen derselben Art seiner Existenz und seines Lebens freuen? Wäre auch die Freude dieser Wesen nicht immer die aufrichtigste, wovon man wohl Beispiele hat, gut, so ist es nicht immer angenehm zu sehen, daß diese Wesen es doch nötig finden müssen, so zu tun als freuten sie sich. Jene aufrichtige Freude verrät zwar Liebe, das ist wahr; die nicht aufrichtige dafür Furcht und Respekt, die in sehr vielen Fällen unendlich mehr wert sind. Von diesen Freudensbezeigungen nun verliert das unglückliche Geschöpf, das am 29sten Februar geboren ist, nach einer leichten Berechnung, in seinem Leben wenigstens bare 75 Prozent in Vergleich mit andern Menschen. Das ist etwas hart. Es sei nun das, was eingebüßt wird, ein Wunsch in Prosa, ein Carmen oder ein wirkliches Gedicht; es seien Bänder, Blumen, Kuchen, Feuerwerke, Illuminationen und Kanonaden, so sind immer die 75 Prozent davon weg wie weggeblasen. Ja, die Sache kann sehr wichtig werden. Gesetzt, der Unglückliche sei der Regent eines Reichs oder einer Stadtschule, der das Recht hat freiwillige Geschenke an seinem Geburtstage zu erpressen, wie kann ein solcher ein Geschenk verlangen, das an einem Tage zahlbar ist, der in drei Jahren gegen eins gar nicht existiert? Sind die 29sten Februare, in Jahren wo dieser Monat nur 28 hat, also nicht die wahren *Calendae graecae* [sprichwörtlich: niemals]? Ja, wenn die griechischen *Calendae* bloß ein poetisches Nichts sind, wofür sich sublime, antiquarische Pedanterei diesen artigen Ausdruck schuf, so sind die 29sten Februare dreimal in vier Jahren, ein wahres, solides, prosaisches Nichts des gemeinen Lebens und der alltäglichen Haushaltung; das ist ganz was Anderes. Von jenem spricht man, und dieses fühlt man. – Das Bisherige galt bloß das Physische bei dieser Verkürzung; von der moralischen Seite ist der Verlust noch sehr viel größer. Denn, da jeder Mensch bekanntlich an seinem Geburtstage sich irgend etwas künftig zu tun oder zu lassen ernstlich vornimmt, z. B. wie D. Johnson, künftig früher aufzustehen, oder die Bibel im nächsten Jahre ganz gewiß durchzulesen, oder wie jene Dame keinen

Branntwein mehr zu trinken; so kommt ein solcher Mensch natürlich auch um alle diese heilsamen Entschließungen, und man weiß wohl, wie es mit der Ausführung steht, wenn man gar nicht einmal zur Entschließung kommen kann – Aber der Neujahrstag, sagt man, bleibt ihnen doch noch. – Das ist keine Antwort, den Neujahrstag haben die gewöhnlichen Menschen auch, also den 75 Prozenten geht auch hier nichts ab. Ja, was endlich das Traurigste ist, so wird dieses Unheil, wie manches andere, das uns dieses Jahrhundert zugeführt hat, ebenfalls gegen das Ende desselben ärger. Wenn nämlich das Jahr 1796 vorbei ist (das letzte Schaltjahr in diesem Jahrhundert), so haben wir in acht Jahren keines wieder. Also ein Kind, das den 29. Februar 1796 geboren würde und etwa den 28. Febr. 1804 stürbe, wäre acht Jahr alt geworden, ohne einen einzigen wahren Geburtstag erlebt zu haben, den kümmerlichen etwa ausgenommen, an dem es geboren worden ist, der gar nicht in Rechnung kommen darf und kann, und in dem wahren Gratulantensinn des Worts, kein eigentlicher Geburtstag ist. – Doch nun nicht eine Silbe weiter in diesem Ton, der, wie wir selbst fühlen, schon zu lange gehalten worden ist. Wir würden dieses lächerliche Thema gar nicht berührt haben, wenn nicht die Frage: wann soll ein am 29. Febr. Geborener seinen Geburtstag feiern, in einem berühmten Journal ziemlich ernstlich aufgeworfen, und – unbeantwortet geblieben wäre. Hier ist die Antwort und der Trost:

Der Mensch wird zwar an einem gewissen Tage, an einem gewissen Datum geboren, allein sein Eintritt in die Welt, sein erster Atemzug ist das Werk eines Augenblicks. In diesem Punkt von Zeit steht die Sonne in einem gewissen Punkt der Ekliptik. Er wird also genau ein Jahr alt sein, wenn die Sonne das nächste Mal wieder in demselben Punkt der Ekliptik steht, und der bürgerliche Tag, in welchen jener Zeitpunkt fällt, ist der Geburtstag des Menschen im eigentlichen Verstande, er heiße nun übrigens im Kalender wie er wolle. Dieses ist, dünkt mich, sehr klar. Das Problem: wann soll ich meinen Geburtstag feiern, wenn ich am 29. Februar geboren bin, wird also auf folgende Weise vollkommen aufgelöst werden, und im Rezept- und Problemlösungsstil abgefaßt etwa so lauten: 1) Laß dir die Sekunde, Minute, oder die Stunde deiner Geburt sagen, oder nimm den Tag aus dem Kirchenbuch, weil du aber doch nicht den ganzen Tag über geboren worden bist, so mußt du im letzten Fall etwas Bestimmtes annehmen, z. B. die Mitte des Tages, also Mittags um zwölf. 2) Suche in einem astronomischen Kalender für das Jahr deiner Geburt den Ort der Sonne (ihre Länge) für diesen Zeitpunkt. Kannst du ihn selbst berechnen, so ist es desto besser, alsdann würdest du aber eine so einfältige Frage vermutlich gar nicht tun. 3) Suche ebenfalls im Kalender von dem Jahre, da du deinen Geburtstag feiern willst, den Tag, da die Sonne genau dieselbe Länge hat, dieser Tag ist dein Geburtstag, er heiße nun wie er wolle. Wenn du so verfährst, so wirst du etwas bemerken, das dich frappieren wird, vorausgesetzt, daß du von der Sache, wovon hier die Rede ist, gar nichts verstehst, nämlich, daß du, wenn du auch an jedem andern Tage, z. B. den 1. Mai geboren wärst, du dennoch deinen Geburtstag unter gewissen Umständen zuweilen den 30. April, zuweilen den 2ten Mai feiern müßtest, und daß selbst die Geburtstage der höchsten Potentaten öfters ganz falsch gefeiert werden, und folglich der am 29sten Febr. Geborne nicht gerade immer der Einzige ist, der seinen Geburtstag an einem andern Monatstage feiern muß, als dem, den ihm die gewöhnliche Methode anweiset. Dieses gründet sich auf den Umstand, daß das Jahr nicht *numero rotundo* aus 365 Tagen, sondern ungefähr aus 365 Tagen und 6 Stunden besteht, wir aber bei unseren bürgerlichen Geschäften uns unmöglich mit solchen Brüchen von Tagen abgeben können. Daher geht es denn auch wirklich dem Jahr selbst nicht besser als uns und den hohen Potentaten. Seine Geburtsstunde wenigstens wird dreimal unter vieren falsch gefeiert. Man freut sich oft über den Tod des alten Jahres mit Jubel, wenn es wirklich noch 18 Stunden schmachtet, und gratuliert dem neuen 18 Stunden vorher, ehe es geboren wird u. s. w. Folgende Tabelle wird völlig hinreichen, den zu leiten, der am 29sten Februar geboren, an seinem Geburtstage gern so schmausen wollte, daß von Seiten des Kalenders nichts dagegen eingewendet werden kann.

Wer am 29sten Februar Morgens um 12 Uhr geboren ist, feiert seinen Geburtstag oder eigentlich Geburtsstunde

das nächste Jahr den 28. Febr. Morgens um 6,
das 2te Jahr den 28. Febr. Mittags um 12,
das 3te Jahr den 28. Febr. Abends um 6,
das 4te Jahr den 29. Febr. um 12 des Morgens.

Am 29. Febr. um 6 des Morgens geboren,

das 1ste Jahr den 28. Febr. um 12 des Mittags,
das 2te Jahr den 28. Febr. um 6 des Abends,
das 3te Jahr den 28. Febr. um 12 des Nachts oder am ersten März,
das 4te Jahr den 29. Febr. um 6 des Morgens.

Am 29. Febr. um 12 Mittags geboren,

das 1ste Jahr den 28. Febr. um 6 des Abends,
das 2te Jahr den 28. Febr. um 12 des Nachts oder am ersten März,
das 3te Jahr den ersten März um 6 Uhr des Morgens,
das 4te Jahr den 29sten Febr. um 12 des Mittags.

Am 29. Febr. Abends um 6 geboren,

das 1ste Jahr den 28. Febr. Nachts um 12 oder am ersten März,
des 2te Jahr den 1 März um 6 des Morgens,
das 3te Jahr den 1. März um 12 Mittags,
das 4te Jahr den 29. Febr. um 6 des Abends.

Man sieht hieraus, daß man seine Geburtsstunde, wodurch der Geburtstag bestimmt wird, jedes Jahr um 6 Stunden später feiern muß, so lange bis das Schaltjahr die Sache wieder ins Gleichgewicht bringt. Nun noch ein paar Worte für das Jahr 1800, da kein Schaltjahr sein wird. Ein Kind, das z. B. den 29. Febr. 1796 Nachts um 11 Uhr geboren würde, muß, nach dieser Regel, im Jahr 1803 seine Geburtsstunde sogar den 2ten März Abends um 5 Uhr feiern. Warum das Jahr 1800 auch das 1900 kein Schaltjahr sein wird, sondern das 2000 wieder (vorausgesetzt daß sonst Alles beim Alten bleibt), wollen wir im Kalender für das Jahr 1800 erklären. Man wird aber sehr viel besser tun, es bis dahin selbst zu lernen.

Nun das Resultat kurz: Will man seinen Geburtstag oder vielmehr die Stunde nur jedesmal alsdann feiern, wenn Datum und Tageszeit zugleich eintreffen; so kann sie jeder Mensch überhaupt nur alle vier Jahre einmal richtig feiern. Der am 29sten Februar Geborne verfährt also sehr richtig, wenn er seinen Geburtstag bald den 28. Febr. bald den ersten März feiert. Der Unwissende glaubt, er irre, da er doch nicht irrt. Der an einem andern Tage Geborne, der ihn nach dem Datum feiert, irrt oft wirklich, allein es merkt es niemand. So kommt es also auch hier, wie bei tausend andern Vorfällen des Lebens auf Lage und Umstände an. Nachdem diese günstig sind oder ungünstig, kann man bald mit allen seinen Irrtümern für weise und bald mit aller seiner Weisheit für ein gar irriges Schaf gehalten werden.

VS 6, S. 24–31 (veröffentl. 1793).

Vom Würfel

Der geometrische Würfel ist derjenige reguläre Körper, der von sechs Quadraten begrenzt wird. Weitere Bestimmungen seiner Eigenschaften sind für unsere gegenwärtige Betrachtung unnütz. Was die Betrachtung desselben hierher bringt, ist die wirklich besondere Unbestimmtheit, womit man sich im gemeinen Leben ausdrückt, wenn man von ihm spricht, und die vielleicht den Psychologen wichtig werden kann. Nichts ist gemeiner als den Würfel viereckig zu nennen. Ein junger Engländer, den ich unterrichtete, nannte ihn zum erstenmal *a solid square,* ein solides Quadrat, und ein berühmter deutscher Schriftsteller von sonst großen Verdiensten in der Naturgeschichte, spricht sehr deutlich von den vier Seiten eines Würfels, und meint unstreitig damit alle. Auch wurde in den Relationen von dem schwedischen Königsmord in vielen Blättern von viereckigen Kugeln gesprochen, das ist nun freilich arg. Was diese ganze Würfelgeschichte dem Philosophen aber noch besonders merkwürdig machen muß, ist der Umstand, daß unter allen regulären Körpern, der Würfel gerade der einzige ist, der in allen Läden mit numerierten Seiten verkauft wird. Die Seiten desselben werden eins, zwei, drei bis sechs allen Menschen vorgezählt, man würfelt, gewinnt und verliert damit, und wenn man davon, als einem Körper, überhaupt spricht, so ist das viereckige und vierseitige immer wieder da. Am ganzen Würfel ist schlechterdings Nichts, was etwas von vieren an sich hätte, als die Seite des Quadrats, deren sechs er zu Grenzen hat. Der Würfel hat sechs Seiten, jede ein Quadrat; er hat acht Ecken, solide Winkel, deren jeder von drei rechten ebenen Winkeln, und zwölf Eckseiten, deren jede durch den Durchschnitt zweier auf einander senkrecht stehenden Ebenen formiert wird, und endlich die vier und zwanzig ebenen rechten Winkel seiner sechs Seitenflächen. Also hier haben wir deutlich, sechs, acht, zwölf, und vier und zwanzig, was den ganzen Körper angeht, aber Etwas, das nur viermal vorkäme, bloß bei einzelnen Seitenflächen. Also den Würfel viereckig nennen, heiße ich doch wirklich ein sehr solides Wesen, ja den Maßstab der Solidität selbst, sehr superfiziell und sehr einseitig, im strengsten Verstande des Worts, betrachten. Man hat ihn, wo ich nicht irre, bisher als Emblem der Dauer und Beständigkeit gebraucht, weil er schwer zu wälzen ist, und eher rutscht, als überschlägt. Es ist die Frage, ob man ihn nicht, wo nicht als Sinnbild, doch als eklatantes Beispiel der Einseitigkeit und Superfizialität anführen könnte, wenn man ihre Folgen in wissenschaftlichen Dingen beleuchten will. Doch jede Wissenschaft hat ihre eigenen soliden Quadrate und viereckige Würfel, die sich bequemer dazu gebrauchen lassen. Vielleicht haben an dieser sehr gemeinen falschen Vorstellungsart, oder eigentlich an dem falschen Ausdruck, unsere Wohnzimmer Schuld. Man sagt, zwischen seinen vier Wänden sitzen, und nennt überhaupt ein Zimmer viereckig, wenn es vier Wände hat. Allein da ist auch der Ausdruck ganz richtig, weil das Wort Wand weder von dem Fußboden, noch von der Decke eigentlich gebraucht werden kann.

VS 6, S. 237–239 (veröffentl. 1793).

Einige Betrachtungen über vorstehenden Aufsatz [Nachricht von einer Walratfabrik], nebst einem Traum

Welcher Naturforscher hätte ehemals nur mutmaßen können, daß ein Haufen von 1500 vergrabenen menschlichen Körpern sich in dreißig Jahren in Fett verwandeln würde? Gesetzt, es wären dieser Körper, wie etwa der Bäume in einem Wald, eine oder mehrere Millionen gewesen, und die Knochen wären mit der Zeit ebenfalls verschwunden, was würde nicht über ein solches Walrat-Flöz geschrieben und gezankt worden sein! Wir sehen also auch aus diesem uns so nahe liegenden Beispiele wieder, daß die unorganische Natur ihre chemischen Prozesse hat, die wir nicht kennen, und wie viele mag es dieser nicht in der Tiefe gegeben haben, wo nicht allein die Ingredienzen in ungeheuren Massen, langsam, und welches wohl ein Hauptumstand ist, entfernt von atmosphärischer Luft, in ganz anderen Medien behandelt werden? Unsere Chemie hängt ab von der Schicht der Dunstkugel, worin wir leben, ihrem Druck und ihrer Qualität. Ihre Bestandteile sowohl, als die der Materien, die sie aufnimmt, vorzüglich des Wassers, mischen sich in Alles. Wir können, ohne die uns umgebende Luft zu zersetzen, keine große Hitze hervorbringen, dieses gibt unsern Prozessen von der Seite eine sehr große Einförmigkeit und Beschränktheit. Da aber Hitze ganz independent von reiner Luft, ja von aller Luft ist; so läßt sich leicht ermessen, daß da, wo sie einen sehr hohen Grad, ohne diese Zersetzung der Körper durch Luft, erreicht, die Produkte derselben ganz verschieden sein müssen von denen in unserer Schicht, wo sogleich Brand entsteht. Was die Vulkane auswerfen, braucht in der Tiefe nicht zu brennen, und brennt auch da vermutlich nicht.

Man bedenke ferner die Gewalt der Dämpfe, nicht bloß des Wassers, sondern anderer Flüssigkeiten u. s. w. in jenen tiefern Schichten, was für Veränderungen können diese nicht in den Körpern in ihrer Nachbarschaft hervorbringen! Vermutlich war es auch bloß ein Dunst, was die Muskeln in Fett verwandelte! Hierbei erinnere man sich an die Steinkohlen-Flöze, an die Steinsalz-Flöze, an die Gänge, und frage sich, ob es nicht Verwegenheit ist, über jene Prozesse, aus der unserer Luft- und Dunstschicht allein angemessenen Chemie zu entscheiden. Und doch ist hier noch bei weitem nicht die Rede von der Hyperchemie in organischen Körpern; ich meine von der Erzeugung des Elfenbeins, des Horns, des Talgs, der Butter und der Seide aus Vegetabilien, und des Harzes, des Laugensalzes, der Weine und Säuren durch Vegetabilien aus Luft und Wasser u. s. w. Dieses liegt freilich jenseit unsrer Laboratorien, aber wer will die Grenze angeben, wo sich unsere Chemie in jene verliert? Zu welcher gehört die Gärung? Die Bestandteile des Turmalins hat man auf ein Haar angegeben, wenigstens glaubt man es; aber hat man Turmaline gemacht? Ich muß gestehen, wenn ich alles dieses zusammennehme, und noch überdies bedenke, daß nun doch Manches in unserer Kruste gewiß uns eben so organisch aussieht, als einer Büchermilbe die Schweinsleder- Papier- und Kleisterflöze, in denen sie wühlt, so überfällt mich eine gewisse Schüchternheit bei unsrer sogenannten Theorie der Erde und chemischen Zerlegung der Körper, von der ich mich kaum loszumachen im Stande bin. Alles das ist aber nun seit einiger Zeit sehr viel, durch einen ganz ärgerlichen Traum, verschlimmert worden, den ich hatte, und den ich nun in möglichster Kürze ohne allen morgenländischen Prunk in bloßer Werktagsprosa erzählen will:

Ein Traum

Mir war, als schwebte ich, weit über der Erde, einem verklärten Alten gegenüber, dessen Ansehen mich mit etwas viel Höherem als bloßem Respekt erfüllte. So oft ich meine Augen gegen ihn aufschlug, durchdrang mich ein unwiderstehliches Gefühl von Andacht und Vertrauen, und ich war eben im Begriff, mich vor ihm niederzuwerfen, als er mich mit einer Stimme von unbeschreiblicher Sanftheit anredete. „Du liebst die Untersuchung der Natur," sagte er, „hier sollst du Etwas sehen, das dir nützlich sein kann." Indem er dieses sagte, überreichte er mir eine bläulich grüne und hier und da ins Graue spielende Kugel, die er zwischen dem Zeigefinger und Daumen hielt. Sie schien mir etwa einen Zoll im Durchmesser zu haben. „Nimm dieses Mineral," fuhr er fort, „prüfe es, und sage mir, was du gefunden hast. Du findest da hinter dir Alles, was zu solchen Untersuchungen nötig ist, in höchster Vollkommenheit; ich will mich nun entfernen, bin aber zu rechter Zeit wieder bei dir." Als ich mich umsah, erblickte ich einen schönen Saal mit Werkzeugen aller Art, der mir im Traum nicht so fremd schien, als nachher beim Erwachen. Es war mir, als wäre ich öfter da gewesen, und ich fand, was ich nötig hatte, so leicht, als hätte ich Alles selbst vorher hingelegt. Ich besah, befühlte und beroch nunmehr die Kugel, ich schüttelte und behorchte sie, wie einen Adlerstein; ich brachte sie an die Zunge;

ich wischte den Staub und eine Art von kaum merklichem Beschlag mit einem reinen Tuche ab, erwärmte sie und rieb sie auf Elektrizität am Rockärmel; ich probierte sie gegen den Stahl, das Glas, und den Magneten, und bestimmte ihr spezif. Gewicht, das ich, wo ich mich recht erinnere, zwischen vier und fünf fand. Alle diese Proben fielen so aus, daß ich wohl sah, daß das Mineral nicht sonderlich viel wert war, auch erinnerte ich mich, daß ich in meiner Kindheit von dergleichen Kugeln, oder doch nicht sehr verschiedenen, drei für einen Kreuzer auf der Frankfurter Messe gekauft hatte. Indes schritt ich doch nun zu der chemischen Prüfung, und bestimmte die Bestandteile in Hundertteilen des Ganzen. Auch hier ergab sich nichts Sonderliches. Ich fand etwas Tonerde, ungefähr eben so viel Kalkerde, aber ungleich mehr Kieselerde, endlich zeigte sich noch Eisen und etwas Kochsalz und ein unbekannter Stoff, wenigstens einer, der zwar manche Eigenschaften der bekannten hatte, dafür aber wieder eigene. Es tat mir leid, daß ich den Namen meines Alten nicht wußte, ich hätte ihn sonst gern dieser Erde beigelegt, um ihm auf meinem Zettelchen ein Kompliment zu machen. Übrigens muß ich sehr genau bei meinen Untersuchungen verfahren sein, denn als ich Alles zusammen addierte, was ich gefunden hatte, so machte es genau hundert. So eben hatte ich den letzten Strich in meiner Rechnung gemacht, als der Alte vor mich hintrat. Er nahm das Papier und las es mit einem sanften Lächeln, das kaum zu bemerken war; hierauf wandte er sich mit einem Blick voll himmlischer Güte, mit Ernst gemischt, gegen mich, und fragte, „weißt du wohl, Sterblicher, was das war, was du da geprüft hast?" Der ganze Ton und Anstand, womit er dieses sprach, verkündigte nunmehr deutlich den Überirdischen. „Nein! Unsterblicher," rief ich, indem ich mich vor ihm niederwarf, „ich weiß es nicht." Denn auf mein Zettelchen wollte ich mich nun nicht mehr berufen.

Der Geist. So wisse, es war, nach einem verjüngten Maßstabe, nichts Geringeres als – die ganze Erde.

Ich. Die Erde? – Ewiger, großer Gott! und das Weltmeer mit seinen Bewohnern, wo sind denn die?

Er. Dort hängen sie in deiner Serviette, die hast du weggewischt.

Ich. Ach! und das Luftmeer und alle die Herrlichkeit des festen Landes!

Er. Das Luftmeer? Das wird dort in der Tasse mit destilliertem Wasser sitzen geblieben sein, und mit deiner Herrlichkeit des festen Landes? Wie kannst du so fragen? Das ist unfühlbarer Staub; da an deinem Rockärmel hängt welcher.

Ich. Aber ich fand ja nicht eine Spur von Silber und Gold, das den Erdkreis lenkt!

Er. Schlimm genug. Ich sehe, ich muß dir helfen. Wisse: mit deinem Feuerstahl hast du die ganze Schweiz und Savoyen, und den schönsten Teil von Sizilien herunter gehauen, und von Afrika einen ganzen Strich von mehr als 1000 Quadratmeilen, vom mittelländischen Meer bis an den Tafelberg, völlig ruiniert und umgewendet. Und dort auf jener Glasscheibe – o! so eben sind sie herunter geflogen – lagen die Cordilleren, und was dir vorhin beim Glasschneiden ins Auge sprang, war der Chimborasso.

Ich verstand und schwieg. Aber neun Zehnteile meines noch übrigen Lebens hätte ich darum gegeben, wenn ich meine chemisch zerstörte Erde wieder gehabt hätte. Allein um eine andere bitten, einer solchen Stirne gegenüber, das konnte ich nicht. Je weiser und gütiger der Geber war, desto schwerer wird es dem Armen von Gefühl ihn zum zweiten Mal um eine Gabe anzusprechen, sobald sich der Gedanke in ihm regt, er habe von der ersten vielleicht nicht den besten Gebrauch gemacht. Aber eine neue Bitte, dachte ich, vergibt dir wohl dieses verklärte Vatergesicht: „O!“ rief ich aus, „großes, unsterbliches Wesen, was du auch bist, ich weiß, du kannst es, vergrößere mir ein Senfkorn bis zur Dicke der ganzen Erde, und erlaube mir die Berge und Flöze darauf zu untersuchen, bis zur Entwicklung des Keims, bloß der Revolutionen wegen.“ „Was würde dir das helfen?“ war die Antwort. „An deinem Planeten hast du ja schon ein Körnchen für dich zur Dicke der Erde vergrößert. Da prüfe. Vor deiner Umwandlung kommst du nicht auf die andere Seite des Vorhangs, die du suchst, weder auf diesem, noch einem andern Körnchen der Schöpfung. Hier nimm diesen Beutel, prüfe was darin ist, und sage mir, was du gefunden hast.“ Beim Weggehen setzte er fast scherzend hinzu: „verstehe mich recht, chemisch prüfe es, mein Sohn; ich bleibe dieses Mal länger aus.“ – Wie froh war ich, als ich wieder was zu untersuchen hatte, denn nun, dachte ich, will ich mich besser in Acht nehmen. Gib Acht, sprach ich zu mir selbst, es wird glänzen, und wenn es glänzt, so ist es gewiß die Sonne, oder sonst ein Fixstern. Als ich den Beutel aufzog, fand ich, ganz wider meine Erwartung, ein Buch in einem nicht glänzenden einfachen Bande. Die Sprache und Schrift desselben waren keine der bekannten, und obgleich die Züge mancher Zeilen flüchtig angesehen, ziemlich so ließen, so waren sie es, näher betrachtet, doch eben so wenig als die verwickeltsten. Alles was ich lesen konnte, waren die Worte auf dem Titelblatt: Dieses prüfe, mein Sohn, aber chemisch, und sage mir, was du gefunden hast. Ich kann nicht leugnen, ich fand mich etwas betroffen in meinem weitläufigen Laboratorium. Wie? sprach ich zu mir selbst, ich soll den Inhalt eines Buchs chemisch untersuchen? Der Inhalt eines Buchs ist ja sein Sinn, und chemische Analyse wäre hier Analyse von Lumpen und Druckerschwärze. Als ich einen Augenblick nachdachte, wurde es auf einmal helle in meinem Kopf, und mit dem Licht stieg unüberwindliche Schamröte auf. O! rief ich lauter und lauter, ich verstehe, ich verstehe! Unsterbliches Wesen, o vergib, vergib mir; ich fasse deinen gütigen Verweis! Dank dem Ewigen, daß ich ihn fassen kann! – Ich war unbeschreiblich bewegt, und darüber erwachte ich.

VS 6, S. 48–55 (veröffentl. 1794).

Geologische Phantasien
(Fanklins Geogenie)

... Es ist mit dem Erfinden eine ganz eigene Sache; die Wünschelruten, die man dazu vorgeschlagen hat, schlagen nur dem auf Gold, der es ohne sie wohl auch gefunden hätte. So ist Bacon's *Organon* freilich ein vortreffliches hevristisches Hebzeug, aber es will gehoben sein. Ich habe Leute gekannt von schwerer Gelehrsamkeit, in deren Kopf die wichtigsten Sätze zu Tausenden selbst in guter Ordnung beisammen lagen, aber ich weiß nicht wie es zuging, ob die Begriffe lauter Männchen oder lauter Weibchen waren, es kam nichts heraus. In einem Winkel ihres Kopfs lag Schwefel, im andern Kohlenstaub, im dritten Salpeter genug, aber das Pulver hatten sie nicht erfunden. Was ist das? Hingegen gibt es wiederum Menschen, in deren Kopf sich Alles sucht und findet und paart, und läge es auch anfangs eine ganze Kopfsbreite aus einander ...

Ph 7, S. 74–75 (veröffentl. 1795).

Neuer Gebrauch der Hunde

Unter den vielen Gegenständen der Natur, die unsere Bewunderung verdienen, aber selten im Ernst damit beehrt werden, gehören die Hundsnasen gewiß nicht unter die letzten. Man findet die erstaunliche Unterscheidungskraft, die in der Nase dieses häuslichen Tieres liegt, nicht außerordentlich, weil sie etwas Alltägliches ist. Aber etwas Alltägliches in einem Sinne des Worts, kann in einem andern etwas sehr Ungemeines sein, und in diese Klasse gehört namentlich die Erscheinung, von der wir hier reden. Der Hund findet das Schnupftuch seines Herrn, das er in das Feld geworfen hat, wieder, nach einer Entfernung von Tausenden von Schritten und weiter. Er findet sogar unter einer Menge Geld die Münze aus, die sein Herr darunter gesteckt hat, und ihn selbst in dem Gedränge, wo sich die Gerüche von unzähligen Herren, wovon jeder der seinige sein könnte, wie Lichtstrahlen durchkreuzen. Daß ihn zwar hier das Gesicht zuweilen unterstützen mag, ist wahrscheinlich, aber was unterstützt ihn bei der Fährte des entfernten Wildes oder bei der tief verborgenen Trüffel? Die Frage ist also: hat man wohl von der Nase dieses nützlichen Tieres schon allen den Gebrauch gemacht, den man von ihr machen kann? Ich für mein Teil glaube es gar nicht. Nur einige Beispiele. Es ist bekannt, daß die Ärzte sich bei manchen Krankheiten im Anfange in großer Verlegenheit finden, wenn sie ausmachen sollen, welcher Natur sie sei, gallichter oder inflammatorischer, ob Brechmittel oder Aderlaß den Anfang machen müsse. Ich glaube, ein im Hospital gut abgerichteter Hund würde dieses in einem Augenblick entscheiden. Er würde z. B. den Schwanz hängen lassen, und die rechte Vorderpfote aufheben, wenn die Krankheit gallicht, oder ihn ausstrecken und die linke lüften, wenn sie inflammatorisch wäre. Man lächelt vielleicht hierüber, zumal, wenn man sich den Arzt denkt, wie er, mit seiner Kuppel von Dachshunden, Pudeln, Spitzen und Hühnerhunden begleitet, einmarschiert. Aber hier ist fürwahr nichts zu lachen. Lächeln würde man mit Recht, wenn man die Reihe falscher, verführerischer Hypothesen sehen könnte, mit denen er nach dem Tode des Patienten ausmarschiert, und wie sie alle den Schwanz hängen lassen, und nun zu Hause privatim durchgeprügelt werden. – Worüber die jetzige

Welt lächelt, lächelt deswegen die Nachwelt noch nicht, und Kalender haben ein Recht auf die Nachwelt. Und nun gar die Chemie mit ihren *reagentibus!* Man hat eine bekannte, alte, lustige Bemerkung: Das, was in der Apotheke, wenn man hineinkomme, zuerst rieche, sei die Nase. Hier ist also der Hund recht zu Hause. Mich dünkt, es müßten sich Hunde für das Oxygen, das Hydrogen, das Phlogiston und den Kohlenstoff abrichten lassen, so gut als für die Trüffel. – Wozu nun alles das? Antwort: dafür: In unserer Stadt genießen die Hunde eines nicht gemeinen Schutzes; sie heulen und bellen auf den Straßen die ganze Nacht. Ich tadle dieses keineswegs, eben weil ich es für nichts weiter ansehe, als für dringende Bitte um Brot und Beförderung bei unleugbarem Verdienst, und folglich für ein Getöse, das sich auf Recht gründet, und so hat es, durch eine Vorstellung gedämpft, nichts Widriges für mich. So und in solchen Fällen ist es verstattet, sich selbst zu helfen, wenn sonst Niemand helfen kann oder will.

VS 6, S. 261–263 (veröffentl. 1795).

Über Ernährung, Kochen und Kostsparkunst

Nachstehende Blätter sind hauptsächlich aus einer der neuesten Schriften des Grafen von Rumford (ehemaligen Sir Benjamin Thompson's) gezogen. Bei dem Reichtum von neuer Materie, die sie enthalten, kann von uns hier Nichts als höchstens Erweckung der Neugierde auf das Buch selbst erwartet werden, Befriedigung keineswegs, ob wir uns gleich auch hier nur auf einen sehr kleinen Teil derselben einschränken. Graf von Rumford gehört unstreitig mit unter die ersten Naturforscher unserer Zeit. Alle Teile der Naturlehre, die er nur berührt, erhalten von seinem Genie Aufklärung und Erweiterung. Was er hier der Welt übergibt, sind nicht etwa bloß sinnreiche Spekulationen, die immer, von einem solchen Genie angestellt, respektabel sein würden; es sind großenteils Versuche, alle nach einer sehr großen Skala in der wirklichen Welt ausgeführt. Seine Vermögensumstände sowohl, als übrige glückliche Lage in der Welt, setzen ihn in den Stand, seine Spekulationen nicht allein, wo es nötig ist, mit Aufwand zu verfolgen, sondern, wenn sie zur Reife gediehen sind, im Großen anzuwenden, und so nachher das Ganze, zugleich mit dessen Rechtfertigung zur Seite, bekannt zu machen. Wo würde unsere Naturlehre mit ihrer Anwendung auf das gemeine Leben nicht jetzt schon sein, wenn sie immer so behandelt würde, oder wenn Menschen, die sie so zu behandeln im Stande sind, ihr ihre Muße widmen wollten, wie Graf von Rumford? Gewöhnlich aber macht man aus jeder flüchtigen Hypothese ein Erwerbartikelchen, und zieht damit auf die Messe. Ist die Hypothese auf der einen abgesetzt, so verkauft man auf der nächsten den Widerruf davon, und die Erzählung aller Umstände, wodurch der Irrtum endlich an den Tag kam, und so bezahlt das Publikum am Ende ein künstliches Nichts immer doppelt so teuer, als eine simple Realität. Nachstehende Gedanken befinden sich hier und da zerstreut in dem vortrefflichen Aufsatze über die Armenanstalten in Bayern. Graf Rumford ist bekanntlich Soldat in kurbayerischen Diensten, in welche er mit Erlaubnis Sr. Majestät unsers Königs im Jahr 1784 trat. Seine Hauptbeschäftigung war, ein neues System von Ordnung, Disziplin und Ökonomie unter den dortigen Truppen einzuführen. Hierbei hatte er beständig die große und wichtige Wahrheit vor Augen, daß keine besondere politische Anstalt in der Welt anders gut sein kann, als in sofern sie zum Besten des Ganzen beiträgt. Bei allen seinen Unternehmungen hierin, suchte er also beständig das Interesse des Soldaten mit dem Interesse des Bürgers zu verbinden, und das Militär, selbst in Friedenszeiten, zum öffentlichen Wohl mitwirken zu machen. Diesen großen Zweck zu erreichen, nämlich ein respektables stehendes Korps zu erhalten, das der Bevölkerung, den guten Sitten, den Manufakturen und dem Ackerbau so wenig als möglich schadete, war es notwendig den Soldaten zum Bürger und den Bürger zum Soldaten zu machen. Was er zu dem Ende dort wirklich ausgeführt hat, wird man zu Anfang des ersten Versuchs mit Vergnügen und selbst nicht ohne Bewunderung lesen. Die Verbesserung des Soldatenstandes, mit jenem großen Zweck vor Augen, ernstlich gesucht, mußte notwendig Reformen in andern Fächern der Staatsverwaltung und der Polizei nach sich ziehen. Unter den mannigfaltigen Maßregeln, wodurch der Soldat zur Mitwirkung zum öffentlichen Wohl in Friedenszeiten gebracht werden konnte, schien keine von größerem Gewicht, als die, ihn zu brauchen das Land von Bettlern, Dieben und Vagabunden zu reinigen, mit denen Bayern zum Erstaunen, ja zum Unglaublichen, überall überschwemmt war. Allein dieses machte Unterhaltungsanstalten für diese Menschenklassen notwendig. Denn daß man, wie sich Riesbeck ausdrückte, in Bayern die Heerstraßen ehemals mit Galgen bepflanzte, wie an andern Orten mit Walnußbäumen, hatte nicht geholfen. So gab immer Eines das Andere. Dieses Gesindel mußte nämlich beschäftigt und gespeist werden. Diese Speise mußte nahrhaft, aber auch wohlfeil sein; dieses führte unsern großen Naturforscher auf die Untersuchung sowohl der Nahrhaftigkeit der Speisen und der Ernährung überhaupt, als auch der Wärmeökonomie und der Holzsparkunst. Seine Untersuchungen über die erstern teilt er in obengenannten Schriften mit, die über die letztern werden diesen bald folgen, und, aus dem Wenigen zu schließen, was uns aus Unterredungen mit dem vortrefflichen Erfinder davon bekannt geworden ist, jene für das menschliche Geschlecht so höchst interessante Wissenschaft um einen großen Schritt weiter bringen.

Unter allen Operationen der organischen Natur verdient schwerlich eine unsere Aufmerksamkeit mehr als die, wodurch Tiere und Pflanzen genähret werden und wachsen, und doch ist kaum irgend eine noch so wenig ernstlich untersucht worden als diese. Indessen hat der Hunger, den der gegenwärtige Krieg hier und da befürchten ließ, den Fleiß der Menschen mehr als jemals auf diesen Gegenstand gezogen. Beide Häuser des englischen Parlaments sowohl, als die Kommission zur Beförderung des Ackerbaues *(Board of Agriculture)*, sind aufmerksam darauf geworden, und man hat Hoffnung, sagt der Graf, daß von nun an die Sache der ernstlichsten Untersuchung unterworfen werden wird; sollte dieses der Fall wirklich sein, so getraut er sich voraus zu sagen, daß die großen Vorteile, die daraus für das menschliche Geschlecht erwachsen müssen, das Schrecken, dem sie ihren Ursprung zu danken haben, in den Annalen der bürgerlichen Gesellschaft bis in die späteste Zeit merkwürdig machen werden.

Seitdem man weiß, fährt der Graf fort, daß das Wasser kein einfacher, sondern ein zusammengesetzter Stoff ist, hat die Lehre von der Ernährung sehr viel an Licht gewonnen. Man weiß nunmehr mit einem hohen Grade von Zuverlässigkeit, daß das Wasser bei der Ernährung und dem Wachstum der Pflanzen eine sehr viel wichtigere Rolle, und diese auf eine andere Weise spielt, als die Naturforscher bisher geglaubt haben. Es ist nicht sowohl das Vehikel ihrer Nahrung, als vielmehr ein wichtiger Teil der Nahrung selbst. Es wird durch die Pflanzen zersetzt und ein Teil davon in die Substanz derselben aufgenommen; ja, der Dünger selbst trägt eigentlich nur mittelbar zu ihrer Ernährung bei, indem er jene Zersetzung des Wassers befördert. Von der Ernährung der Pflanzen zu der des tierischen Körpers ist aber nur ein geringer Schritt, den die strengste Analogie von so vielen Seiten her rechtfertigt. Da überdies das Wasser zu beiden Prozessen unumgänglich nötig ist, warum sollte es und seine Bestandteile auch nicht hier eben so gut und auf eben die Weise zur Nahrung dienen als dort? Der Verfasser hat überwiegende Gründe, so etwas zu glauben. Seine lange Beschäftigung mit Speisung der Armen in München setzte ihn in den Stand, eine große Menge mannigfaltiger Versuche über diesen Punkt anzustellen, und der Erfolg überstieg seine Erwartung. Er fand bald, daß die Kräftigkeit einer Suppe nicht sowohl von der Menge fester nahrhafter Teile in derselben, als vielmehr von einer schicklichen Auswahl derselben und der Behandlung des Feuers dabei abhänge. Es ist wirklich zum Erstaunen, wie wenig solide Nahrung nötig ist, den Hunger zu stillen und Leben und Gesundheit zu erhalten, und mit wie geringem Aufwand der stärkste Mann und der tätigste Taglöhner bei der sauersten Arbeit gesättigt werden kann. Wie wenn es also mit den Speisen wäre, wie mit dem Dünger bei den Pflanzen, und die solideren, z. B. mit den Suppen gemischten Teile, bloß dienten, die Zersetzung der Flüssigkeit zu befördern? Es kann kaum anders sein, wenn man bedenkt, daß eine Portion von 20 Unzen einer Suppe, wozu der Verfasser das Rezept gibt, völlig hinreichend befunden worden ist, den Hunger einer erwachsenen Person zu stillen, und daß dennoch in dieser Portion kaum 6 Unzen soliden Stoffs waren. Der letztere bestand aus Gerstengraupen, Erbsen, Kartoffeln, einigen gedörrten Semmelschnitten, und dem nötigen Salze; der flüssige Teil bloß aus Wasser und etwas Essig. So wird es auch begreiflich, wie man im Werkhause zu München 1200 Menschen täglich mit einer kräftigen Suppe hat speisen und sättigen können, die, Kost und Lohn von drei weiblichen und zwei männlichen Bedienten, Feuerung und sogar die jährlich nötigen Küchenreparaturen mit eingerechnet, nur etwas über elftehalb Taler kostete. Das beträgt für die Portion zu 20 Unzen *(Avoir dupois)*, nicht einmal drei Pfennige hiesigen Geldes. Noch wohlfeiler, fast in dem Verhältnis von 4 zu 3, wurde die Suppe, als man Kartoffeln hinzutun, und dadurch die andern kostbaren Zutaten ersparen konnte. Man liest nämlich hier mit Verwunderung, daß noch vor noch nicht gar langer Zeit die Kartoffeln in Bayern fast gänzlich unbekannt waren, und nachher, als man sie einführte, so stark, zumal von den Armen, verabscheut wurden, daß man sie in dem Werkhause schlechterdings heimlich einführen mußte. In einem entlegenen Winkel des Gebäudes wurde ein Zimmer zur Küche zurecht gemacht, und darin die Kartoffeln so lange gekocht, bis alle Textur, woran man sie noch hätte erkennen können, zerstört war. So mischte man sie mit der Suppe. Allein die Kostgänger bemerkten bald, daß sich ihre Suppe gar sehr verbessert hatte, und gaben der Abänderung ihren Beifall endlich so deutlich und laut, daß man nicht länger Anstand nahm, ihnen das Geheimnis zu eröffnen; und nun sind sie so sehr für die Kartoffeln eingenommen, daß man ohne dieselben nicht leicht mit ihnen mehr würde fertig werden können. Die Art und Weise, wie hier das Direktorium ein, allerdings ganz respektables, Korps armer Menschen behandelte, zeigt, daß ein eben so feiner Menschenkenner und Menschenfreund, als großer Naturforscher, an der Spitze desselben steht. An andern Orten hätte man vielleicht, um die Kartoffeln schmackhaft zu machen, die Peitsche mit dem Eßlöffel verbunden, oder die Gesellschaft in eine Art von Belagerungszustand gesetzt und hungern lassen. – Die gedörrten Brotschnitte werden hinzugetan, um das Kauen zu verlängern, und das mit dem Essen verbundene Vergnügen *(the pleasure of eating)*, das sich Niemand gern nehmen läßt, zu vermehren. Dieses Vergnügen, dem unser Verfasser, mit weisem Vorbedacht, ein eignes Kapitel gewidmet hat, wird teils dadurch befördert, daß man der eigentlich nährenden, aber öfters geschmacklosen, Substanz einen angenehmen Geschmack zu geben sucht, welches durch eine Menge sehr wohlfeiler Mittel, worunter das Salz selbst gehört, erhalten werden kann, und dann, daß man dem schnellen Verschlucken vorbeugt, und zum Kauen nötigt. Dieses Letztere wird nun durch die Schnitten befördert, die an sich geschmacklos sind. Man röstet sie deswegen zuweilen, und öfters sogar in einer Fettigkeit, die das Eindringen des Wassers, und folglich das schnelle Zergehen derselben hindert, und daher das Kauen immer notwendiger macht. Was hierauf der Verfasser über die Art sagt, wie der Soldat in Bayern gespeist wird, verdient gewiß die Aufmerksamkeit der Personen, von deren Direktion das Wohlbefinden dieses Standes abhängt, und ist mit einer so lehrreichen Umständlichkeit und Präzision erzählt, die Nichts zu wünschen übrig läßt.

Um aber diese Absicht, sowohl in Rücksicht auf die Nahrhaftigkeit und die Wohlfeile der Speisen, sicher zu erreichen, kommt es gar sehr auf die Art zu kochen und die Behandlung des Feuers an. Es muß Nichts übereilt, Alles lange und langsam gekocht werden, ja es ist sehr viel besser, die Suppe mehr kochend heiß, als kochend zu erhalten. Es ist unglaublich, wie sehr hierin nicht bloß in den Küchen, sondern auch in allen Werkstätten, worin gekocht werden muß, gefehlt wird. Ich will nur auf einen Hauptumstand aufmerksam machen, der erst in künftigen Aufsätzen des Grafen vollständig erörtert werden wird. Jeder Anfänger in der neuen Naturlehre kennt die ungeheure latente Wärme der Dämpfe des kochenden Wassers. Beim

Wasserkochen werden also in einer Stadt oft tausende von Klafter Holz verbrannt, kochend heißen Dampf zu erzeugen, der Niemanden dient; er verliert sich in der Luft. An seinem Wasser freilich ist nichts verloren, aber an seiner kostspieligen Hitze sehr viel. Wenn uns der nächste Regen das erstere mit großen Prozenten wieder gibt, so ist letztere mit allen den Prozenten, die sie hätte bringen können, verloren. Wasser kochend, das heißt aufwallend, zu erhalten, erfordert unglaublichen Aufwand von Brennmaterialien, bloß zur Erzeugung eines unnützen Dampfs in einer solchen Menge, als sich bei jenen heftigen Aufwallungen erzeugt. Hingegen Wasser, das einmal gekocht hat, kochend heiß zu erhalten, erfordert nur wenig Feuerung, und doch ist gewiß bei neun Operationen unter zehn, wobei Wasser gekocht wird, letzteres nicht bloß hinreichend, sondern vorteilhafter auch in Rücksicht der Vereinigung des Gekochten mit dem Wasser. Bei unsern Teemaschinen hat man auch längst, ohne den eigentlichen Grund des Verfahrens zu kennen, davon Gebrauch gemacht; auch den einmal kochenden Teekessel öfters über Nachtlichtern mit Vorteil aufgehängt. Wer, um Wasser bloß kochend heiß zu erhalten, es immer kochend erhält, verfährt nicht klüger, als der, der einen Becher Weins bis zum Überlaufen voll zu erhalten, immer Wein zugießen wollte, der alle wieder abflösse. Je schneller er zugösse, desto mehr würde ablaufen. Je mehr man Feuer unter das kochende Wasser macht, desto mehr Dampf entsteht; allein so wie dort der Becher nicht voller wird durch das Zugießen, so wird hier das Wasser nicht heißer durch das verstärkte Feuer. So wie es also bei dem Becher sehr viel ratsamer gewesen wäre, ihn erst so hoch als möglich anzufüllen, und dann allenfalls das, was verdampft, oder sonst verschüttet wird, mit Vorsicht wieder nachzutragen, eben so auch hier. Wenn der Kessel bedeckt und überhaupt zwischen Materien eingeschlossen ist, die die Wärme wenig fortleiten, und man einmal weiß, wie viel ein solches mit kochend heißem Wasser angefülltes Gefäß in einer gegebenen Zeit an Hitze verliert, so läßt sich dieser Verlust mit sehr geringem Aufwand ersetzen, und der Endzweck des Kochens völlig erreichen. Zur Probe von dem Unterschied zwischen der gewöhnlichen empirischen Kocherei und einem vernunftmäßigen Kochen: Bei Speisung der Soldaten wurde, was die Feuerung anbetrifft, noch auf die gewöhnliche Weise verfahren und in irdenen Töpfen gekocht, und im Durchschnitt kam auf ein Pfund Suppe gar zu machen, fast ein Pfund Holz ($^{10}/_{11}$). In dem neuen Werkhause, wo man wissenschaftlich verfuhr, wurden 600 Pfund Suppe mit 44 Pfund Tannenholz gar gekocht. Dieses gibt eine Holzersparnis in dem Verhältnis von fast 13 zu 1. Das ist doch fürwahr keine Kleinigkeit, mit einer Klafter Holz eben so viel ausrichten zu können, als ein Anderer mit einem Dutzend und darüber. Merkwürdig ist noch, daß das Kochen im Werkhause fünftehalb Stunden dauerte, bei den Soldaten nur drittehalb. Hier zeigt sich eine kleine Verwandtschaft mit dem mechanischen Gesetz, daß was man an Kraft gewinnt, an der Zeit verloren wird, die aber hier von gar keinem Belang ist, und selbst noch von sehr geringem sein würde, wenn sich die Köche die Zeit bezahlen ließen, und der Lohn sich verhielte, wie die gebrauchte Zeit. Freilich um diese so höchst vorteilhafte Verfahrensart ganz kennen zu lernen, werden wir erst die übrigen Abhandlungen des Grafen abwarten müssen, denn selbst Einiges von dem, was ich hier beigebracht habe, ist mir aus der Unterredung mit ihm bekannt, aber jetzt (August 1796) vermutlich schon in London gedruckt. Doch kann ein Umstand nicht übergangen werden, dessen auch schon in diesen Versuchen gedacht wird. Um die Hitze so viel als möglich zusammenzuhalten, müssen die Gefäße gut bedeckt und nicht zu oft geöffnet werden. So würden aber die Speisen leicht anbrennen. Dieses zu verhindern, werden die Böden der Kessel doppelt gemacht. Inwendig in dem Kessel wird nämlich ein zweiter Boden angenietet, nur muß dieses mit sehr kleinen Nägeln geschehen, weil die Speisen um die Köpfe starker Nägel herum leicht etwas anbrennen. Übrigens kann der innere Boden den Kessel ganz durchaus berühren, denn die kleinste Luftschicht, oder bloß der Mangel an physischer Kohäsion zwischen den beiden Böden, ist hinreichend dem Anbrennen vorzubeugen. Der größeren Festigkeit wegen, kann man auch die beiden Böden noch, außer dem Rand, an verschiedenen Stellen zusammennieten. Beim Verzinnen des Kessels wird gesorgt, daß das Zinn sich an dem Rande des innern Bodens etwas setzt, um dem Eindringen des Wassers zwischen beide Böden vorzubeugen.

Wenn erst langsames und langes Kochen, wie wir gesehen haben, mit Holzersparung vereint werden kann, so wird manches Gericht an Nahrhaftigkeit und Schmackhaftigkeit unendlich gewinnen. Übereiltes Garmachen ist beiden so nachteilig als übereiltes Verschlucken. Der türkische Weizen, den immer ein gewisser roher Geschmack noch von der Küche entfernte, wird, auf diese Weise behandelt, eines der schmackhaftesten und nahrhaftesten Mittel, die es gibt, und übertrifft sogar hierin den Reis. Dieses haben selbst die Neger in Nordamerika und Westindien auserfunden; sie pflegen da, mehr deutlich als anständig, in ihrer Sprache zu sagen: der Reis wird in unsern Bäuchen zu Wasser und fließt ab; der Mais bleibt bei uns, und gibt uns Kraft zu arbeiten. –

Aus diesen wenigen Proben wird man ersehen, was aus der Kochkunst gemacht werden kann, sobald sie ein einsichtsvoller Physiker seiner Aufmerksamkeit würdigt. Vermutlich sind auch die Zeiten nicht mehr fern, da Physik und Chemie, denen die lateinische Küche, ich meine die Apotheke, so Vieles, wo nicht gar Alles, zu danken hat, ihre Herrschaft auch über die populäre Hausapotheke, ich meine die Küche, erstrecken wird. Da sie so viel geleistet haben, die Apotheke, die sonst wie eine Art von Fegefeuer, dicht zwischen Küche und Kirchhof lag, so weit als möglich von dem letztern abzurücken, so wäre es unstreitig ihr größter Triumph, sie auch so weit als möglich von ersterer zu entfernen, die noch immer Hand in Hand gehen und sich einander in die Hände arbeiten.

Nun zum Beschluß dieser kurzen Kritik der Kochkünste ein

Rezept zu einem schmackhaften und kräftigen Punsch,

welches in einer der Abhandlungen nur beiläufig und in einer Note vorkommt: Man läßt in dem dazu bestimmten Wasser eine Handvoll Reis zwei bis drei Stunden kochen, und verfährt übrigens wie gewöhnlich.

VS 6, S. 126–139 (veröffentl. 1797).

Mechanische Theorie des Kusses,
nach Herrn Hofrat von Kempelen

Ohne über die Fertigkeit unserer Leser in der Kunst, praktisch richtig zu küssen, den mindesten Zweifel zu hegen, haben wir doch geglaubt, ein nützliches Werk zu unternehmen, wenn wir sie mit dem Wesentlichen der mechanischen Theorie dieser lästigen Operation bekannt machten. Sie werden finden, daß, so wie eine gründliche Kenntnis der Muskeln der Beine, Arme und des Halses, dem Tänzer und die der Hand und Finger dem Klavierspieler unendlichen Vorteil gewährt, so auch selbst der praktische Kuß Vieles von der damit verbundenen Schwierigkeit verliert, wenn man gründlich weiß, wie natürlich Alles dabei zugeht:

Das Küssen, sagt Hr. v. Kempelen, ist eine nicht gleichgültige Verrichtung der Lippen. Wie man küßt, weiß der ganze Erdboden, aber wie der dem Ohre so willkommene Laut dabei entsteht, daran dürfte wohl ein großer Teil nie gedacht haben. Wenn es ein freundschaftlicher, hellklatschender Herzenskuß sein soll, so zieht man die Lippen in eine runde Form, wie wenn man einen Kirschkern aus dem Munde herausstoßen wollte, und drückt sie auf den Gegenstand, den man küssen will, fest auf, dadurch werden die Ränder des runden Lochs so verdrückt, daß sie sich ganz an einander schließen und keine Öffnung bleibt. Man verweilet in dieser Lage eine kurze Zeit, und bestrebt sich während derselben die Lippen auseinander zu ziehen, weil aber der Druck, mit dem sie durch den vordern Teil der Kiefern auf den zu küssenden Gegenstand aufgepreßt sind, zu stark ist, so lassen sie sich nicht von der Stelle bewegen, zugleich zieht man den Atem stark an sich. Wenn man nun aus dieser Lage mit dem Kopfe jähe zurückfährt, und dadurch den Mund von seinem Gegenstande losreißt, so fahren die schon vorhin durch das obige Bestreben angespannten und nun des Drucks auf einmal entledigten Lippen auseinander, und die Luft fährt mit einem lauten Schnalzen zum Munde hinein. Noch ist dabei zu merken, daß auch der geküßte Gegenstand zu dem lautern Schallen beiträgt, weil er in dem Augenblicke, wenn unsere Lippen von einander abspringen, noch nicht weit genug entfernt ist, folglich der eindringenden Kraft noch im Wege steht, so, daß sie sich zwischen dem küssenden und geküßten Körper durchzwängen muß, welches dem Schalle eine noch größere Lebhaftigkeit gibt. Man versuche es, einen Kuß ohne Gegenstand (!) in die freie Luft hinzuwerfen, man wird da zwar auch einen Schall hören, aber er wird nie so lebhaft und hellklatschend sein, wie jener. – Bei dem leisen Küssen ist nur der Unterschied, daß man da die Lippen nicht so fest auf seinen Gegenstand drückt, und den Atem nicht so gewaltig an sich zieht. Zuweilen fährt man auch hierbei mit dem Kopfe nicht zurück, sondern bleibt mit den Lippen angeschlossen, zieht sie aber etwas von einander, und läßt die Luft auf beiden Seiten eindringen. In welchen Fällen dann auch der Schall nicht mehr so laut ist. – Noch eine Art des Küssens ist, wenn man die Lippen nicht sorgfältig schließt, sondern den offenen Mund auf seinen Gegenstand hinhält. Da wird beim Einziehen der Luft die Haut des Andern wie mit einem Schröpfköpfchen aufgezogen, und wenn man sie auf einmal fahren läßt, so bleibt nicht selten ein nasser Fleck zurück. Allein dieses ist vielmehr ein ekelhafter Schmatz, als ein Kuß, und sein Laut ist eben so unangenehm als dumpf und wässerig. (Ist daher auch bei uns nur noch auf Schützenhöfen gebräuchlich.)

VS 6, S. 488–490 (veröffentl. 1799).

Rede dem Andenken des seligen Kunkels gewidmet.
In einer Versammlung von Studenten gehalten. Worin vieles zur gelehrten Geschichte der letzten Monate Gehöriges vorkommt.

(Rede heißt es, weil es nur auf 500 Schritte um meinen Armsessel herum gilt.)

... Diese Zahl (11,111,111) wird ausgesprochen: elf Millionen ein hundert und elf tausend einhundert und elf. Man sollte es der ersten Eins nicht ansehen, daß sie so viel gilt, als zehn Millionen der letztern. Ich habe diese Zahl schon längst zu meinem Denkspruch gewählt, mit der Umschrift Subordination. Kunkel war eine Ziffer der letzten Klasse, in glücklichen Augenblicken stieg er bis 5, 6, 7, hätte er alsdann in einer andern Klasse gelegen, so hätte er mit eben dieser Mühe 60 bis 70 Millionen gelten können; aber der arme Teufel konnte es nie bis auf 10 in seiner Klasse bringen, und dieses ist der Grund, warum er nie auf 60 und 70 Millionen kam. Seine Tugend und seine Fähigkeiten waren mit der Tugend und den Fähigkeiten vieler bekannter Männer zuweilen in einem Verhältnis wie 2 zu 3, aber eben deswegen, weil diese Männer mehr herauf zu lagen, so las die Welt wie 2 zu 3 Millionen. Diese Abweichungen sind bloß scheinbar, stellen wir uns in den Mittelpunkt des ganzen Systems, wo der Philosoph immer stehen muß (wenn er philosophiert): so verschwindet Alles, und das Verhältnis heißt nicht mehr und nicht weniger als 2 zu 3 ...

VS 3, S. 47 (veröffentl. 1844).

Facetten der Physik

herausgegeben von Prof. Dr. Roman Sexl

Bisher erschienene Bände:

GPSR Compliance

The European Union's (EU) General Product Safety Regulation (GPSR) is a set of rules that requires consumer products to be safe and our obligations to ensure this.

If you have any concerns about our products, you can contact us on ProductSafety@springernature.com

In case Publisher is established outside the EU, the EU authorized representative is:

Springer Nature Customer Service Center GmbH
Europaplatz 3
69115 Heidelberg, Germany

Batch number: 10577919

Printed by Printforce, the Netherlands